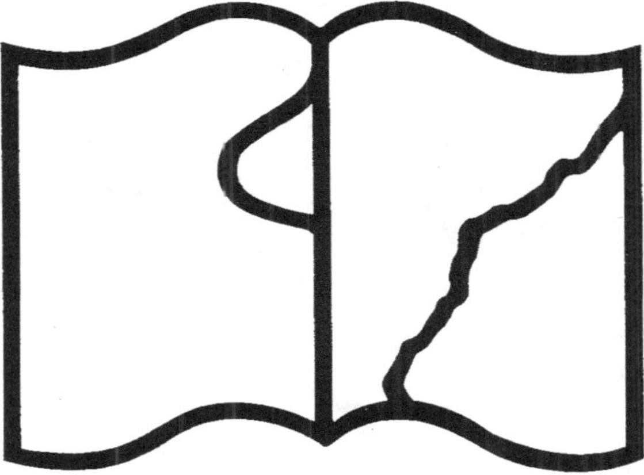

Texte détérioré — reliure défectueuse

NF Z 43-120-11

Contraste insuffisant

NF Z 43-120-14

VOYAGE

DANS LES

PROVINCES MÉRIDIONALES

DE L'INDE

PAR M. ALFRED GRANDIDIER

———∞———

PARIS

IMPRIMERIE GÉNÉRALE DE CH. LAHURE

9, RUE DE FLEURUS, 9

1870

VOYAGE

DANS LES

PROVINCES MÉRIDIONALES

DE L'INDE

VOYAGE

DANS LES

PROVINCES MÉRIDIONALES

DE L'INDE

PAR M. ALFRED GRANDIDIER

PARIS

IMPRIMERIE GÉNÉRALE DE CH. LAHURE

9, RUE DE FLEURUS, 9

1870

PROVINCES MÉRIDIONALES DE L'INDE

Le voyageur en palanquin. — Dessin de A. de Neuville d'après l'album photographique de M. Grandidier.

VOYAGE DANS LES PROVINCES MÉRIDIONALES DE L'INDE,

PAR M. ALFRED GRANDIDIER.

1862-1864. — TEXTE ET DESSINS INÉDITS.

L'Inde, — avec une population de cent quatre-vingt millions d'hommes, avec des frontières naturelles nettement délimitées par l'Océan ou par des chaînes de montagnes si compactes, si inaccessibles qu'aucune invasion étrangère n'aurait pu les franchir si elle eût jamais trouvé derrière ces remparts une nation constituée pour les défendre, — l'Inde est un monde à part sur la carte du globe et dans l'humanité. Sa superficie, égale à celle de toute l'Europe continentale, moins la Russie, offre au premier coup d'œil trois divisions bien distinctes : le bassin de l'Indus, celui du Gange (anciens golfes de l'Océan primitif, comblés par les alluvions de l'âge tertiaire, et qui forment aujourd'hui l'Indoustan proprement dit), puis le plateau péninsulaire du Deccan.

C'est sur les contours de celui-ci seulement que la relation suivante va conduire le lecteur. Étudier l'Inde

1

entière, dans toutes ses parties et à tous les points de vue, ne peut être la tâche d'un seul homme. Trois générations d'érudits, l'élite de l'Europe savante, se sont usées, depuis moins d'un siècle à ce labeur, qui ne touche pas encore à son terme.

I

De Calcutta à Djaghernaut.

Avant de commencer le récit de ce voyage, je dois parler de Calcutta, où je débarquai en novembre 1862.

Cette métropole de la puissance anglaise dans l'Inde est bâtie sur la rive gauche de l'Hougly, un de ces nombreux bras du Gange qui font de toute la partie nord-est du Bengale un réseau inextricable de rivières et de canaux. Quoique cette métropole soit à une trentaine de lieues de la mer, les plus gros navires y mouillent près des quais. Le cours de l'Hougly, comme celui des autres bras du Gange, est rapide; il amoncèle journellement à son embouchure des bancs de sable mouvants, causes incessantes de dangers pour la navigation.

Nous avions pris en mer un pilote anglais, non loin de l'île Saugor qui défend l'entrée de l'Hougly; tout en se guidant sur les bouées indicatrices des passes praticables, il nous drossa en plein sur un de ces écueils, œuvre de la dernière crue et que la crue suivante dissoudra ou entraînera plus loin.

La mer était haute, et nous n'avions aucun espoir de pouvoir échapper au danger qui nous menaçait. Nous avions à craindre de voir le sable s'accumuler en quelques heures autour de la carène du navire, et dès lors il nous eût été impossible de nous délivrer à la marée suivante. Les rives étaient à peine visibles dans le lointain, et la violence du courant nous eût empêchés de diriger les embarcations vers cette terre si désirée; nous courions donc le risque d'être entraînés en pleine mer sans espoir de salut.

Alors parurent deux remorqueurs; à la vue du pavillon en berne, ils s'en approchèrent, mais lentement, avec des temps d'arrêt, et maintenant la distance entre eux et nous comme des sauveteurs disposés à marchander leurs services à des passagers en péril. Nous vîmes chacun d'eux hisser une planchette noire sur laquelle se lisait en gros chiffres blancs la somme de six cents livres sterling (quinze mille francs) qu'ils réclamaient pour nous mener à bon port et nous tirer de danger. Force nous fut, après des pourparlers inutiles, d'accorder la somme demandée, heureux d'échapper même à ce prix à un péril aussi imminent.

Cette spéculation sur la vie de l'homme ne se comprendra pas en France, où les mœurs sont si différentes de celles de l'Angleterre. Chaque jour nos marins font des sauvetages au risque de leur vie et refusent toute récompense. Ce qui est chez nous acte d'humanité est chez nos voisins acte de commerce.

En remontant le cours de l'Hougly, on voyait de temps à autre passer à la surface du fleuve des cadavres d'hommes et d'animaux sur lesquels se tenaient cramponnés des oiseaux de proie. Étrange spectacle que celui de ces oiseaux aux ailes déployées qui semblaient marcher sur les eaux!

Dès que j'aperçus les premières maisons des faubourgs de Calcutta, je m'empressai de sauter dans une embarcation et de gagner terre. La marée était basse. Des corps humains étendus sans vie sur la rive où je m'élançai auraient paru un mauvais augure à celui qui n'aurait pas connu les usages religieux du pays.

Le Gange, le fleuve par excellence pour les Indous, conduit au ciel tous ceux dont les corps sont jetés dans ses flots. Aussi les pauvres malheureux qui habitent près du Gange et à qui leurs moyens pécuniaires ne permettent point l'achat du bois nécessaire à l'incinération de leurs parents décédés, jettent leurs cadavres dans le fleuve sacré. Il est même des fanatiques qui pensent sanctifier les derniers moments d'un moribond en l'exposant encore en vie sur le bord du fleuve. Quelquefois la marée l'entraîne, et, chose incroyable, on a l'exemple d'Indous qui, ainsi charriés par le reflux et sauvés par des Anglais, ont intenté un procès à leurs bienfaiteurs sous le prétexte, plausible en apparence, que, leur famille ne voulant plus les recevoir après leur avoir rendu les derniers devoirs, ils mourraient de faim si leurs sauveurs mal avisés ne leur assuraient une pension pour vivre.

Un palki-ghari, espèce de caisse carrée sur quatre roues et traînée par deux chevaux étiques, se présenta; je m'y installai et me fis conduire à l'hôtel Spenser.

Toute ville dans l'Inde est divisée en deux parties aussi distinctes par l'aspect général que par les habitants: la ville indigène ou la ville noire comme disent les Anglais (*black-town*) et la ville anglaise. Avant d'arriver à l'hôtel, j'eus à traverser la ville noire, amas de rues étroites et sales, bordées de petites maisons en bois de pauvre apparence, pleines d'une cohue aux costumes bariolés. C'est du reste la seule qui soit curieuse pour l'étranger nouvellement débarqué. Un Européen n'est pas habitué au spectacle étrange qui s'offre alors à sa vue, et il en est vivement impressionné. Je reviendrai plus loin sur cette curieuse partie de Calcutta.

La ville anglaise se compose de maisons en briques recrépies à la chaux et isolées au milieu de petits jardins.

L'hôtel Spenser, où je m'installai, est un bel édifice situé sur la place du Gouvernement; il a vue sur le palais du vice-roi, grand monument sans style dont les argalas font vers le soir le plus bel ornement. Ces oiseaux, qui semblent appartenir à la même famille que les marabouts des fleuves d'Afrique, mais qui atteignent une taille gigantesque, ont la tête chauve, le col dénudé et la partie inférieure de la gorge pourvue d'un appendice en forme de sac qui ressemble à un saucisson.

Les appartements de l'hôtel sont fort vastes, aussi l'air peut-il y circuler librement; chaque chambre est garnie d'un punka: on nomme ainsi une planche recouverte d'étoffe attachée au plafond; un serviteur *ad hoc* le met continuellement en mouvement pour rafraîchir l'air; c'est bien l'objet le plus essentiel de tout le mobilier dans l'Inde. Ces punkas ne servent pas seu-

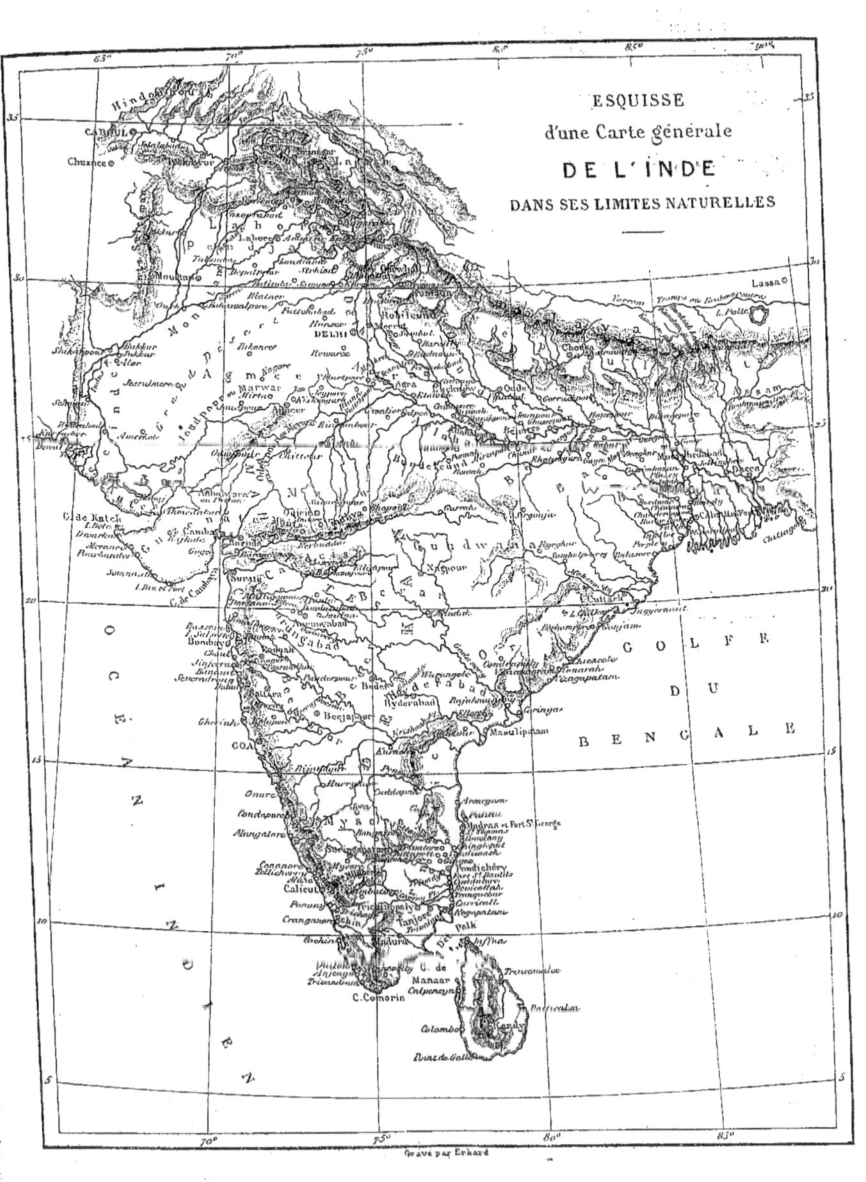

ESQUISSE
d'une Carte générale
DE L'INDE
DANS SES LIMITES NATURELLES
Gravé par Erhard

lement à sécher la sueur qui inonde sans cesse le front des malheureux condamnés aux feux des étés indiens, mais. aussi à chasser les insectes ailés dont l'abondance n'est rien moins qu'agréable et qui agaceraient de leur bourdonnement continu les martyrs des Tropiques.

Le régime de vie des Européens est aussi conforta[ble] que possible. Tandis que le Français se plie aux exigen[ces] des pays étrangers et adopte en partie les mœurs lo[ca]les, l'Anglais reste lui-même partout où il fixe sa ré[si]dence, et on peut dire qu'il transporte sa patrie avec l[ui]

Barbier d'Calcutta. — Dessin d'Émile Bayard d'après l'album photographique de M. Grandidier.

Voici quelques détails sur le genre de vie généralement suivi par les habitants de ces colonies.

On se lève dès l'aube afin de pouvoir profiter de la fraîcheur des premières heures du jour. On commence ordinairement la matinée par une promenade à che[val]. A huit heures et demie, on sert le déjeuner avec [son] son cortège de plats substantiels et d'épices. Les [tra]vaux quotidiens ne cessent guère avant cinq heu[res]

Bungalow des voyageurs. — Dessin de E. Thérond d'après l'album photographique de M. Grandidier.

et sont agréablement, sinon utilement, interrompus par un tiffine ou goûter avec viande, légumes et bière. Au coucher du soleil chacun se rend dans sa voiture au Strand, que l'on parcourt jusqu'à l'esplanade du fort William, plutôt dans le but de se montrer que pour respirer un air chargé de poussière. Au re[tour] de la promenade et en attendant le dîner on reste, [à] jouir de la fraîcheur qu'amène la brise du soir, [dans] la varangue ou galerie circulaire qui entoure tou[s les] bungalows (habitations anglo-indoues). Le trois[ième]

Porte principale de la pagode de Djaghernaut. — Dessin de E. Thérond, d'après l'album photographique de M. Grandidier.

repas se prend lentement; les convives demeurent, comme en Angleterre, plus ou moins longtemps autour de la table que les serviteurs ont débarrassée des mets et qui a été couverte de flacons de cristal contenant des vins de Bordeaux, de Porto, de Xérès et d'autres liqueurs de tout genre.

On ne peut reprocher aux Anglais habitant l'Inde de surcharger leurs estomacs d'une trop grande abondance d'aliments qui les rendrait esclaves d'une foule de maladies : ils mangent peu. Cependant les repas trop rapprochés sont plutôt nuisibles qu'utiles à la santé. La cause principale de leur appétit indolent doit être attribuée à l'usage immodéré du brandy, ou eau-de-vie, que la plupart des hommes et.... quelques femmes boivent à toute heure du jour avec addition du sodawater. On ne fait pas de visite sans être obligé, pour se conformer à l'usage, d'absorber un ou plusieurs de ces mélanges. Le plus grand nombre des Anglo-Indous ne saurait converser à moins d'avoir le verre à la main. Le brandy, pris avec excès, est une boisson pernicieuse, surtout dans les pays tropicaux. Les effets nuisibles ne sont pas immédiats, mais on les ressent alors qu'il est trop tard pour arrêter le mal.

Le premier soin d'un voyageur, à son arrivée dans un pays nouveau pour lui, doit être de lier connaissance avec quelques-uns de ses habitants. Les premiers moments sont consacrés aux visites; on a toujours quelques lettres de recommandation à remettre, quelques personnes à voir.

Dans beaucoup de contrées les recommandations données sous une forme banale et avec trop de facilité ont peu d'effet. Chez les Anglais, il n'en est pas de même; les étrangers recommandés reçoivent toujours une grande et cordiale hospitalité. Il n'est pas de voyageurs ayant parcouru les riches régions de l'Inde qui n'aient conservé le doux souvenir de l'accueil bienveillant et gracieux qui leur a été fait dans leurs explorations à travers le pays.

Malheureusement l'Anglais respecte trop les traditions de son *home*, et dans les dîners, comme dans les soirées, le vêtement est le même qu'en Europe. Pendant le jour, on a le bon esprit de ne porter que des habits légers, généralement, avec un chapeau de forme variable, mais toujours bizarre, espèce de casque qui permet à un courant d'air de circuler autour de la tête. Ces chapeaux peu gracieux permettent au moins de braver impunément les rayons ardents du soleil de l'Inde. Mais le soir, les modes européennes reprennent leur empire, et il faut, tout de noir vêtu, endurer les souffrances intolérables d'une chaleur étouffante.

Pendant que nous sommes en cours de visite chez les Anglais, disons quelques mots de leurs habitations. Les bureaux et les magasins sont au centre même de la ville. Les bungalows, au contraire, sont souvent à plusieurs kilomètres de distance du quartier marchand, et toujours assez éloignés les uns des autres, ce qui ne dénote pas le désir de vivre en société. Les réunions, en effet, sont rares, et il existe toujours, au moins dans les relations officielles, une observation rigoureuse des règles de préséance qui donne à penser que l'institution des castes indoues exerce son influence même sur les Européens.

La ville anglaise se compose de nombreux jardins clos de murs peu élevés ou de haies, au centre desquels est placé le bungalow. Les cuisines, remises écuries et autres dépendances s'étendent en forme d'ailes sur les côtés. Ces habitations sont bien adaptées aux nécessités du climat : elles ont un caractère spécial, un style particulier. Leur forme, sans doute, n'est point élégante, mais elles sont confortables, et leur disposition intérieure est appropriée à la vie des tropiques. Elles n'ont qu'un rez-de-chaussée élevé sur un soubassement de briques et surmonté d'un toit pyramidal. Une galerie soutenue par des colonnes rondes ou carrées entoure le bungalow : c'est la varangue où l'on s'assoit à l'abri du soleil ou de la pluie et où, protégé par des nattes contre une réverbération aveuglante, on peut respirer un peu d'air pendant les heures chaudes de la journée. Les chambres sont vastes, elles ne sont séparées les unes des autres que par des cloisons qui ne s'élèvent pas jusqu'au toit, afin de laisser circuler l'air. Dans la plupart des pièces le plafond se confond avec la toiture afin de ne rien diminuer de leur hauteur. A chaque chambre est annexé un cabinet où, matin et soir, on jouit dans une grande cuve en bois du plaisir hygiénique d'un bain froid.

L'ameublement est simple : quelques meubles d'acajou, des tables, un piano, des lustres et des lampes, des lits, surtout d'immenses fauteuils de rotin à dossiers élevés, à bras longs de plus d'un mètre pour permettre aux jambes de s'étendre à la hauteur du corps; tels sont à peu près tous les objets mobiliers qui garnissent les bungalows. Les lits, placés au milieu des chambres, sont entourés d'un moustiquaire, véritable chambre de gaze, qui protège le sommeil contre l'ennuyeux bourdonnement et la piqûre douloureuse des moustiques et autres insectes si nombreux dans les pays chauds.

Le sol est le plus souvent recouvert de briques cimentées dans un lit de chaux blanche; c'est propre, sinon élégant, et les cancrelas avec toute la légion innombrable des insectes qui pullulent sous les tropiques s'introduisent rarement dans les habitations. Les bungalows sont construits en briques et recouverts de chounam ou chaux. Propreté et confort, tel est le mérite des habitations anglaises dans l'Inde.

En général, les bungalows sont entourés d'arbres de plantes dont le feuillage est entretenu dans un état perpétuel de verdure par les bienfaisantes fraîcheurs de la nuit. Ces ombrages sont très-précieux dans ce pays brûlés par le soleil.

Les visites officielles terminées, je tournai mes pas vers la ville noire ou quartier indigène. Toutes les rues y sont étroites et bordées pour la plupart de boutiques ou plutôt de vastes armoires dans lesquelles les marchands sont assis les jambes croisées au milieu des articles de leur commerce spécial. Toutes ces boutiques n'ont qu'une porte, de la largeur de la devanture. Quelquefois, au-dessus de la boutique, s'élève un étage avec un balcon de bois, mais le plus souvent il n'y a qu'un rez-de-chaussée.

Ces rues marchandes s'appellent bazars. Dans la journée leur aspect est remarquable par la diversité des costumes, le plus souvent fort élégants, d'une foule toujours nombreuse qui se croise en tous sens, et par la succession de boutiques où les produits de l'Orient se mêlent aux denrées européennes. Il n'en est pas de même lorsqu'on parcourt ces rues le matin ou le soir, alors que toutes les boutiques sont fermées et que tout est désert. Ces huttes misérables, ces boutiques fermées par des planches mal jointes et défendues par un cadenas de dimension grotesque contre les tentatives des voleurs, ces étages, dont les fenêtres couvertes de poussière n'ont point de vitres, ces balcons, ornés de grossières sculptures en bois dont la prétention jure avec le délabrement et la saleté des murs, tout donne à la ville indigène une physionomie de tristesse et de désolation.

Entrons au hasard dans une de ces demeures où vivent pêle-mêle les Indous, nous trouverons des chambres basses, petites, dégradées, dont l'ameublement est conforme aux principes de simplicité que l'on rencontre dans tous leurs usages. Elles ne sont pas, en effet, plus ornées de meubles que les habitants ne sont eux-mêmes couverts de vêtements. Une natte roulée dans un coin est étendue le soir sur le sol pour servir de lit. Quelques vases en terre ou en cuivre pour cuire les aliments et conserver l'eau, quelques feuilles d'arbres pour plats, une coupe de métal portée sur un trépied ou déposée dans une des niches du mur remplie d'huile de coco au milieu de laquelle nage la mèche destinée à l'éclairage ; dans un coin le houka, la pipe indienne, tel est à peu près l'ameublement complet des maisons indigènes.

Les riches Babous ont adopté dans leurs demeures plus spacieuses, mais aussi sales, les meubles européens. C'est un luxe sans utilité pour eux, puisqu'ils n'habitent pas des chambres où sont entassés comme autant de raretés quelques chaises ou fauteuils d'acajou, les pendules, boîtes à musique, et vases de porcelaine dorée que la vanité les a entraînés à acheter.

Ma curiosité ne me permit pas de quitter le quartier indigène sans aller visiter au bord du Gange la place où l'on brûle les cadavres avant de jeter leurs cendres dans les eaux du fleuve sacré. Cette place est entourée de trois côtés par une muraille élevée dont le sommet est couronné de vautours et de marabouts prêts à se disputer les lambeaux de chair qu'auront épargnés les flammes du bûcher.

Plusieurs cadavres étaient ainsi rendus aux éléments ; malgré l'odeur nauséabonde qui imprégnait l'air, j'assistai avec un vif intérêt à cette cérémonie toute nouvelle pour moi. A la vue de quelques Indous qui se préparaient à jeter le corps de leur père dans le Gange, faute d'une roupie (deux francs cinquante centimes) pour acheter le bois indispensable à la crémation, je m'empressai de faire à mes frais la dépense nécessaire et je pus ainsi me donner le spectacle complet de funérailles selon le rite indou. Le sentiment de la mort a si peu d'influence sur ces peuples, fanatisés par une foi sincère dans la métempsycose, que tous ces hideux apprêts funèbres ne les impressionnent pas, malgré leur attachement réel à la famille. Un père, un fils, une épouse sont brûlés, et leurs cendres jetées au vent, sinon avec joie, au moins avec une indifférence que les Européens, moins soumis à la nécessité des faits accomplis et souvent portés à la révolte, ne sauraient comprendre à moins d'une longue résidence au milieu de ces peuples. Il y a de la vertu et une grande force dans cette résignation sincère aux choses indépendantes de notre volonté [1].

Après avoir envoyé dans les cieux brahmaniques le pauvre diable qui, faute d'une roupie, allait peut-être se morfondre pendant des siècles à la porte du paradis, je voulus, avant de commencer mes voyages à travers l'Inde, offrir un sacrifice à Kali, la déesse de la mort. Je me dirigeai donc au galop des deux chevaux attelés à ma calèche vers un petit temple réputé pour sa sainteté, qui se trouve dans les faubourgs de Calcutta. De la porte d'entrée je pus apercevoir l'affreuse divinité à laquelle la plupart des Indous modernes adressent leurs dévotions. La déesse Kali est représentée sous la figure d'une femme noire à quatre bras, dont l'un brandit un immense coutelas et dont un autre tient une tête coupée. Une langue rouge sort de sa bouche. Un collier de têtes de morts, une ceinture de bras coupés composent son vêtement. Elle danse emportée par l'ivresse du sang sur un géant qu'elle vient de terrasser (voy. p. 14). Souvent près d'elle on voit deux de ses compagnes, femmes étiques vêtues seulement de leurs cheveux, qui se repaissent de membres sanglants ; un renard et un corbeau boivent le sang qui tombe de leurs dégoûtants repas.

Aucune divinité dans l'Inde n'est aussi redoutée que Kali, aucun culte n'est plus sanguinaire. Est-il bien logique, en effet, d'adresser ses prières au Dieu créateur (Brahma) dont l'œuvre est achevée, au Dieu conservateur (Vishnou) qui par son essence même s'occupe forcément de la conservation de tout être animé, et qu'ont-ils à redouter les pauvres humains, sinon les maladies, et la mort qui est toujours là devant eux menaçante et terrible ? Et n'ont-ils pas raison ces Indous si superstitieux de tourner leurs supplications vers la seule déesse de leur panthéon qui tienne leur destinée entre ses mains, ou vers son époux, le farouche Çiva ? Aussi qui n'a entendu parler des fêtes célébrées en l'honneur de Dourga (Kali) où des dévots enthousiastes se percent la langue avec des tiges de fer rougi au feu, où des martyrs accomplissent le Charak-poudja (céré-

<hr>

1. Voy. t. I de ce recueil, p. 87, une planche représentant la place de la crémation à Calcutta.

monie du cercle); la peau du dos traversée par un cro-
chet qui sert à les élever dans les airs à l'extrémité
d'une bascule, ils planent au-dessus de la foule remplie d'admiration, en offrant, le sourire sur les lèvres,
leurs souffrances à la terrible déesse[1].

Arrivé devant la statue de Kali, je lui offris un jeune
agneau noir que je venais d'acheter. Aussitôt la foule
des prêtres fit des invocations sur la tête de la victime;
on y déposa un peu de sel, puis on l'aspergea d'eau à
plusieurs reprises, après quoi le sacrificateur, d'un
seul coup de couteau, lui trancha la tête. Le corps me
fut remis pour être dévotement mangé; la tête fut retenue par les prêtres : c'est un des tributs qu'ils pré-
lèvent sur les fidèles. Une guirlande de fleurs qu'on

avait fait toucher à l'idole fut passée autour de mon
cou. Je distribuai alors quelque menue monnaie à la
nuée de mendiants qui, m'entourant de toutes parts,
s'opposaient à ma sortie, et je regagnai ma voiture
avec peine.

Ces précautions prises pour me rendre favorable la
plus terrible divinité du pays, je songeai à mon voyage.
Calcutta, comme tous les ports fréquentés par les navires européens, après quelques jours de résidence,
n'offre plus rien de nouveau aux recherches du voyageur.

Dans le sud du Bengale, on voyage encore en palanquin. L'administration postale, sur demande préalable, échelonne de dix milles en dix milles des relais

Charrettes de voyage. — Dessin d'Émile Bayard d'après l'album photographique de M. Grandidier.

de hamals (porteurs). Ces Indiens doivent attendre à
leur poste le voyageur pendant trois jours et trois
nuits, après quoi la liberté leur est rendue. Le palanquin est porté sur les épaules de quatre hommes re-
layés sans cesse par quatre de leurs compagnons[2]. La
nuit, un Mussalchi, chargé d'éclairer la marche, porte
une torche qu'il arrose à chaque instant d'huile de
coco. Un nombre de porteurs proportionné à la quantité des bagages complète la caravane. Ces paquets
doivent être de poids égaux (vingt à vingt-cinq livres),

et sont suspendus aux extrémités d'un bambou qu
porte chaque homme.

A voir les hamals bengalis dont les membres grêle
annoncent comme chez tous les Indiens une constitu
tion débile et une force musculaire peu développé
on ne pourrait s'imaginer les longs trajets, quelque
fois de plus de quarante kilomètres, qu'ils font ave
un poids considérable sur le dos et sans prendre d
repos. Et cependant quelle est leur nourriture? Deu
fois le jour, vers midi et à huit heures du soir, i
mangent une livre de farine grossière. Le plus diffi
cile de leur métier et le plus pénible est, tout en con
servant une vitesse moyenne de six kilomètres à l'heur
de ne pas imprimer au palanquin de mouvements sa
cadés; leurs jambes avancent avec rapidité, tandis qu

1. Une ceinture en cuir entoure leur corps de telle sorte qu'ils
ne puissent tomber si, comme il arrive souvent, la peau vient à se
déchirer sous le poids du corps.
2. Ailleurs que dans le Bengale, les palanquins sont portés par
six hommes.

Type primitif du char de Djaggernaut, en pierre. — Dessin de E. Thérond d'après l'album photographique de M. Grandidier.

le haut du corps semble immobile. Avec de bons porteurs, on peut même écrire en palanquin.

Les hamals commencent leur apprentissage en portant de lourdes pierres suspendues à un bâton. De petits coussinets égalisent les hauteurs des épaules. Les hamals méritent toute confiance ; si un vol a été commis dans le véhicule, ils s'en rendent responsables, et tiennent à honneur de restituer l'objet dérobé.

Ils chantent en portant et courant, autant pour régler le pas que pour tromper les ennuis de la route et oublier la fatigue d'un fardeau pesant. Tantôt c'est un simple récitatif qu'on pourrait traduire par : « Hélas ! hélas ! que le travail est une dure nécessité ! Hélas ! que de souffrances ! Quand donc serons-nous libérés de toutes peines ? » Tantôt ils se livrent à des improvisations qui roulent sur les premiers sujets venus, sur les passants, sur la route, sur le voyageur lui-même. En voici un fragment que j'ai entendu au sortir de Calcutta, d'où partait en même temps que moi un gros major anglais, pesamment assis dans un palanquin garni de toutes les commodités de la vie.

« Que portons-nous ? est-ce un oiseau léger ?

— Non, non, c'est un lourd, très-lourd éléphant. »

Et le chœur répétait :

« Non, non, c'est un lourd, très-lourd éléphant.

— Laissons-le tomber.

— N'as-tu pas vu son long bâton à pomme d'or ?

— Je l'ai vu.

— Prends garde, notre dos en souffrirait.

— Travaillons, travaillons. »

Ces chants, tantôt des plus plaintifs, tantôt des plus criards, ne sont rien moins qu'amusants pour le voyageur, et ne charment guère les ennuis de la route. Mais à se-voir emporté par ces hommes au corps bronzé, dans les vastes allées d'arbres séculaires, et à entendre leurs cris bizarres, on ne peut s'empêcher de se plaire à une scène aussi pittoresque. La langue des Indous va plus vite que leurs jambes, et certes ce n'est pas chose facile. Dans leurs récitatifs, ils arrivent quelquefois à une volubilité telle, qu'on entend une succession désordonnée de sons semblables à ceux qui s'échappent du gosier des oiseaux. J'ai compris depuis lors que les animaux pouvaient fort bien avoir un langage.

Chaque hamal fait de son mieux, et le gain se répartit également entre tous. Leurs pénibles travaux ne sont pas sans influence sur leur santé ; ils sont surtout sujets aux gonflements des veines des jambes, ce qui leur cause de cruelles souffrances.

C'est le 6 décembre au soir que je me mis en marche. Je me dirigeai vers Cuttack. J'avais à traverser des plaines fertiles et bien cultivées, mais tristes, comme toutes celles du bas Bengale. De temps en temps, des jongles, espaces stériles couverts d'arbustes rachitiques, changeaient la monotonie du paysage. Rien n'est moins pittoresque que la côte orientale de l'Inde, même à une grande distance de la mer. Au contraire en Indoustan, l'Himalaya et les Ghauts occidentales offrent, dans leurs chaînes de montagnes, des sites d'une remarquable beauté. Mais les mœurs étranges, les costumes gracieux, les fêtes curieuses des peuples indous, tout intéresse au plus haut point le voyageur en quelque direction qu'il porte ses pas.

La nuit vint promptement ; le Musalchi, armé de sa torche flamboyante, éclairait notre caravane à travers les larges allées de multipliants, dont les vieux troncs paraissaient s'embraser tour à tour pour retomber aussitôt dans l'obscurité. Je ne tardai pas à m'endormir au chant cadencé des hamals.

Le lendemain, je m'arrêtai quelques instants au bungalow des voyageurs. On désigne sous ce nom les maisons construites par l'administration anglaise tous les huit ou dix milles pour servir de lieu de halte aux Européens qui parcourent le pays. On y trouve à déjeuner, à dîner et à faire sa toilette, et les relais de hamals y attendent patiemment les voyageurs. Ces bungalows sont construits sur le modèle des habitations indo-anglaises ; ce sont des bâtiments rectangulaires sans étage, entourés d'une varangue. Le logement destiné aux voyageurs se compose de deux ou trois chambres, ayant chacune leur salle de bain et modestement meublée d'un lit, d'une table, d'une chaise et d'un punka. Un kitmudgar ou maître d'hôtel est attaché à chaque bungalow. Un tarif dressé par le magistrat du lieu indique le prix des vivres qu'on peut s'y procurer. Ces établissements appartiennent au gouvernement, qui perçoit la somme d'une roupie (deux francs cinquante) par personne, pour un séjour de quelques minutes aussi bien que pour une journée entière.

L'institution des bungalows publics rend de grands services dans un pays où l'esprit de caste règne si despotiquement et ne permet à aucun Indou de recevoir dans sa demeure ou à sa table un homme d'une condition inférieure.

Le voyage en palanquin est favorable à l'observateur qui veut étudier les usages du pays. Tantôt on voit sur le bord des rivières ou des étangs sacrés de fervents adorateurs d'un des dieux innombrables du panthéon indou faire dévotement leurs ablutions en invoquant leur idole préférée ; car dans l'Inde chacun se crée, pour ainsi dire, sa propre religion et se bâtit un ciel qu'il peuple à sa fantaisie des divinités les plus bizarres. Ailleurs de jeunes femmes bengalies, si élégantes avec leur sari transparent[1], entrent dans l'eau jusqu'à la ceinture, et, dénouant leurs longs cheveux noirs qu'elles laissent flotter sur leurs épaules nues, procèdent à leur toilette avec grâce et chasteté ; après avoir rempli d'eau leurs vases de cuivre, elles le posent coquettement sur la tête et regagnent à pas lents leurs demeures. Parmi ces Indiennes, j'ai souvent retrouvé des types grecs, tels que nous ont appris à les admirer les statues antiques : tête petite, front bas, cou élancé et mince, formes sveltes et gracieuses. Plus loin un vieux fakir, vêtu de sa seule sainteté, offre à l'ad-

1. Le sari est une sorte de chlamyde dont les femmes s'enveloppent pour sortir dans la rue.

miration des dévots un corps amaigri par le jeûne, une figure balafrée de blessures volontaires et à demi cachée par sa hideuse chevelure, dont la croissance anormale et la malpropreté repoussante inspirent à ses coreligionnaires le plus profond respect. Ailleurs, à la porte d'une maison indigène, on voit un barbier qui rase à la convenance de sa pratique tout ou partie de sa chevelure ; il est peu de contrées où la fantaisie naturelle ait inventé tant de curieuses modes de coiffures.

Après avoir traversé Midnapour, je fis route vers le sud et me dirigeai vers Balasour. Tout le pays est plat et bien cultivé. De petits bouquets de verdure, formés de palmiers, de bambous et de bananiers, reposent agréablement la vue au milieu de la monotonie qui règne dans ces campagnes. Presque à chaque pas, on rencontre de petits villages très-peuplés. Les huttes sont ou de terre ou d'un bois grossier recouvert d'une espèce de mortier ; on est frappé de leur pauvreté. Le paysage est seulement animé par de rares palanquins, des charrettes traînées par des zébus (bœufs à bosse) portant les bagages de quelques Indous ou d'officiers anglais, des raïots cultivant leurs champs, des oiseaux de riz (*Ardea bubulcus*) à la démarche gracieuse et légère, dont le plumage blanc se détache sur la boue des rizières et les tiges vertes des herbes. Quelquefois on voit aussi de petits écureuils palmistes, au dos gris rayé de brun, grimpant sur les arbres et sautant de branche en branche avec leur légèreté proverbiale. Ce n'est que de Balasour qu'on commence à apercevoir vers l'ouest et dans le lointain une petite chaîne de collines. En laissant celle-ci à notre droite, nous arrivâmes à Cuttack, chef-lieu du district, mais petite ville sans importance, où existe encore un fort, bâti jadis par les Mogols ; je m'y arrêtai pendant la nuit. A un mille se trouve une petite pagode qui contient quelques sculptures sans intérêt archéologique.

L'Orissa, du moins dans ses districts maritimes, est un pays pauvre, le sol est ingrat, et le peuple y est inférieur en force et en intelligence à la plupart des autres Indous.

Les tamarins et les palmiers nains sont les arbres les plus communs de cette contrée désolée ; les plaines sablonneuses sont couvertes de convolvulus à fleurs pourpres. On y cultive, comme dans toute l'Inde, beaucoup de ricin, dont l'huile fraîche sert aux usages culinaires et aux onctions, et de la moutarde dont la graine fournit l'huile à brûler. Le pavot, le mûrier, l'indigo, qu'on cultive en si grande abondance dans la vallée du Gange, ne viennent que peu ou point dans l'Orissa. On trouve dans certaines parties beaucoup de lataniers (*Borassus flabelliformis*) et de khajours (*Phœnix sylvestris*).

A Cuttack, nous prîmes la route de Djaghernaut, l'une des localités saintes de l'Inde. Une longue avenue de vingt lieues environ mène de Cuttack à Pouri, ville voisine de Djaghernaut. De beaux arbres la bordent des deux côtés ; les singes qui se jouent dans le feuillage égayent la tristesse naturelle du paysage.

Bientôt nous rencontrons des familles entières de pèlerins, pauvres gens exténués de fatigue, dont les membres amaigris attestent les pénibles privations qu'ils ont endurées pour accomplir ce voyage religieux. Quelques-uns de ces Indous portent le cordon sacré, privilége distinctif des trois premières castes. Les brahmanes ont quatre dzennars[1] ; les kchatrias et les vaiçyas n'en ont que trois. La plupart de ces pèlerins portent sur l'épaule pour tout bagage le vase de cuivre qui leur sert à puiser de l'eau.

Je ne fus pas médiocrement surpris de voir tout le long de la route de grandes marmites de terre intactes ou à peine brisées. Les gens de caste croient que le regard d'un paria suffit pour souiller les objets. En voyage, quelle que soit leur pauvreté, ils ne font jamais cuire leur nourriture dans un vase qui, après avoir servi, aurait pu être vu par un individu hors caste ; ils préfèrent réduire leur ration de riz pour acheter chaque jour une nouvelle marmite. Il est toutefois à cette règle une exception bizarre. Certaines étoffes telles que les étoffes de soie, certains vases tels que les vases de cuivre, ont le curieux privilége de pouvoir être purifiés, par des lavages successifs, de la souillure que leur imprimerait même le contact du plus vil paria. Ces distinctions subtiles s'expliquent facilement ; les choses de peu de valeur et qui, à cause de la modicité de leur prix, se trouvent à la portée de tous, sont seules dans la catégorie des objets pouvant être souillés. On découvre là cet esprit si absolu des gens de caste qui n'admettent rien de commun avec les basses classes et qui, parfois obligés par leur situation pécuniaire de se restreindre au même genre de vie, trouvent encore moyen de tracer entre eux une ligne de démarcation.

Une des familles que je rencontrai sur mon chemin, venait de faire, à pied, un voyage de près de mille lieues pour visiter tous les endroits sacrés de l'Inde. Elle terminait son long pèlerinage par Djaghernaut. Une centaine de lieues encore et ils rentraient chez eux. Cette famille, composée d'un vieillard, de deux hommes, de trois femmes et de plusieurs enfants, était partie du village natal sans ressources, pour accomplir leur vœu, confiants dans la charité publique et la protection de leur idole.

Un peu plus loin, au milieu même de la route, un vieillard était couché dans la poussière, en proie aux dernières convulsions de l'agonie. Son fils, jeune homme de dix-sept ans, assis près de lui, le regardait d'un air triste et résigné. Ce vieillard, sentant sa fin approcher, avait voulu, malgré les douleurs de la maladie, se traîner jusqu'à Djaghernaut en vue de la pagode sacrée pour rendre le dernier soupir, les yeux fixés sur le temple saint entre tous. Il venait de faire soixante lieues, les forces lui avaient manqué le matin même, et il n'avait pas la consolation d'accomplir

1. Un dzennar se compose de trois fils tressés ensemble, mesurant chacun quatre-vingt-seize mains. Le cordon sacré se porte sur l'épaule gauche.

son dernier vœu ; il mourait encore loin du but de son pèlerinage. Les Indous pensent que s'ils rendent l'âme les yeux fixés sur un fleuve sacré ou sur quelque pagode en renom, ils vont droit au ciel. Aussi que de squelettes, que d'ossements semés çà et là tout le long de la route de Cuttack à Djaghernaut !

A l'époque des grandes fêtes de Mars, l'air est tellement empesté d'odeurs exhalées par les cadavres en décomposition, qu'il y a danger sérieux pour la santé publique. Le choléra a souvent pris naissance dans ce foyer pestilentiel avant de se répandre dans l'Inde et les autres contrées du globe.

Le fanatisme produit parfois de singulières dévotions. Ainsi on a vu, dit-on, des pèlerins parcourir des centaines de lieues en mesurant avec leur corps la distance qui sépare certaines pagodes célèbres : ils

Char de la procession, à Djaghernaut. — Dessin de E. Thérond d'après l'album photographique de M. Grandidier.

s'étendent le ventre contre terre, se relèvent et en partant de l'endroit où ont atteint leurs mains, ils recommencent jusqu'à ce qu'ils soient arrivés au but. Je n'ai vu faire ces pénibles exercices qu'autour de l'enceinte des temples en expiation de péchés sans doute fort graves.

Pouri est situé sur le bord de la mer : en avant de la ville indoue s'élèvent, disséminés sur la plage, de nombreux bungalows bâtis par les Européens ; les uns servent de résidence permanente à quelques employés du gouvernement ; les autres sont des villas où les Anglais de Cuttack viennent passer la saison chaude pour respirer la brise de mer et prendre des bains. Ces bungalows sont reliés entre eux par des chaussées en briques qui permettent aux promeneurs d'éviter la fatigue que leur causerait le sable mouvant de la plage. Une route pavée, bordée de bancs, offre à la petite colonie un lieu de réunion agréable d'où l'on domine,

Porte latérale du temple de Djaghernaut. — Dessin de E. Thérond d'après l'album photographique de M. Grandidier.

d'une part la mer, de l'autre l'océan de sable limité au sud par une ligne de verdure au sein de laquelle s'élève la grande tour de Djaghernaut.

La ville indigène est sale et mal bâtie. Dans la grande et longue rue qui mène à la pagode, la plupart des maisons sont peintes à fresque dans le goût asiatique : ce sont de grossières représentations de danses de bayadères, de dieux indous, d'animaux fantastiques. Les artistes de l'Inde n'obéissent jamais qu'à leur bizarre fantaisie, et foulent aux pieds avec un souverain dédain les plus simples notions d'anatomie et de perspective.

Toutes les voies sont encombrées de zébus sacrés qui s'en vont prenant çà et là aux devantures des boutiques, comme sur le marché, tout ce qui leur plaît parmi les légumes et les fruits exposés à la vue des chalands. On n'ose pas les frapper; ils sont sous la haute protection de Djaghernaut, le maître du monde. Il est curieux de voir la haine que ces animaux semblent avoir vouée aux hommes de race blanche; les Européens qui pénètrent dans la ville sainte sont obligés de se faire accompagner de policemen indigènes pour les protéger contre la colère des zébus. Dans une de mes promenades, je n'avais pas moins de quatre soldats au milieu desquels je marchais gravement. Plusieurs fois j'ai vu les nobles bêtes diriger leurs cornes même contre leurs bénévoles adorateurs, du reste fort débonnairement, comme il sied à des divinités bien repues et en belle humeur. Ces zébus sont très-beaux, et c'est avec convoitise que j'admirais les bosses si grasses qui se balançaient sur

leurs dos et qui auraient pu me procurer un mets des plus succulents.

Les zébus ne sont pas les seuls animaux qu'adore dans l'enceinte de la ville de Djaghernaut la populace indoue; ce ne sont pas surtout les plus malfaisants. Sur les toits des maisons, sur les murs des temples, sur les arbres des jardins, partout on voit des troupes de singes gambadant, grimaçant, se plaisant au mal, sans que personne soit assez audacieux pour s'opposer à leurs déprédations. Il y en a de deux espèces, l'une à longue queue, l'autre privée de cet appendice ornemental, mais en revanche parée sur ses parties nues des couleurs les plus éclatantes. Je ne citerai que pour mémoire les crocodiles et les poissons sacrés dont quelques étangs sont peuplés; ces animaux viennent manger dans la main des dévots qui leur offrent leur nourriture.

Le temple est entouré d'un beau mur crénelé, qui renferme, dit-on, dans son enceinte rectangulaire, beaucoup de sanctuaires, de portiques, d'étangs sacrés; comme nul Européen n'est admis à passer le seuil des portes d'entrée, on ne voit que le Bara-Dewal, grande tour où sont logées les trois divinités du lieu, et qui par sa masse domine tous les autres édifices. De loin, il ressemble à une borne colossale; en réalité, c'est un bâtiment carré dont les murs en s'élevant décrivent une courbe et forment vers le sommet un hémi-ellipsoïde. Sur chaque face, ressort en saillie un pilier de la largeur des deux tiers de la face elle-même. Lorsque nous décrirons les temples de Bhuvaneshwara, nous verrons comment, en superposant les uns aux autres des piliers de plus en plus petits, on est arrivé à construire des édifices d'une forme hémi-ellipsoïdale ayant tout l'aspect d'une immense borne. Les angles de la tour sont arrondis en forme de fuseau. Quelques sculptures décorent les faces, du reste assez nues, de cette pagode qui, au point de vue de l'architecture, est très-inférieure aux temples orissiens dont nous parlerons plus loin. Le tout est recouvert d'un badigeon à la chaux.

On prétend que la pagode de Djaghernaut a été construite vers l'an 1200 (après Jésus-Christ), je doute qu'elle ait une origine aussi reculée.

La porte d'entrée principale donne accès à un vestibule à toit pyramidal. De chaque côté, est placé un monstre, sorte de lion dont la tête est couverte d'une tiare. Sur le fronton sont figurées les images des planètes et du soleil, comme dans tous les édifices religieux de l'Orissa. Qua-

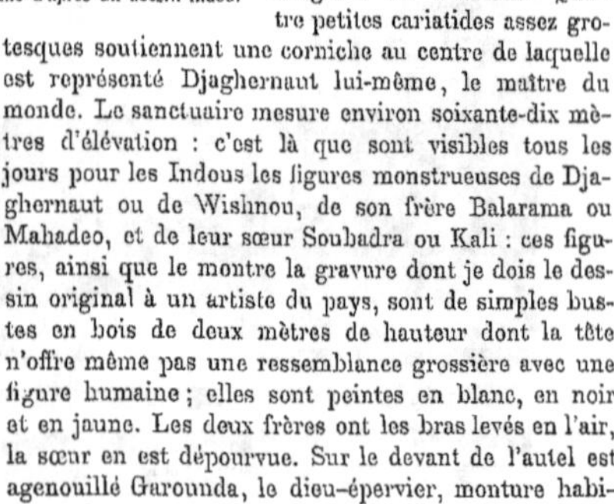

La déesse Kali. — Dessin de Rapine d'après un dessin indou.

tre petites cariatides assez grotesques soutiennent une corniche au centre de laquelle est représenté Djaghernaut lui-même, le maître du monde. Le sanctuaire mesure environ soixante-dix mètres d'élévation : c'est là que sont visibles tous les jours pour les Indous les figures monstrueuses de Djaghernaut ou de Wishnou, de son frère Balarama ou Mahadeo, et de leur sœur Soubadra ou Kali : ces figures, ainsi que le montre la gravure dont je dois le dessin original à un artiste du pays, sont de simples bustes en bois de deux mètres de hauteur dont la tête n'offre même pas une ressemblance grossière avec une figure humaine; elles sont peintes en blanc, en noir et en jaune. Les deux frères ont les bras levés en l'air, la sœur en est dépourvue. Sur le devant de l'autel est agenouillé Garounda, le dieu-épervier, monture habituelle de Djaghernaut.

Chaque jour on sert trois repas aux idoles. Voici les

provisions qui, d'après M. Mansbach, leur sont quotidiennement distribuées : quatre cent dix livres de riz, deux cent vingt-cinq livres de farine, trois cent cinquante livres de beurre clarifié, cent soixante-sept livres de mélasse, soixante-cinq livres de légumes, cent quatre-vingt-six livres de lait, vingt-quatre livres d'épices, trente quatre livres de sel et quarante et une livres d'huile à brûler. Ces vivres, dont je viens de transcrire la variété en détail, me paraissent amplement suffisants pour satisfaire l'appétit des idoles, quelle que soit la capacité de leurs divins viscères, et même l'ampleur des estomacs plus humains des prêtres et acolytes attachés à leur service. Pendant chaque repas, qui dure environ une heure, les portes sont soigneusement fermées, et quelques serviteurs de ces divinités, le rajah de Kourdaqui, le grand prêtre du temple et les Brahmanes sanctifiés par une longue pratique d'ascétisme et de pénitence, ont seuls le privilége d'assister au banquet olympien. Pendant toute sa durée la musique ne cesse de remplir l'air de ses sons aigus à la grande satisfaction des oreilles des dévots.

Si le voyageur regrette d'être venu si loin sans pouvoir mettre le pied dans l'enceinte sacrée, il se trouve amplement dédommagé par le spectacle curieux qu'offre la place qui précède la pagode. Au centre, s'élève une colonne monolithe, polygonale, d'une forme gracieuse, surmontée d'une petite statue d'Hanouman, le dieu-singe ou le Mercure indou. Au milieu d'une centaine de zébus et autres animaux se presse la foule bizarre des dévots ascétiques; quelques petites cabanes faites de roseaux ou de branchages secs donnent asile à des hommes dont la nudité n'est certes pas suffisamment cachée par la couche de chaux dont ils se blanchissent les membres, et qui par piété passent leur vie à con-

Idoles dans le sanctuaire de Djaghernaut. — Dessin de Rapine d'après une aquarelle indoue.

templer les murs de la pagode sainte. La figure de ces personnages vénérés est entièrement sillonnée de traits rouges. Il en est qui croient faire un acte agréable aux dieux en laissant croître leurs cheveux et leur barbe à la volonté de la nature et en se livrant à des danses folles; d'autres se percent les joues avec des tiges de fer; beaucoup attendent à peine que la fiente des zébus soit tombée à terre pour s'en couvrir le visage et le corps. Quelques-uns même, pour racheter leurs péchés, poussent l'absurdité et la folie jusqu'à boire l'urine des saints animaux! Toutes ces scènes ne montrent que trop à quel point la démence superstitieuse a rabaissé les pauvres habitants de l'Inde, peuple cependant si doux et si intelligent.

A un mille de la ville se trouve un étang sacré auquel on se rend par une grande avenue toujours encombrée de marchands et de pèlerins; au centre est bâtie la maison de plaisance de Djaghernaut, petit temple à colonnes. C'est là que le dieu va, chaque année, passer quelques jours pour se livrer au plaisir du bain. Selon M. Mansbach que ses fonctions ont retenu pendant quatre années dans l'Orissa et qui a publié dans les Bulletins de la Société asiatique des détails intéressants sur le culte de Djaghernaut, il y a deux fêtes principales : l'une a lieu lorsque le maître du monde, après certaines ablutions, prend la forme de Ganesa, le dieu-éléphant; la métamorphose s'accomplit aisément, à la plus grande joie des dévots, au moyen d'un simple masque de carton. L'autre, la plus importante des deux, se célèbre quand le soleil est entré dans la constellation du Bélier.

Trois chars, dont la planche de la page 12 peut donner une idée, transportent les idoles au bord de l'étang sacré. Celui de Djaghernaut, porté sur seize roues, mesure environ huit mètres de long et autant de large. Sur cette immense plate-forme, on dépose le dieu qui est entouré par la foule des prêtres sous la haute direction du rajah de Kourda. L'idole est abritée sous un dôme couvert d'étoffes éclatantes. Partout la boiserie est travaillée et sculptée ; mais quelles sculptures ! Rien que des sujets d'une obscénité révoltante. A l'avant du char, on remarque une statue conduisant des chevaux dorés. Six forts câbles sont attachés à l'immense masse que traînent des milliers d'hommes, au milieu des clameurs étourdissantes des pèlerins et des cris aigus et perçants des trompettes sacrées[1].

Arrivée à sa maison de campagne, l'horrible divini-

Porte du temple du Soleil. — Dessin de E. Thérond d'après l'album photographique de M. Grandidier.

y reste exposée plusieurs jours. Pendant ce temps le peuple des dévots est en délire ; ce ne sont que cris et vociférations, que danses échevelées ; la nuit, on tire de tous côtés des feux d'artifice. La fête se termine par la réintégration du dieu dans son domicile ordinaire.

Alfred GRANDIDIER.

1. Dans les temps anciens, on construisait les chars non en bois, mais en pierre, à l'exception du dôme qui était en briques ; les roues elles-mêmes étaient de pierre. Combien d'hommes ne fallait-il pas pour traîner ces énormes monolithes, surchargés de veilleux ornements ? Le modèle représenté page 8 existe encore dans les ruines d'Humpi (Bidjanugger).

Tente d'un voyageur anglais (voy. p. 31). — Dessin de A. de Bar d'après l'album photographique de M. Grandidier.

VOYAGE DANS LES PROVINCES MÉRIDIONALES DE L'INDE,

PAR M. ALFRED GRANDIDIER[1].

1862-1864. — TEXTE ET DESSINS INÉDITS.

II

La Pagode noire. — Bhuvaneshwara. — La province d'Orissa. — Coup d'œil rétrospectif à propos d'architecture sacrée sur le brahmanisme et le bouddhisme indou.

Je ne pouvais m'éloigner du district de Pouri sans aller visiter les ruines du temple du soleil, connues des marins anglais sous le nom de Blackpagoda (Pagode noire). Située à seize milles au nord de Pouri, en vue de la mer, presque à égale distance des deux principales embouchures du Mahanuddy, cette pagode mérite sous tous les rapports d'attirer l'attention du touriste et de l'archéologue; c'est le plus beau spécimen de l'architecture indoue dans toute sa pureté. Peu de voyageurs cependant l'ont visitée, par suite de sa position isolée au milieu du delta désert, plat et sablonneux du Mahanuddy; mais une fois arrivé, on ne regrette pas la fatigue et l'ennui de la route. On en est bien dédommagé par la vue des débris encore debout de ce monument gigantesque, qui a dû être l'un des plus magnifiques de l'Inde.

En se rendant à la Pagode noire, on peut d'ailleurs occuper agréablement les heures de la route en chassant des antilopes; ces élégants animaux sont communs dans ce désert, et, malgré leur sauvagerie naturelle, je parvins, grâce à ma carabine Manton, à en abattre plusieurs dont j'ai conservé précieusement les belles cornes annelées.

Le sanctuaire de la Pagode noire n'existe plus; à sa place on ne découvre qu'une montagne de débris et de pierres. Le vestibule, quoique presque en ruines, est encore en assez bon état pour être étudié du touriste. Il serait difficile de compter le nombre de bas-reliefs, de sculptures de toutes sortes, de groupes de grandeur naturelle qui se trouvent sur les murs extérieurs. Ces œuvres, d'une belle exécution, sont supérieures à toutes celles auxquelles nous a habitués l'art indou moderne.

Il est à regretter toutefois qu'elles soient exclusivement consacrées à représenter des sujets de la plus grande obscénité. L'ensemble de cette partie du monument est grandiose; la voûte qui s'élève à une grande hauteur est d'une noble hardiesse. C'est là que l'art indou semble avoir atteint son plus haut degré de splendeur; la grandeur n'y exclut pas l'élégance, et la majesté s'y allie à la richesse.

Bâtie comme tous les temples de l'Orissa sans le secours du bois, la Pagode noire n'est consolidée en plusieurs endroits que par d'énormes poutres de

1. Suite. — Voy. page 1.

2

fer[1]. Deux portes donnent entrée à ce vestibule; elles ont une largeur de cinq mètres : la décoration de la principale est remarquable. Les parois latérales présentent un soubassement enrichi chacun de sept petites statues de vingt-huit centimètres de hauteur; la partie supérieure est garnie de guirlandes et d'ornements grossiers ; les linteaux ou traverses horizontales sont aussi très-finement sculptés. Sur le sol on remarque une pierre de près de huit mètres de long sur un mètre trente centimètres de large et deux mètres de haut, qui servait jadis de couronnement à la porte, et sur laquelle on distingue les neuf images ordinaires des planètes. Dans toutes ces sculptures, il y a profusion de cordons de perles.

La voûte qui s'élève à une grande hauteur, — au moins trente mètres, — est construite par voie d'assises horizontales, chaque pierre débordant celle qui la soutient. Les faces extérieures du monument étaient entièrement recouvertes de sculptures et de godrons[2]. Malgré les herbes qui ont envahi cet antique monument, malgré l'état de délabrement où il se trouve réduit, on peut encore juger de l'aspect grandiose qu'il devait présenter quand il était intact, et qu'un nombre considérable de statues le décoraient.

Le sommet du vestibule affecte la forme d'une espèce de turban en pierre supporté par huit lions ; il est surmonté lui-même d'un autre plus petit, reposant sur huit griffons. Ce vestibule mesure vingt mètres de côté.

Il est impossible de ne pas exprimer des regrets au nom de l'art, quand on voit ce temple magnifique se dégrader de jour en jour ; avant peu d'années, il ne restera qu'un monceau de ruines là où s'élevait l'un des plus beaux monuments de l'architecture asiatique.

Bhuvaneshwara était au commencement de l'ère chrétienne une des plus grandes villes de l'Inde. Au milieu de la jongle, sur l'emplacement où s'élevait jadis cette importante cité, on aperçoit encore aujourd'hui des temples dont on peut évaluer le nombre à plus de cent ; quoique abandonnés pour la plupart, ils sont en bon état de conservation. C'est au septième et au huitième siècle après Jésus-Christ que furent édifiés presque tous ces monuments. Ils présentent un grand intérêt, non-seulement à cause de leur beauté et de leur originalité, mais surtout pour l'étude de l'architecture asiatique.

Je n'ai pu pénétrer dans la pagode du Lingraja, la plus remarquable de toutes par ses dimensions.

Le sanctuaire mesure environ cinquante mètres de haut. Quelques brahmanes réfugiés dans ce temple en interdisent l'entrée à des parias aussi impurs, à leur point de vue, que les Français et les Anglais ; mais comme tous les temples petits et grands sont ornés et distribués de la même manière, je puis en donner une idée exacte par la description de celui que représente une des gravures jointes à ce récit.

Ces pagodes sont toutes consacrées à *Mahadeva*, le grand dieu, un des noms de Shiva, adoré comme dieu de la vie et de la reproduction, sous la forme d'une espèce de borne en pierre presque brute qui s'élève du centre d'une cuvette de pierre. Comme dans le temple principal de Bénarès, ce grossier symbole ou *Lingam* reçoit l'adoration des dévots indous, qui l'arrosent d'huile de coco et lui font des offrandes de riz, de volaille, etc.

Ces dons, bien entendu, profitent bien moins au dieu qu'aux brahmanes. L'huile est recueillie pieusement dans la cuvette inférieure, et jouit de la précieuse faculté d'opérer des miracles. Les prêtres teignent souvent en rouge cette idole bizarre.

Le sanctuaire ou dewal a une forme analogue à celle du Lingam qu'il renferme ; il ressemble de loin, comme tous les temples de l'Orissa, à une immense borne. C'est une tour carrée dont les faces sont ornées de pilastres en saillie superposés les uns aux autres. Les coins en sont arrondis et sur chaque face on remarque des godrons verticaux.

La base, de forme quadrangulaire, est souvent décorée de bas-reliefs obscènes, appropriés à des temples où l'on adore le Lingam. Au sommet de la tour, qui se termine en rond, sont placés huit lions supportant un immense turban ou couronne de pierre ; ce turban, quelquefois monolithe, est l'un des caractères de l'architecture orissienne ; dans les monuments modernes, il est surmonté d'une urne ou du chakra de Vishnou[1].

Les voûtes, dont quelques-unes ont jusqu'à cinquante mètres d'élévation, sont ornées de pierres posées par assises parallèles à l'horizon. Dans toute l'architecture asiatique on voit prédominer les lignes horizontales. Dans l'Inde, en effet, on ignora longtemps l'usage des colonnes, qui dans l'Occident, au contraire, ont presque de tout temps été employées dans les constructions, et qui ont amené la prédominance des lignes verticales dans nos monuments. La couronne du sommet ferme la voûte. C'est d'un effet grandiose.

Comment ces peuples ont-ils réussi à élever à d'aussi grandes hauteurs ces blocs immenses que nos machines modernes elles-mêmes soulèveraient avec peine ? C'est uniquement au moyen de plans inclinés faits de bambous.

Des diverses faces se détache en haut-relief un énorme griffon

En avant du sanctuaire se trouve le vestibule ou Jagamohana[2], édifice à toit pyramidal. Le jour ne pénètre dans le temple que par la porte de ce vestibule ; aussi le sanctuaire est-il très-obscur. C'est une disposition que l'on rencontre dans tous les temples indous ; les brahmanes ne veulent montrer leurs dieux à formes bizarres et à aspects terribles que dans une

---

1. Quelques-unes de ces barres de fer qui mesurent plus de six mètres de long, sur vingt centimètres d'épaisseur.
2. Les godrons sont le contraire des cannelures.

1. Le chakra est une roue de fer, symbole de destruction, dont est toujours armé le dieu Vishnou.
2. Jagamohana, littéralement les délices des hommes, parce que c'est du vestibule qu'on voit et qu'on adore l'idole.

obscurité qui puisse encore accroître l'impression superstitieuse ressentie par le peuple des dévots. Dans
l'enceinte, il y a toujours d'autres temples plus petits
élevés en l'honneur des divinités d'un ordre inférieur.

Je ne m'étendrai pas sur la description de ces temples dont il a été parlé en détail dans les *Asiatic
Researches of Bengal*, mais j'essayerai d'exprimer les
impressions qu'a fait naître en moi leur examen et les
conséquences qui ressortent de la comparaison que j'ai
pu faire, dans mes voyages à travers l'Inde, des divers
spécimens de l'art bouddhiste et de ceux de l'art indou.

Pourquoi après l'abandon ou l'expulsion du bouddhisme les Indous ont-ils donné à leurs premiers
temples la forme curieuse et insolite qu'on trouve dans
ceux de l'Orissa? Je suis obligé, avant de développer
le résultat de mes recherches et réflexions à ce sujet, d'entrer dans quelques détails sur les révolutions
religieuses qui se sont opérées dans l'Inde avant et
après notre ère.

La plus importante aujourd'hui des nombreuses
religions qui sont répandues dans l'Inde, celle qui
compte le plus de disciples, c'est, sans contredit, la
religion indoue, dont nous allons nous occuper.

L'islamisme, importé vers la fin du douzième siècle

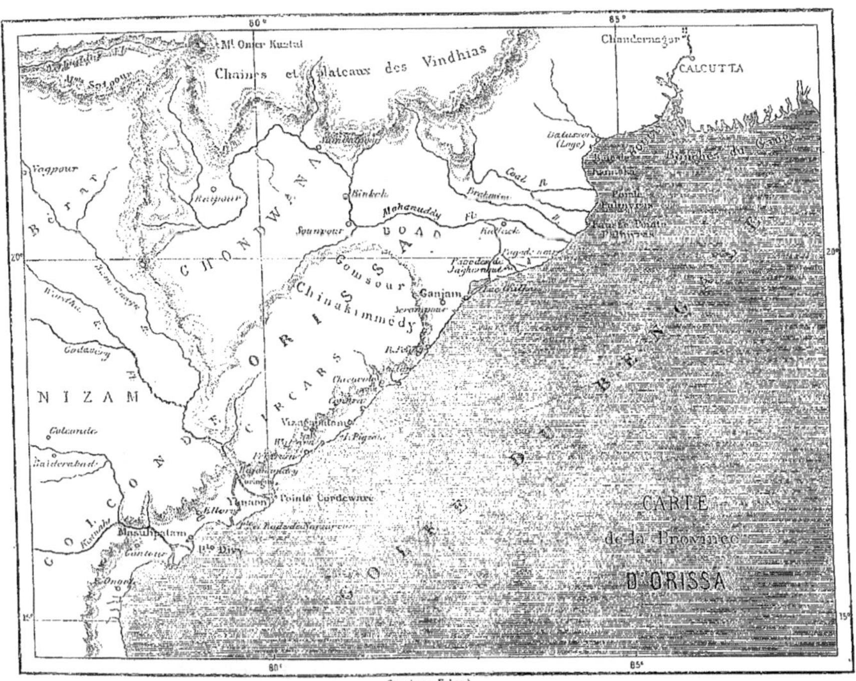

par les conquérants afghans, n'a guère de sectateurs
que dans le nord. La majorité appartient à la secte
shiite, et ne forme pas le douzième de la population
totale de l'Inde. Nous devons citer aussi les chrétiens
du sud du Deccan, les jaïnes de l'ouest, les parsis ou
guèbres de la présidence de Bombay, les sikhs du
Panjab. Je ne parlerai en détail de ces diverses religions qu'en parcourant les pays particuliers où leurs
sectateurs sont nombreux.

Le bouddhisme, qui sur le sol de l'Inde n'a plus de
partisans qu'au Népaul et à Ceylan, a cependant joué
un si grand rôle dans l'histoire de cette contrée, qu'il
mérite une étude assez approfondie, toutes les fois
qu'on veut remonter aux origines des religions, des arts
et de la civilisation actuelle de ce pays. Je crois donc
utile de tracer ici, avec quelque détail, les dogmes de
cette religion qui, du nord-ouest du Bengale où elle
prit naissance, s'étendit peu à peu sur la surface entière de l'Inde et eut un de ses foyers les plus actifs
dans l'Orissa, où elle a laissé des traces si profondes
de son passage.

La vallée du Gange, si connue pour sa richesse et
sa fertilité, a été le berceau de la civilisation de l'Inde.
Le sol de cette contrée féconde produisait tous les

fruits nécessaires à l'alimentation de ses habitants sans les astreindre à de grands efforts : frappés des avantages de cette situation exceptionnelle, de nombreuses tribus de la race aryane, venues du nord et du nord-ouest, s'y sont constituées en groupes sociaux à une époque non encore déterminée par l'histoire. Pour maintenir l'ordre dans cette réunion d'individus, on eut recours à des conventions qu'ont dû accepter tous les membres de la communauté, sous peine d'être livrés à l'anarchie. Ces lois, toutes conventionnelles, étaient basées sur les besoins communs de tous, sur les exigences d'immigrations et de conquêtes successives et superposées pour ainsi dire, et aussi sur les superstitions naturelles à tout être ignorant, que domine la crainte de l'inconnu.

Les plus anciens livres sacrés de l'Inde ne prêchent

Pagode près de Cuttack. — Dessin de A. de Bar d'après l'album photographique de M. Grandidier.

que les principes naturels à toute société qui s'organise. Ils admettent un Dieu créateur, unique, tout-puissant[1], mais ils ne lui vouent point de culte extérieur; ils ne lui élèvent pas de temples, ils se contentent de l'honorer comme la sanction divine de leurs lois et de leur morale. Ils défendent bien, comme l'ont fait les Égyptiens, mais pour cause d'utilité et non par pure superstition, d'immoler à la gourmandise de quelquesuns le bœuf, animal indispensable à leurs cultures. Ils constatent enfin que dans toute réunion d'hommes il existe une différence nécessaire, due aux occupations

1. Cette assertion demanderait plus d'une réserve si elle avait trait aux *Védas*, les plus antiques monuments de la langue sanscrite; elle ne peut s'appliquer qu'aux Brahmanas, aux Oupanichads et aux autres commentaires métaphysiques de ces recueils d'hymnologie primitive auxquels ils sont postérieurs de bien des siècles.   (F. DE L.)

Grand temple de Bhuvaneshwara. — Dessin de A. de Bar d'après l'album photographique de M. Grandidier.

forcées auxquelles on est obligé de se livrer. De là quatre grandes castes rangées, suivant l'ordre de leur importance sociale et intellectuelle ; d'abord les Brahmanes (savants), ou prêtres qui dirigent les hommes et les maintiennent dans la voie des devoirs sociaux ; — les kchattrias, soldats chargés de défendre la patrie contre l'envahissement des étrangers, — les vaïçiyas, agriculteurs et marchands, qui procurent à la communauté les objets nécessaires à l'alimentation de tous, — puis enfin les çoudras, ouvriers et manœuvres, qui ne mettent au service commun que leur force physique et dont le seul devoir, selon le code de Manou, est de servir les classes supérieures sans murmure et sans envie.

La tradition indoue, telle qu'elle est enregistrée dans le *Manava çastra*, caractérise parfaitement cette division du corps social en quatre classes. De la tête de Brahma, le créateur, sont sortis les savants et les prêtres, de ses bras les guerriers, de son ventre les marchands et les cultivateurs, de ses pieds les çoudras, ouvriers et prolétaires.

Avec les siècles, les principes brahmaniques s'étaient corrompus, et l'esprit subtil des Indiens avait déjà inventé longtemps avant l'ère chrétienne des légendes plus ou moins fabuleuses ou bizarres ; la morale pratique des premiers temps s'était pervertie. Mais lorsque le Bouddha prêcha sa religion, les brahmanes n'étaient point encore cependant arrivés à ces excès de démence dont nous avons le spectacle de nos jours, et dont nous parlerons après l'exposition des principaux dogmes du bouddhisme ; il y avait de nombreux points de contact entre les deux doctrines aujourd'hui si différentes.

Il est indispensable d'entrer ici dans quelques détails au sujet de la religion bouddhique telle qu'elle a été prêchée dans l'Inde et qu'elle est encore pratiquée à Ceylan, le seul pays où elle ait encore en partie sa pureté. Au Thibet et au Népaul, dans le royaume d'Ava en Chine, et les doctrines bouddhiques sont tellement corrompues qu'on ne saurait y reconnaître les vrais principes fondamentaux.

Les bouddhas et leur doctrine, suivant les commentaires des livres sacrés, sont incompréhensibles ; non moins incompréhensible est la grandeur des résultats produits par la foi en ceux qui croient en leurs enseignements. Rien de plus vrai que la première partie de cette réflexion. Il n'est pas facile même aux philosophes les plus habitués aux subtilités de la métaphysique de toujours comprendre les élucubrations nuageuses des disciples du Bouddha qui ont cherché à exposer les doctrines de leur maître. Nous essayerons toutefois de donner quelque idée d'un système qui a exercé une influence si considérable sur le monde asiatique.

La vérité est éternelle et immuable, telle est la base du bouddhisme. A des périodes séparées par un espace de temps incalculable, apparaissent des hommes d'une sagesse éminente, d'une sainteté parfaite, qui, libres de l'influence des passions, sont parvenus à éteindre en eux non-seulement tout désir sensuel, mais même le désir de vivre ; qui, par leur vertu persévérante et leurs efforts intellectuels, ont acquis une connaissance exacte de la vérité universelle. Ces hommes ont tous enseigné cette vérité aux autres hommes (surtout en ce qui touche la morale et le moyen de se délivrer des chaînes d'une existence de souffrances et de misère), et leurs doctrines ont fondé les religions bouddhistes qui ont existé de temps immémorial. Ces êtres portent le nom de Bouddhas ou *éclairés*.

Mais il en est de la vérité comme de toutes choses en ce monde ; elle va se corrompant et la religion disparaît, les préceptes de morale sont méconnus, jusqu'à ce qu'un autre Bouddha se révèle et prêche à nouveau les mêmes vérités éternelles.

Le nombre des Bouddhas est illimité, et depuis l'origine des siècles il en est apparu un grand nombre ; on ne connaît les noms que des vingt-quatre derniers.

Tous les Bouddhas sont égaux entre eux, et aucun des anciens ou Adi-Bouddhas, malgré les idées adoptées dans le Népaul, n'est supérieur aux autres en sagesse, en sainteté et en pouvoir.

Le dernier des Bouddhas naquit en 624 avant Jésus-Christ à Kapilavastou, ville située sur la frontière du Népaul et capitale du royaume que gouvernait son père, le rajah Souddhodano. A sa naissance, il reçut le nom de Çiddartha, mais il est plus généralement connu sous le nom de Çakya-Mouni (Çakya le religieux) et sous celui de Gotama, qui lui venait de ses ancêtres royaux, les Gotamides, issus eux-mêmes de ces premiers chefs des émigrations aryanes, qui rattachaient leur origine au soleil.

Nous ne pouvons mentionner ici les miracles dont fut entourée son enfance. Nous ne disposons ni du temps ni du cadre nécessaires pour cela. Mais des légendes bouddhiques, presque contemporaines de sa prédication, ayant peint, avec une naïve énergie, ses impressions aux premiers regards qu'il jeta autour de lui sur le monde, nous croyons indispensable de les rappeler le plus succinctement possible, et pour atteindre ce but, nous aurons recours aux résumés concis qu'en ont rédigé, d'après les documents originaux, ceux de nos contemporains qui ont fait de l'Inde antique une longue et consciencieuse étude.

« ...Un jour qu'avec une suite nombreuse Çiddartha se rendait à un jardin auquel se rattachaient tous ses souvenirs d'enfance, il rencontra sur sa route un homme vieux, cassé, décrépit, portant sur son corps ravagé tous les symptômes d'une fin prochaine. « Ainsi « donc, dit Çiddartha à son cocher, la créature igno- « rante et faible, au jugement erroné, est fière de la « jeunesse qui l'enivre, et elle ne voit pas la vieillesse « qui l'attend. Pour moi, je n'irai pas plus loin. Co- « cher, retournons au palais. Moi, qui suis aussi la « demeure future de la vieillesse, qu'ai-je à faire avec « le plaisir et la joie ? »

« Un autre jour, il se dirigeait vers le même jardin quand il rencontra un homme atteint de maladie, en proie à une fièvre ardente et respirant à peine : « La

« santé, dit le jeune prince, est donc comme le jeu « d'un rêve, et la crainte du mal a donc cette forme « insupportable ? Quel est l'homme qui, en y réfléchis- « sant, pourrait désormais avoir l'idée de la joie et du « plaisir ? » Et ce jour-là encore Çiddhartha n'alla pas plus loin.

« Une autre fois, il retournait à ce lieu de promenade quand il rencontra sur la route un cadavre porté dans une bière, couvert d'un linceul et entouré du cortége de ses parents en deuil, versant des larmes, sanglotant et poussant des cris. Le prince, prenant encore son cocher à témoin de ce spectacle lamentable, s'écria : « Ah ! malheur à la jeunesse que la vieil- « lesse doit détruire ! Malheur à la santé que minent « les maladies sans nombre ! Malheur à la vie que la « mort tranche en si peu de temps ! Ah ! s'il n'y avait « ni vieillesse, ni maladie, ni mort ! Si la vieillesse, la « maladie, la mort, étaient pour toujours enchaînées ! » Puis, sa pensée intime se faisant jour pour la première fois, il ajouta : « Retournons en arrière ; je vais « rêver à la délivrance ! » Çiddhartha venait d'entrevoir le *nirvâna*. Peu de temps après, abandonnant rang, puissance, affection, il se retira dans la solitude et commença sa carrière de missionnaire prêcheur, qu'il poursuivit jusqu'à sa mort, arrivée soixante ans plus tard (543 avant Jésus-Christ)[1].

« Sa doctrine qui, de son vivant du moins, paraît avoir été plus morale que métaphysique, et qu'il imposait à ses auditeurs comme *bouddha* (c'est-à-dire comme *être inspiré, éclairé*), reposait, a dit Burnouf, « sur « une opinion admise comme un fait, et sur une es- « pérance présentée comme une certitude[2]. »

« Cette opinion, c'est que le monde visible est un perpétuel changement ; que la mort succède à la vie et la vie à la mort ; que l'homme, ainsi que tout ce qui l'environne, roule dans le cercle éternel de la transmigration ; qu'il passe successivement par toutes les formes de la vie, depuis les plus élémentaires jusqu'aux plus parfaites ; que la place qu'il occupe dans la vaste échelle des êtres vivants dépend du mérite des actions qu'il accomplit en ce monde, et qu'ainsi l'homme vertueux doit, après sa vie, renaître avec un corps divin, et le coupable avec un corps de damné ; que les récompenses du ciel et les punitions de l'enfer n'ont qu'une durée limitée, comme tout ce qui est dans le monde ; que le temps épuise le mérite des actions vertueuses, de même qu'il efface la faute des mauvaises, et que la loi fatale du changement ramène sur la terre et le Dieu et le damné, pour les mettre de nouveau l'un et l'autre à l'épreuve et leur faire parcourir une suite nouvelle de transformations. L'espérance que Çakya-Mouni apportait à l'humanité, c'était la possibilité pour tous les hommes, quelles que fussent leurs castes et leurs naissances, d'échapper à la loi de la transmigration et de mériter, par une vie d'austérités, de sacrifices et de dévouement, d'entrer dans ce qu'il appelle le *nirvâna*, c'est-à-dire l'*anéantissement* de toute personnalité et de tout souvenir[1].

« Pour oser ainsi offrir le néant à des millions d'hommes comme récompense d'une vie de devoirs et de vertus, il fallait avoir bien souffert soi-même ; mais il fallait aussi bien savoir à quel point l'ordre social et les doctrines régnantes avaient rendu le poids de l'existence intolérable pour ces mêmes hommes. Aucun grief plus grave ne peut être élevé contre le brahmanisme.

« Pour bien se rendre compte d'un fait aussi étrange pour nous Occidentaux que cette aspiration au néant, il faut se rappeler les effroyables terreurs que devaient inspirer à des populations opprimées et ployées sous mille jougs, du berceau à la tombe, leurs croyances à cette transmigration dont l'être humain était éternellement le jouet. Il est bon de voir en quels termes effrayants ce dogme a été décrit postérieurement dans le *Bhagavata-Pourana*, un des livres les plus canoniques du brahmanisme moderne.

« Après avoir dépeint longuement les misères auxquelles cette loi fatale condamne toute créature vivante et même les dieux, le poète déroule les phases du retour de l'homme à une nouvelle, passagère et douloureuse existence. Il nous le montre, embryon d'abord à peine perceptible, puis masse de chair informe où se développent peu à peu une tête, des bras, des pieds, des mains, des ongles, tous les organes enfin qui doivent le caractériser ; puis il ajoute :

« A cinq mois, péniblement replié sur lui-même, il « dort encore dans les replis les plus ignobles du sein « maternel, sans connaissance de son individualité mo- « rale, mais ressentant déjà les angoisses de la faim et « de la soif qu'il ne dépend pas de lui d'apaiser. Dans « cette misérable condition, il s'éveille, en reçoit la « notion distincte, avec le souvenir désespérant de « toutes les mauvaises actions qu'il a commises dans « ses existences précédentes, et la prescience des dou- « leurs, des souffrances qui l'attendent comme châti- « ments dans une nouvelle vie. Dès lors effrayée, sans « repos, cette malheureuse créature s'agite vainement « au milieu de ses terreurs, déplorant la triste et iné- « vitable destinée qui l'attend. Enfin, lorsqu'il ne peut « plus supporter cet état effroyable, Maya, la déesse « de l'illusion, en fait son jouet, lui ôte la mémoire, la « conscience de son passé, puis le lance dans la vie, « à travers les déchirements, les cris, le sang et les « pleurs[2]. »

« On conçoit qu'en face de cette succession fatalement éternelle de pareilles conditions d'existence, l'extinction absolue de la personalité physique et intellec-

---

1. Voir pour cette date la note de la page 26.

2. Eugène Burnouf, *Introduction à l'histoire du bouddhisme indien.* — On consultera aussi avec fruit *le Bouddha et sa doctrine*, par M. Barthélemy Saint-Hilaire. 1 vol. in-8.

1. Que ce mot, objet de tant de discussions de la part de nos érudits, signifie *le néant* pur et simple, comme l'affirmait Burnouf, ou l'absorption dans *la béatitude* hors de l'espace et du temps, comme d'autres l'interprètent aujourd'hui, on ne peut modifier sensiblement le sens adopté ici pour *nirvana*. (F. DE L.)

2. *Bhagavata-Pourana*, traduction d'Eugène Burnouf, tome II, chap. XXXI.

tuelle ait pu être proposée aux hommes comme une délivrance, comme le salut, et être acceptée comme tel.

« La réforme religieuse et morale de Çakya-Mouni
n'attaquait pas de front le système des castes, clef de
voûte de l'édifice brahmanique ; mais le Bouddha, en
appelant toutes les créatures humaines, sans distinction
de rang, de naissance et de sexe, à ses prédications, à
la vie ascétique, au salut enfin, sapait par la base le
système lui-même. En prêchant l'égalité des devoirs,
l'égalité devant la fin suprême, il pesait forcément sur
les inégalités sociales. En admettant la femme dans la
vie religieuse, il préparait son émancipation. Enfin,
en appelant à profiter de sa loi, *de sa bonne parole*,
tous les peuples, Indous et étrangers, il effaçait les
distinctions d'origine entre les Aryans et les barbares
(Varvaras, Mlétchas). Aussi, de toutes parts, les po-

Religieux mendiant. — Dessin de A. de Neuville d'après une photographie.

pulations coururent-elles au-devant du novateur et de
ses doctrines [1]. »

Du vivant de Çakya-Mouni, celle-ci comptait déjà de
nombreux apôtres ; ils se multiplièrent après sa mort.
En effet, tout religieux, tout croyant en la foi nouvelle, qui avait rasé ses cheveux et sa barbe, qui avait
renoncé à sa caste en taillant, de ses propres mains,
un vêtement dans un linceul enlevé à un cadavre, pouvait, après avoir confessé ses péchés à un autre religieux déjà revêtu de l'investiture, prêcher lui-même la
loi bouddhique.

Cette prédication, comme celle du Bouddha, fut
longtemps entièrement orale. Il en résulta pour ses
disciples, pour les missionnaires de la foi nouvelle, la

1. F. de Lanoye, *l'Inde antique et sa décadence*, dans la revue
le Présent, octobre et novembre 1858.

Pagode de Bhuvaneshwara. — Dessin de A. de Bar d'après l'album photographique de M. Grandidier.

nécessité de se réunir pour s'entendre sur le maintien et l'unité de la doctrine. Ces réunions, avec le temps, devinrent périodiques, et les réglementations de rites et de dogmes promulgués par ces espèces de conciles furent sans doute les premiers documents écrits de la religion bouddhique, comme les procès-verbaux d'une de ces assemblées, présidée, deux siècles et demi avant notre ère, par Piyadasi-Açoka, roi du Magadha, sont les premiers et les plus authentiques monuments que cette même religion ait légués à l'histoire[1].

Gravés sur des piliers de pierre, érigés partout où s'étendait l'influence du souverain le plus puissant du bassin du Gange, et dont un certain nombre ont été retrouvés de nos jours, ces procès-verbaux constatent tout à la fois l'influence croissante de la foi nouvelle, et la décadence rapide du brahmanisme à l'époque que nous venons de citer. On y voit un roi, un Kchattrya, fils du Soleil, prêcher la morale des réformateurs à ses sujets, leur commander de *se confesser tous les cinq ans*, et leur rappeler qu'avant l'apparition du Bouddha « la terre de l'Inde ne connaissait d'autre droit que celui du plus fort ; que le parricide y siégeait sur presque tous les trônes, l'inceste et la prostitution dans tous les palais !... Que partout enfin on ne voyait que meurtres, cruautés, irrévérences envers les parents, impiétés envers les dieux ! »

A Ceylan, où le bouddhisme pénétra de bonne heure, on attribue la date de 104-76 avant Jésus-Christ au premier livre bouddhique qui y fut écrit. C'est le *Pittakattayan*, dont certains passages, traduits par divers missionnaires modernes, sont précieux pour l'étude et l'appréciation des doctrines bouddhiques des premiers siècles.

Ce commentaire sacré s'ouvre par un premier livre intitulé Paradjika, où l'on met dans la bouche du Bouddha, cherchant à prouver sa supériorité sur tous les êtres, les paroles suivantes :

« J'ai déchiré le voile qui enveloppait mon esprit dans les ténèbres de l'ignorance, et je suis le seul homme qui ait acquis une connaissance pleine et entière de toutes choses.

« Je me suis livré à d'innombrables réflexions, et, tranquille de corps et d'esprit, le cœur pur de toute souillure, j'ai poursuivi mon but avec persévérance.

« Exempt de tout désir naturel, libre de tout attachement criminel, j'ai mené à bonne fin, dans ma solitude, le premier jhana (méditation), et je me suis consacré à l'examen des choses de ce monde.

« Ayant terminé mes investigations, je suis parvenu, par un retour sur moi-même, au second jhana, qui n'a plus été troublé par la préoccupation des choses extérieures. J'ai éprouvé le bonheur du troisième jhana, lorsque, délivré des soucis causés par les plaisirs, heureux, sage et sain de corps, je suis arrivé au contentement de l'esprit.

« N'étant plus dès lors sujet ni aux émotions de la joie ou du chagrin, ni aux sensations matérielles, j'ai vécu content, insensible à la peine comme au plaisir. C'est dans cet état de sainteté parfaite que j'ai atteint le quatrième jhana.

« Ayant l'esprit calme, pur de toute souillure, libre de toute passion, j'ai dirigé ma pensée vers le souvenir des premières phases de mon existence, je me suis rappelé toutes mes vies successives, et j'ai retracé dans mon esprit, pour chacune d'elles, le lieu de ma résidence, ma race, ma famille, mes occupations de chaque jour, ma figure, mes plaisirs et mes peines, la durée d'une vie à la fin de laquelle je mourais dans un lieu pour renaître dans un autre, jusqu'à ce qu'enfin je vins dans ce monde-ci.

« Ainsi se dissipa mon ignorance durant la veille de la première nuit. Les ténèbres firent place à la lumière et j'acquis l'omniscience.

« Je m'appliquai ensuite à étudier les causes de la naissance et de la mort des êtres intelligents. Doué d'une pénétration surhumaine, j'ai vu les hommes naître et mourir, les uns nobles, les autres de basse extraction, les uns beaux, les autres difformes, les uns heureux, les autres infortunés, suivant le mérite de leur conduite dans leurs existences antérieures. J'ai vu ceux qui péchaient en pensées, en paroles ou en actions, qui calomniaient les saints, qui prêchaient de mauvaises doctrines, après leur mort, aller en enfer et y souffrir toutes sortes de tourments. J'ai vu ceux qui étaient vertueux en pensées, en paroles et en actions, qui respectaient les saints, qui professaient les saines doctrines, renaître après leur mort dans un des cieux où leur était momentanément réservée une grande félicité.

« Ainsi, pendant la veille de la seconde nuit, continua à se dissiper mon ignorance et la lumière se fit de plus en plus.

« Tranquille d'esprit, d'une pureté et d'une sainteté

---

[1]. Piyadasi-Açoka était le petit-fils de Chandragoupta (le Sandrocyptus ou Sandracottus des historiens grecs). Or ce Sandracottus, selon Justin, monta sur le trône de l'Inde après le meurtre des préfets ou vice-rois qu'Alexandre avait établis dans ce pays (317 av. J. C.). Quand Séleucus Nicator, après s'être emparé de Babylone et de la Bactriane, se dirigea vers l'Inde, il n'attaqua pas Sandracottus, mais conclut avec lui une alliance qui lui permit de diriger toutes ses forces contre son ancien collègue, Antigone. Cet événement doit avoir précédé de peu l'année 312, la première de l'ère Séleucide, qui date du retour de Séleucus à Babylone.

On peut donc supposer que Chandragoupta devint roi vers 315, et comme les écrivains bouddhistes et brahmaniques s'accordent à lui attribuer vingt-quatre années de règne, l'avénement de son successeur Bindousara aurait eu lieu en 291 avant Jésus-Christ. Le règne de celui-ci fut, suivant les mêmes autorités, de vingt-cinq ou de vingt-huit ans. En admettant le dernier chiffre comme le plus authentiquement établi, nous arrivons à fixer la date du commencement du règne d'Açoka en 263 avant Jésus-Christ, celle de son inauguration à 259, et celle de son concile à 246 ou 242. Or c'est un article de foi parmi les bouddhistes que deux cent dix-huit ans séparent le sacre d'Açoka de la mort de Çakya-Mouni ; si donc nous traduisons la chronologie bouddhiste en chronologie grecque, nous devons admettre pour ce dernier événement la date de 477 avant Jésus-Christ, et non celle de 543, généralement admise jusqu'ici. L'adoption du premier chiffre est encore justifiée par un autre calcul : entre la mort du Bouddha et l'avénement de Chandragoupta (315 avant Jésus-Christ), les chroniqueurs bouddhistes placent cent soixante-deux ans (315 + 162 = 477 avant Jésus-Christ). (Max-Muller, *A history of ancient sanskrit literature.* London, 1860.)

parfaites, exempt de la souillure des passions, j'éteignis en moi tout désir et je pus me rendre compte de la nature de mes souffrances et de mes chagrins, de leur origine et du moyen d'y mettre un terme. J'ai aussi recherché les causes qui engendrent nos désirs et le moyen de nous y soustraire. Ayant aperçu ces vérités et les ayant comprises, mon esprit fut délivré non-seulement de tout désir sensuel, mais même du désir d'exister. J'avais l'omniscience et mes transmigrations étaient terminées, mon œuvre était accomplie, j'étais arrivé au terme de la série de mes vertus.

« Ainsi, durant la veille de la troisième nuit, les ténèbres se dissipèrent complétement, et je me dépouillai du linceul d'ignorance dans lequel j'étais étendu. La lumière s'était faite. »

L'omniscience d'un Bouddha n'est pas, on le voit, la science universelle, mais le pouvoir de connaître ce qu'il veut savoir, sans recourir au raisonnement ou à des recherches fastidieuses.

Çakya-Mounis partageait les opinions ordinaires de son époque en philosophie; il se séparait toutefois des Brahmanes en ce qu'il était opposé aux mortifications de certaines sectes, aux sacrifices d'animaux et à la division par castes. On retrouve dans son système les lois générales de la justice naturelle, telles qu'elles étaient alors admises universellement dans le nord de l'Inde; il prétendait seulement expliquer ces lois d'une manière plus complète et plus parfaite.

Son système ne reconnaissant pas l'existence de l'âme dans la transmigration ce n'est pas l'âme du mourant qui passe d'un corps dans un autre; avec le corps, tout disparaît excepté le germe d'où dépendent les nouvelles existences subséquentes, et ce germe n'est autre chose que la somme des mérites et démérites, c'est-à-dire des actions bonnes ou mauvaises qui se sont accumulées durant la vie de chaque être, et qui, à la mort, après la dissolution du corps, sont l'origine d'une existence nouvelle.

De même, suivant une comparaison déjà souvent employée, et que j'emprunte à un auteur anglais, un arbre produit une graine, cette graine mise en terre germe et devient elle-même un arbre, cet arbre, cependant, quoique devant sa naissance au premier, n'est point identique avec lui.

Le bouddhisme, comme le positivisme moderne, ne donne ni ne cherche à donner l'explication d'une cause première. Il ne remonte point à l'origine des choses; il ne sonde pas ce qui est lui semble être hors de la portée de l'esprit humain, comme n'offrant d'ailleurs aucune utilité pratique. Il prend les faits dans leur succession actuelle, et, sans aller à la source, il enseigne que l'accumulation de ces mérites et démérites forme le germe d'où sortira une nouvelle existence.

Des sens dérivent les rapports avec les choses du monde extérieur qui développent à leur tour le désir et la jouissance. De la jouissance vient l'attachement à la terre, et cet attachement produit l'état d'existence, cause de la naissance, de la décrépitude, de la mort, des chagrins et des souffrances. Les principes de souillure qui engendrent le péché et les souffrances, existent dans tout être, et se combinent avec le dogme de la transmigration; il en résulte que quelque agréable que puisse être l'existence à un moment donné, il faudra tôt ou tard en changer et retomber dans une condition inférieure. Il n'y a donc pas d'autre moyen de cesser de souffrir que de cesser d'exister.

Çakya-Mouni croyait avoir trouvé, nous l'avons dit, et enseignait de bonne foi la voie que doivent suivre ceux dont l'ambition est d'arriver à cette annihilation totale de l'individualité et du souvenir qui met un terme aux transmigrations; une vie d'une pureté immaculée, un esprit libre de tout attachement aux biens de la terre et même à la vie peuvent seuls permettre à un homme d'atteindre cet heureux état; mais à moins d'un concours de circonstances favorables dans des existences antérieures, l'ascète de nos jours doit désespérer d'arriver à ce but et d'entrer immédiatement dans le *nirvâna*.

Tout homme doit avoir la foi, pratiquer les vertus utiles à la société, être libéral et sage.

Pour avoir la foi, il faut reconnaître Gotama, comme le guide des hommes et des dieux, comme le Bouddha suprême dont la pureté est immaculée, la sagesse parfaite, la conduite irréprochable, et l'omniscience infaillible. Est vertueux celui qui respecte la vie de tout être animé, s'abstient du vol et de la luxure, du mensonge et de l'incontinence. Est libéral celui qui distribue des aumônes. Est sage celui qui est exempt d'avarice, de méchanceté, de paresse, de colère et d'hérésie.

L'homme qui se conduira conformément à ces préceptes acquerra richesses et vertu, méritera les éloges de ses parents et de ses amis, jouira d'une longue vie et d'une bonne santé.

Des divers moyens de mériter les récompenses, l'amour du prochain semble le meilleur, d'après la théorie du Bouddha. « Faites l'aumône, répète-t-il souvent dans ses discours, soyez affable et tâchez de contribuer au bonheur d'autrui, aimez votre prochain. Les aumônes doivent être prélevées avec impartialité sur le produit du travail, et distribuées de grand cœur et sans regret. »

En résumé, la grande innovation du bouddhisme a été d'établir, en droit, l'égalité d'origine des hommes, la charité et l'amour du prochain, ainsi que le respect de la vie de tout être animé. Ces conseils de morale sont certainement remarquables, surtout si l'on se reporte à l'époque et au pays où ces doctrines se sont développées, et il n'est pas étonnant que la religion bouddhiste ait exercé une grande influence sur la civilisation et le caractère de la plupart des peuples asiatiques.

Toutefois le système en question ne s'appuyait pas sur la foi, mais seulement sur le simple raisonnement, et s'il était capable de produire un effet puissant sur les mœurs par l'utilité pratique de ses préceptes, il n'était nullement propre à déraciner les superstitions populaires. Il pouvait se greffer sur toute religion, et de là peut-être est venue la facilité avec laquelle il s'est propagé à la surface du monde asiatique. La tolérance religieuse, qui était un de ses caractères, ne le mettait point en lutte ouverte avec les superstitions préexistantes ; aux illettrés, le Bouddha se contentait de dire : « Réglez votre conduite sur mes préceptes, et vous arriverez au bonheur. » Ses principes pratiques respectaient l'équité naturelle et s'accordaient avec les intérêts généraux de la société ; aussi furent-ils écoutés. Aux savants et aux sages, il disait : « La vie est courte, bien fol est celui qui se livre à des jouissances vaines et passagères ; regardez du rivage les tempêtes qui agitent la mer des passions, mais ne vous exposez point aux dangers que vous montre votre sagacité ; laissez les insensés courir après les souffrances et les misères, soyez calme d'esprit et repoussez l'erreur. »

Cette partie de son enseignement ne fut pas com-prise de tous ; ces doctrines étaient trop élevées pour la plupart des intelligences.

A cette tolérance, qui facilitait la propagation rapide d'une religion s'identifiant avec celle du pays, il faut ajouter un autre élément de succès : le Bouddha avait habilement introduit dans son système cosmogonique les divers dieux et esprits adorés par les peuples à qui il prêchait, leur conservant certains pouvoirs qui les rendaient supérieurs à l'homme, mais leur enlevant les véritables attributs de la divinité. C'est ainsi qu'on trouve, parmi les dieux habitant les cieux bouddhistes, tous les dieux védiques, entre autres Indra ou Sekra, le dieu des éléments et du feu pour les brahmanes, le chef des dieux pour les bouddhistes ; c'est ainsi que plus tard les disciples ajoutèrent à une liste déjà longue des divinités post-védiques, Brahma, Çiva, Vishnou, les Yakkas et les Nagas, dieux-serpents, adorés par les tribus aborigènes de l'Inde et de Ceylan, les

Banyans ou *ficus religiosa*. — Dessin de A. de Bar d'après une photographie.

Rakchas, démons respectés des peuples de l'Indo-Chine, et auxquels a été attribuée l'habitude de manger de la viande corrompue, dans le but de flatter les goûts étranges des Birmans et des Siamois. Ces concessions permettaient une adoption rapide du système dans toute l'Asie.

On ne saurait mieux comparer le bouddhisme qu'à une nappe d'eau calme et peu profonde qui s'étend peu à peu à la surface d'un pays, changeant en lac ce qui était terre, modifiant l'aspect général de la contrée, mais à travers sa faible épaisseur laissant encore apercevoir le fond qu'il recouvre. En effet, à l'opposé de l'islamisme, cette religion n'a point fait irruption comme un torrent qui bouleverse tout et ne laisse après son passage que ruines et désolation. Si partout où elle domine encore aujourd'hui elle s'est greffée sur les superstitions antérieures plutôt qu'elle ne les a détruites, elle a partout amélioré et adouci les mœurs.

On peut citer comme exemple les nomades de la Mongolie, si avides de sang et de pillage sous Tchenkhis, et dont elle a fait des pâtres paisibles, les plus dévots et les plus débonnaires de l'Asie centrale.

« Nous savons comment le bouddhisme naquit et se développa sur le sol de l'Inde ; nous ignorons comment il en fut expulsé. L'histoire est jusqu'à présent muette à cet égard ; les volumineux recueils de liturgie, de métaphysique et de légendes bouddhiques que les langues thibétaine et pali ont fournis à la patience de nos érudits, ne leur ont rien appris sur cet événement capital, qu'on ne peut apprécier que par induction.

« Trois siècles avant notre ère, le Grec Mégasthènes, ambassadeur de Séleucus Nicator, trouva le bouddhisme triomphant dans les États et à la cour de Tchandragoupta, ainsi qu'il résulte de la citation suivante :

« .... Dans ce pays, on trouve deux classes rivales

Types indous de diverses castes. — Dessin de A. de Bar d'après l'album photographique de M. Grandidier.

« de philosophes, les Brahmanes et les Çramanœ : les
« premiers, prêtres et devins, ne jouissent d'aucun
« crédit. Les seconds, ermites, anachorètes, s'impo-
« sent des pénitences, des mortifications très-rudes et
« font leur résidence habituelle sous les figuiers. Là,
« ils tiennent école, prêchent, soutiennent des thèses
« sur la vie et sur la mort, ont pour auditeurs des
« multitudes d'hommes et de femmes de tout rang et
« de tout âge, et ne se font pas faute de poursuivre
« les Brahmanes de railleries, les traitant de jongleurs
« et de charlatans [1]. »

« Huit et dix siècles plus tard, les pèlerins chinois
venant dans l'Inde honorer le berceau du bouddhisme
et les monuments de cette religion, devenue la leur, la
trouvent florissant encore, non-seulement sur les rives
du Gange, non-seulement sur celles de l'Indus, où, d'a-
près les historiens d'Alexandre, ce conquérant n'avait
trouvé que des adorateurs du Soleil et du dieu de la
coupe, mais encore et surtout dans l'Orissa, alors couvert de villes importantes et riches, et siége d'un gouvernement puissant [2]. Cent ans encore s'écoulent, les
Arabes pénètrent sur le sol de l'Inde, et le bouddhisme
en a entièrement disparu. Ses nombreux couvents, dont
quelques-uns abritaient jusqu'à dix mille religieux,
ses écoles, ses établissements de charité ont été rasés ; ses *stopas*, monuments commémoratifs des actes de ses saints ou consacrés à leurs reliques, ont
été profanés, et dans les temples où s'est dressée la
statue gigantesque de Bouddha on ne voit plus que les
images de Vichnou, de Çiva et des nombreux avatars
de ces divinités. Comment cette révolution s'est-elle
opérée ? quelles furent les phases de la persécution
implacable par laquelle les brahmanes vengèrent mille
ans d'affronts ? L'histoire encore n'en dit rien. Nous
savons comment le bouddhisme naquit, nous ignorons
comment il disparut. Mais les causes générales de ce
fait immense ne peuvent être douteuses : « spiritualisme
« sans âme, vertu sans devoir, morale sans liberté, cha-
« rité sans amour, monde sans nature et sans dieu [3], »
le bouddhisme ne pouvait suffire longtemps aux aspira-
tions des poétiques populations de l'Inde ; en travail-
lant pour l'intérêt de leur domination, les brahmanes
avaient le droit d'invoquer les intérêts moraux de la
société confiée à leurs soins ; mais ils ne l'arrachèrent
à l'athéisme qui l'envahissait que pour la rejeter dans
les ténèbres de la plus grossière idolâtrie. A la personnalité humaine du bouddha Çakya-Mouni, ils op-
posèrent d'abord des dieux sortis comme lui de la
souche aryane et de la caste des Kchattryas. De là
tous les grands souvenirs du passé de la race aryane,
noyés dans les brouillards fantastiques de la mytholo-
gie ; de là tous les héros et les sages qu'avaient chan-
tés les vieux poëmes, enlevés aux annales humaines

pour être imposés à l'adoration de la foule comme des
avatars ou incarnations de Vichnou et de Çiva ; de là
les générations déshéritées de tout exemple humain
d'héroïsme, de dévouement, de moralité, de toute
gloire et de tout souvenir, au profit de ces deux divinités qu'à une époque, non précisée encore, des considérations politiques avaient forcé les brahmanes
d'admettre au sommet de leur Olympe, à côté de leur
dieu principal ; de là, enfin, l'apothéose de Krichna et
toutes les fables antiques, tout le mysticisme rêveur
des âges récents se résumant dans le culte de ce dieu
nouveau.

« Un monument sanscrit du cinquième siècle de notre
ère, un poëme astrologique où se trouvent consignés
les noms et les attributs des principales divinités du
Panthéon brahmanique de cette époque, ne faisant
aucune mention de Krichna, on ne peut guère errer
en supposant que c'est au moment de la lutte contre
le bouddhisme que ce dernier des héros de l'Inde antique a revêtu un caractère divin, et que les brahmanes se sont servis de sa légende romanesque et populaire pour émouvoir les masses et pousser celles-ci
contre leurs adversaires. On ne se trompera pas davantage en cherchant les soldats de la croisade contre
le bouddhisme et les exécuteurs des vengeances des
brahmanes dans les tribus belliqueuses de Rajpoutes,
qui émigraient alors de la rive droite sur la rive gauche du Sind, et qui, longtemps fidèles aux plus vieilles traditions des cultes védiques, adoptèrent avec une
foi aveugle le culte de Krichna, flattés de retrouver
dans ce héros déifié une manifestation de Vichnou, le
dieu de leurs ancêtres.

« Quelles que soient les modifications réservées à cette
hypothèse par les découvertes futures de la science,
toujours est-il que la défaite suprême du bouddhisme,
l'apparition des Rajpoutes sur le sol de l'Inde et l'absorption dans leurs rangs de ce qui restait de Kchattryas, sont trois faits coïncidant dans l'espace et dans
le temps [1].

« Mais une fois sur la pente glissante du passé, le
brahmanisme ne put s'arrêter. En y cherchant des
étais et des auxiliaires, il s'était condamné à en re-
descendre, un à un, tous les degrés, à en soulever
toute la poussière, à plonger dans toute sa putréfac-
tion. Il n'en sortit qu'infecté à tout jamais, impuis-
sant et suicidé. Quand il voulut rentrer dans ses
temples, purgés des rites bouddhiques, il les trouva
envahis par les dieux de ses alliés. Il ne s'y glissa
qu'à leur suite et il pactisa avec les cultes orgiaques
et sanguinaires que ses premiers législateurs avaient
écrasés ou subalternisés. Les Rajpoutes apportaient
avec eux, de l'Occident, l'infanticide et le meurtre des
veuves, les tribus sauvages des montagnes et des forêts vouaient à leurs dieux des victimes humaines ;

---

[1]. Fragment de Mégasthènes, conservé par Strabon.

2. Voyez : 1° *Histoire de la vie de Hiouen Thsang et de ses
voyages dans l'Inde, depuis l'an 629 jusqu'en 645* ; et 2° *Si Yu Ki,
ou mémoires sur les contrées occidentales.* Ouvrages chinois, traduits par M. Stanislas Julien.

3. Barthélemy Saint-Hilaire, *Journal des Savants,* avril 1855.

[1]. Voir à ce sujet le savant travail de feu M. Reinaud, de l'In-
stitut, intitulé : *Mémoire géographique, historique et scientifique
sur l'Inde antérieurement au milieu du XIe siècle, d'après les
écrivains arabes, persans et chinois.* (Paris, 1849.)

eh bien, le brahmanisme apposa sa sanction sur ces abominables usages que vingt siècles auparavant ses ancêtres avaient anathématisés[1]. »

Sur toute la terre de l'Inde, sauf les vallées du Népaul et l'île de Ceylan, il ne resta du bouddhisme que ses monuments religieux adoptés par ses rivaux comme type d'architecture sacrée.

Obéissant à ce besoin d'adoration inhérent au cœur de l'homme, les bouddhistes ont, peu après la mort du grand sage, commencé à adorer les restes de son corps qui avaient échappé à la crémation, les objets qui lui avaient appartenu, l'arbre sous lequel il avait atteint la dignité de Bouddha. Des mausolées immenses furent érigés sur ses reliques, et on finit par les adorer, contrairement aux principes les plus essentiels de la religion. Destinés à fixer dans la mémoire des hommes les vertus et la sagesse de Gotama et à leur rappeler le modèle qu'ils devaient chercher à imiter, ces mausolées devinrent de véritables idoles.

Cette question nous ramène naturellement à celle qui a soulevé cette digression si longue et cependant si indispensable sur le brahmanisme et le bouddhisme ; je veux parler des origines de l'architecture orissienne, qui elle-même a donné naissance à l'architecture indoue de nos jours.

Avant la réforme bouddhique, les brahmanes gardaient leur science et leur philosophie pour eux, et traitaient en esclaves leurs compatriotes moins éclairés et moins intelligents. La religion qu'ils pratiquaient, l'adoration du soleil et du feu ne les avait pas amenés à construire d'édifices durables ; les arbres des forêts leur fournissaient les matériaux de leurs demeures. Dans tous les pays tropicaux où les arbres sont si communs et où l'on n'a à craindre ni les frimas ni les intempéries des saisons, on n'a jamais eu recours à la pierre que pour les édifices religieux, œuvre commune d'une multitude d'hommes.

Le bouddhisme lui-même, si l'on se rappelle ses dogmes, ne semblait point non plus appelé à porter les Asiatiques vers les grandes œuvres architecturales.

Toutefois, lorsque, deux siècles et demi avant Jésus-Christ, Açoka régnait sur le nord de l'Inde et que Devananpiyatissa civilisait l'île de Ceylan, on vit des grottes se creuser et des tombeaux ou des monuments s'élever en l'honneur du Bouddha. La religion commençait à se modifier. Ces tombeaux ou dagobas, chargés d'abord de perpétuer la mémoire du sage et de rappeler aux hommes ses vertus, devinrent rapidement de vraies idoles auxquelles on adressait des invocations et auxquelles on faisait des offrandes. Les circumambulations étaient regardées comme méritoires.

Les dagobas ont la forme hémi-ellipsoïdale, comme nous le verrons en parcourant Ceylan, et sont surmontées d'un *tie* ou reliquaire. C'est d'elles qu'a pris naissance l'architecture de certaines pagodes, comme celles de l'Orissa et de quelques autres parties du Deccan.

1. Ferdinand de Lanoye, *Inde contemporaine*, dernière édition, chapitre de Bénarès.

Nous démontrerons plus tard que les autres pagodes et monuments tirent leur origine des grottes et monastères bouddhistes. Mais revenons aux diverses transformations successives des dagobas, transformations fort importantes.

Les petits dagobas, placés dans les temples souterrains de l'Inde occidentale consacrés à Bouddha, ont toute l'apparence de cette borne de pierre grossièrement taillée à laquelle les Indous ont, depuis, donné une signification bien différente. Pour qui visite les pagodes de Bhuvaneshwara, dans la province d'Orissa, pagodes qui datent des premiers temps de l'art indou, il est impossible de ne pas reconnaître que ce sont les temples d'une secte corrompue du bouddhisme. Ces pagodes ont été bâties en forme de borne pour imiter le dieu qu'elles devaient renfermer, et comme l'art architectural était encore dans l'enfance, pour faire des édifices à apparence circulaire, on fut obligé d'employer le mode de construction dont nous avons parlé, qui trompe l'œil à certaine distance.

Le premier édifice fut donc un tombeau, vrai dagoba ou un monument commémoratif dit aussi stopa ou thoupa suivant les localités ; adoré dans la suite comme idole, on l'a abrité sous un toit tel que le Thouparané de Ceylan ; puis renfermé, comme dans diverses parties de l'Inde, dans un temple dont l'abside prenait la forme, il est devenu l'autel au pied duquel les bouddhistes faisaient leurs offrandes. La base était assez élevée pour permettre aux fidèles de découvrir la partie hémi-ellipsoïdale qui supporte le *tie*, ou reliquaire contenant les restes du corps du Bouddha.

Tandis que je visitais et admirais les belles ruines de l'ancienne capitale d'Orissa, je me trouvai tout à coup au milieu d'un camp formé de plusieurs tentes. C'était le collector du district de Pouri qui faisait sa tournée annuelle dans les villages de sa circonscription pour rendre la justice. Il voyageait en famille avec sa femme et sa petite fille, entouré de tout le confort de la vie britannique. Sachant qu'un gentleman se trouvait dans le pays, il me dépêcha un de ses cipayes pour m'inviter à venir prendre un peu de repos à son foyer ambulant. Une vaste tente, bien installée, où les rayons du soleil ne pouvaient faire sentir leur ardeur tropicale, servait de salon ; sur une grande table étaient épars les principaux journaux d'Angleterre et plusieurs revues littéraires et scientifiques que je ne m'attendais certes pas à trouver dans ce désert ; les pieds y foulaient un tapis moelleux.

Une jeune et gracieuse lady vint me recevoir, et il n'eût tenu qu'à moi de me croire à Londres, loin des jongles infestées de tigres et naguère encore peuplées d'étrangleurs. Une hospitalité grande et large, comme on la rencontre partout chez les Anglais dans l'Inde, me fut offerte. Je l'acceptai avec reconnaissance. Une table servie à l'anglaise réunit le soir plusieurs convives qui étaient venus visiter leur ami le collector, et ce ne fut pas sans surprise que je vis au sein de ces pays sauvages le luxe et l'abondance qui présidèrent à notre repas. Je pris bientôt congé de mon hôte en le remerciant de son aimable hospitalité.

A cinq milles de Bhuvaneshwara s'élèvent quatre petites collines (Udaya giri) où sont creusées de nombreuses grottes. Une grande roche de grès en saillie est sculptée et représente un tigre dont la tête repose sur les pattes. Plus loin on montre le palais du célèbre raja Lalat Indra Kesari, le fondateur présumé de la grande ville de Bhuvaneshwara; il se compose d'une cour ouverte dans le roc, dont trois des côtés offrent deux étages de chambres creusées également dans le roc. L'extérieur des salles est couvert de pilastres et de figures grossièrement sculptées. Je crois plutôt que c'est un ancien monastère bouddhiste. Un peu plus loin, sur un rocher de la même colline on lit une inscription en caractères nagari des premiers siècles de notre ère.

Après avoir consacré quelques heures à visiter ces excavations où l'on retrouve les traces du bouddhisme aussi bien que celles de l'art moins simple des premiers jours du shivisme, je me dirigeai vers Jajyapoura, ville d'Orissa, jadis célèbre, aujourd'hui bien déchue de son antique splendeur. Sur les rives de Bytarini, on aperçoit plusieurs temples du bon style orissien; aux environs sont disséminées des ruines curieuses; entre autres dans un petit village se dresse un *lât* monolythe dont le chapiteau est orné de masques de lion et de cordons de perles, ornements qui ne se retrouvent que dans les plus anciens monuments bouddhistes.

Ce qui attira davantage mon attention, ce sont quelques sculptures anciennes, d'une belle exécution, qui existent à Jajyapoura même. Auprès du cénotaphe d'un saint musulman, on découvre, presque enterrées sous

Palmyras aux bords du Godavéry. — Dessin de A. de Bar d'après l'album photographique de M. Grandidier.

es décombres, trois statues plus grandes que nature, représentant les trois déesses Kali, Varachi et Indrani. La première est la reproduction trop fidèle d'un squelette surchargé des attributs ordinaires de la déesse de la mort; la seconde, assise sur un taureau, a une tête de sanglier; la troisième est une belle statue de femme, montée sur un éléphant. Ces œuvres ne sont pas sans mérite, malgré les proportions grotesques que les artistes Indiens leur ont données, conformément aux traditions sacrées.

Ailleurs, dans une petite galerie, sur le bord de la rivière, sont exposées neuf autres divinités. Les plus remarquables sous le rapport de l'exécution sont la statue de Kali qui, un poignard dans une main, une coupe de sang dans l'autre, danse avec fureur sur le corps du géant Rakta Vija dont elle vient de triompher, et celle

d'Yama, le dieu des morts, représenté ici, j'ignore pourquoi, sous la figure d'une vieille femme repoussante et hideuse dans sa nudité. Suivant l'usage indou, toutes ces statues étaient huilées[1] et peintes des couleurs les plus baroques. Les Dieux ont ainsi un aspect affreux, bien propre à épouvanter les dévots qui ne les aperçoivent que de loin, et dans l'obscurité.

Alfred GRANDIDIER.

1. Les Indous, comme les anciens Grecs et Romains, pensent qu'il est nécessaire, pour la santé, de recourir après les ablutions journalières à des onctions répétées d'huile, qui, tout en donnant de la souplesse aux membres, empêchent les pores d'absorber les miasmes. Ils sont ainsi moins sensibles aux intempéries.
(A. G.)

Char de voyage pour dames ou riches Indous. — Dessin de A. de Neuville d'après l'album photographique de M. Grandidier.

VOYAGE DANS LES PROVINCES MÉRIDIONALES DE L'INDE,

PAR M. ALFRED GRANDIDIER[1].

1862-1864. — TEXTE ET DESSINS INÉDITS.

III

De Cuttack à Colconde. — Haïderabad. — Les tombes royales. — Le Nizam

J'étais rentré à Cuttack vers six heures du soir. Lorsque, après le dîner, je me disposai à monter en palanquin pour profiter de la fraîcheur de la nuit, on eut beau appeler mes porteurs, ils n'étaient plus à leur poste. La police, après quelques heures, me les ramena. Nous avions à traverser des jongles où la veille dans la nuit un tigre avait enlevé un pauvre raïot qui revenait d'un village voisin avec quelques amis. Différents récits de cet événement avaient jeté la terreur et mis la désertion parmi mes hamals, qui auraient voulu attendre le jour pour partir. Ce ne fut qu'à force de menaces que je parvins vers trois heures du matin à

les réunir et à les décider à se mettre en route. Ils partirent au trot, non plus en chantant, mais en poussant des cris et des clameurs dans le but d'effrayer l'animal redouté. Ces vociférations me tenant éveillé, je ne trouvai rien de mieux à faire, à mesure que les premiers rayons du soleil doraient sur ma droite les cimes lointaines des collines du Gondouana, que de repasser dans mon esprit les récits par lesquels le *collector* de Cuttack avait cherché, en attendant le retour des porteurs, à modérer mon impatience : la conversation était tombée sur les Ghonds, tribus indépendantes qui habitent, à l'occident de l'Orissa, un vaste plateau montagneux et couvert de forêts primitives et de jongles insalubres. Les sacrifices humains

1. Suite. — Voy. pages 1 et 17.

sont encore pratiqués en secret parmi ces sauvages. On ne saurait trop louer les Anglais des efforts qu'ils ont faits pour extirper cette coutume barbare. Leurs tentatives n'ont pas été tout à fait sans succès, comme le constatent les rapports imprimés des commissaires chargés de lutter contre cette horrible aberration. On doit à l'un de ces fonctionnaires, aussi éclairés que dévoués à leur tâche, le major général John Campbell, un livre classique sur cette matière. Le *Tour du Monde* ayant publié [1] un résumé clair et plein d'intérêt de cet ouvrage, je m'abstiendrai de répéter ici les détails connus mais toujours navrants que me donna le collector sur ce pénible sujet. Ils étaient motivés par un de ces horribles forfaits religieux commis en contrebande quelques jours seulement avant mon passage, et presque sous les yeux des autorités anglaises.

Ce sacrifice, comme toujours, avait eu pour objet d'appeler des pluies bienfaisantes sur les campagnes desséchées par un soleil torride, et avait été accompli avec tout l'horrible accompagnement des rites accoutumés : tous les membres de la tribu avaient déchiqueté à coups de haches le corps vivant de la victime attachée au poteau, de manière à exposer au soleil ses viscères palpitants. Aussitôt que l'un d'eux se trouvait en possession d'un lambeau de chair, il courait exprimer sur son champ quelques gouttes du sang encore chaud.

La langue des Ghonds dérive du sanscrit. Ils ne veulent apprendre ni à lire ni à écrire, prétendant que de dès lors ils perdraient leur indépendance. Ils s'enivrent avec de l'arrack, se faisant une gloire de ce que leurs palmiers en fournissent toujours une quantité suffisante pour leur enlever la raison. On récolte aussi chez eux une plante dont la fleur se nomme *harpi*; lorsqu'on la soumet à la distillation ou même simplement lorsqu'on la mâche, il en résulte une dangereuse ivresse. Dans leurs fêtes, les hommes s'attachent au dos une queue qu'ils font mouvoir avec une prestesse de singe; c'est là ce qui dans ce pays constitue le suprême bon goût.

Je réfléchissais à tous ces détails, et je rêvais aux atrocités commises par l'homme, cet être doué par privilège spécial de raison, qui trop souvent obéit aveuglément aux superstitions les plus absurdes, lorsque je me trouvai près du lac Chilca, un des rares amas d'eau que possède l'Inde, pays remarquablement pauvre sous ce rapport.

Depuis que j'avais quitté Calcutta, je n'avais pas été sans m'occuper de l'industrie agricole des Indous. En traversant la campagne, je m'étais plu à étudier leurs procédés de culture. Leurs instruments sont grossiers et simples, comme on doit s'y attendre de la part de pauvres cultivateurs n'ayant pour tout bien qu'un petit morceau de terre dont la possession même est incertaine, comme nous le verrons en parlant des lois régissant la propriété foncière. Les procédés de culture sont primitifs, mais suffisent à leurs besoins.

C'est principalement dans les travaux d'irrigation que les Indous déploient le plus d'habileté. Ces travaux consistent en réservoirs ou étangs quelquefois fort étendus qui transforment en rizières productives des déserts de sables stériles. C'est surtout dans le sud de l'Inde, où les grandes rivières sont moins fréquentes, qu'on en trouve presque à chaque pas.

L'origine de ces travaux est tout indigène, et doit remonter aux meilleurs jours de l'histoire de l'Inde. Nous lisons dans un auteur moderne qui a longtemps vécu dans cette contrée : « ... Sous un ciel dont l'impitoyable sérénité pendant sept ou huit mois ne se voile jamais d'un seul nuage, dans un climat où la terre est six mois sans rosée, la seule ressource de l'agriculture, loin des inondations périodiques des fleuves, était de trouver ou de créer, dans les bassins supérieurs, des lacs artificiels où l'on pouvait puiser, comme dans d'immenses réservoirs, pour les besoins de l'irrigation. D'une montagne à l'autre, en travers d'une vallée, on jetait une chaussée monstre qui la coupait en deux parties : les eaux pluviales de la partie supérieure s'élevaient contre cette énorme digue; un lac était ainsi formé, suspendu sur la plaine aride qui se couvrait bientôt de moissons et de verdure. La population se créait rapidement autour de cette mamelle bienfaisante où chacun venait s'abreuver; elle semblait pousser et se multiplier avec ses champs de nelly. Le cultivateur ruiné, le journalier dans la misère, trouvaient dans ces constructions un travail, une subsistance assurée; mais presque tout ce que l'Inde possède en monuments ou constructions d'utilité publique remonte à ses princes indigènes; l'honorable et souveraine Compagnie des Indes, jusqu'en 1843, c'est-à-dire pendant près de soixante ans, n'avait pas ouvert un puits, creusé un étang, coupé un canal, bâti un pont pour l'avantage de ses sujets indiens; elle laissait les plus beaux fleuves du monde, qui, au moyen de canaux et de dérivation, pouvaient fertiliser d'immenses régions, perdre inutilement leurs eaux dans la mer ou les sables [1]. »

« ... Il a fallu, dit un autre écrivain, que tous les douze ou treize ans des sécheresses périodiques amenassent à leur suite des famines plus meurtrières que le choléra et rendissent au désert de nombreux cantons autrefois fertiles, pour que les agents de la Compagnie, menacée dans ses revenus et ses dividendes, comprissent enfin qu'il y avait pour elle intérêt et devoir à rouvrir une partie au moins des anciens canaux d'irrigation, négligés depuis la chute des Timourides et à relever les digues de quelques-uns de ces réservoirs, de ces lacs artificiels, où le sol et les populations d'autrefois puisaient ensemble la vie, mais que, pendant toute la première moitié de ce siècle, le

1. Voy. tome X, pages 337-352.

1. Le comte Édouard de Warren, *l'Inde anglaise avant et depuis l'insurrection de 1857*, t. II, p. 135.

voyageur pouvant contempler éventrés et desséchés dans les gorges des collines.

« Ce n'est guère qu'à la veille du jour où elle devait crouler et disparaître sous le poids de ses fautes et de son égoïsme, que la Compagnie se décida à grever son budget des dépenses nécessaires à ces travaux réparateurs, et jusqu'au moment de sa chute, ses dépenses, quoique très-considérables, furent loin d'être en rapport avec les besoins et les revenus de l'Inde, car, suivant l'aveu même d'un de ses agents, jamais *aucun fonds* n'avait été réservé pour cet usage[1]. »

Cet oubli fatal, cette longue indifférence des gouvernants, dans une question capitale, suffirait pour expliquer la pauvreté de la population rurale de l'Inde, « cet Eldorado de notre imagination européenne, où le cultivateur (et l'Inde n'est guère peuplée que de cultivateurs), au lieu d'*avoir*, *doit*[2]. » Mais, hélas ! à cette plaie il faut ajouter celle de l'impôt.

La plus lourde des taxes payées par l'Indou a toujours été celle qui a pesé sur les produits du sol, dans la proportion maximum d'un sixième sous les rois indigènes, et dans la proportion de moitié et souvent au delà sous l'*honorable compagnie.*/Mais celle-ci se posant en héritière des anciens souverains, pouvait prétendre que leurs revenus devaient lui incomber dans toute leur intégrité *antique et légitime.* Or dans l'Inde de l'antiquité et du moyen âge, la nue propriété du sol appartenait exclusivement au roi et lui était d'un immense rapport, soit par les rentes qu'il en retirait, soit parce qu'elle lui donnait le moyen de subvenir aux dépenses publiques en payant les employés de la couronne en terres, au lieu de les payer en argent.

« .... Cette question de la propriété dans l'Inde est d'une importance capitale ; elle a été discutée longtemps et savamment ; elle pèse même encore directement sur les actes de l'administration anglaise actuelle. Il serait hors de propos d'intervenir dans le débat ; nous dirons seulement que les champions les plus considérables des deux partis n'ont pas serré la question d'assez près. Considérant l'Inde comme un seul et même pays, et les races qui l'habitent comme homogènes, ils se sont d'abord figuré qu'un seul et même système de propriété était praticable sur toute l'étendue de ce vaste territoire. Partant de là, les théoriciens des divers bords s'en sont référés chacun à l'un des modes de propriété prévalant dans tel ou tel district : c'est ainsi qu'on a pu soutenir, avec une égale vraisemblance, que la propriété du sol réside dans le souverain, dans les zémindars, qu'on supposait posséder à la manière européenne, dans les raïots ou cultivateurs actuels. Il eût mieux valu comprendre que le sol n'était pas détenu sous un mode uniforme, mais d'après des coutumes variant avec les localités, et que, par conséquent, ne reconnaître qu'une seule forme de propriété, c'était se montrer absolument injuste pour toutes les populations qui en reconnaissaient d'autres. Qui a le plus souffert de cette manie d'uniformité des gouvernants ? Toujours les raïots, toujours la classe la plus pauvre et qui pouvait le moins se défendre. Un ancien gouverneur de Madras, sir Thomas Munro, n'a pas été trop loin quand il s'écriait à ce sujet : « Avec notre préoccupation de tout modeler à l'anglaise dans un pays qui n'a rien de commun avec l'Angleterre, nous avons tenté de créer dans de vastes provinces un système de propriété qui n'avait pas de précédents chez elles ; dans ce fol essai, nous nous sommes dépossédés des droits que le souverain a sur le sol ; souvent nous avons dépouillé les vrais propriétaires, les cultivateurs raïots pour enrichir de leurs biens des zémindars et d'autres représentants imaginaires d'une féodalité impossible. De pareils bouleversements ne créent nulle part un état de choses durable ; tout ce qu'ils peuvent faire, c'est d'ébranler ce qu'on avait toujours cru inébranlable. »

« Sans compter les sources de revenus mentionnées plus haut, le souverain était le propriétaire des mines dans lesquelles il était tenu d'employer « les braves, les habiles, les bien-nés, les honnêtes (lisez les gens de hautes castes, » en vertu de « sa qualité de protecteur général de la contrée et parce qu'il est le premier maître absolu du sol » ; il avait encore droit « à la moitié des gisements exploités et des minéraux pré-

---

1. George Campbell. *Bengale civil service, Modern India,* — et F. de Lanoye, *Inde contemporaine,* 2ᵉ édition.

Quel que soit un gouvernement, il ne peut réparer en sept ou huit ans les fautes commises par ses devanciers pendant trois quarts de siècle, et la terrible famine qui, de 1864 à 1866, a ravagé le nord-ouest de l'Indoustan et dépeuplé l'Orissa a prouvé l'insuffisance des premières mesures réparatrices des maîtres actuels de l'Inde.

Ce n'est ni la volonté, ni l'argent, ce sont *les hommes spéciaux* qui leur ont fait défaut dans cette circonstance. Nous puisons cette assertion dans un recueil périodique qui jouit d'une certaine autorité en Angleterre.

Nous lisons dans l'*Athenæum* que : « conformément au rapport officiel du colonel Strachey, récemment envoyé dans l'Inde comme inspecteur général de l'irrigation de cette contrée, le gouvernement britannique a reconnu l'urgence de réparer, de remettre en état de service tous les anciens travaux indigènes existant encore ou dégradés et d'en créer de nouveaux sur tous les points du sol qui en réclament. Des devis s'élevant à près d'un milliard de francs ont été approuvés ; un commencement d'exécution a déjà eu lieu en beaucoup d'endroits, « mais l'Inde manque d'ingénieurs « civils capables de tracer et de creuser des canaux, de construire « des barrages, des digues, des réservoirs, de resserrer et de « dompter entre des jetées le cours capricieux des eaux. » Encore en ce moment six cent mille hectares dans l'Indoustan, quatre millions six cent mille dans l'Inde centrale réclament le bienfait des irrigations ; dans les districts du Mysore, il faudra exhumer du sol tous les vieux travaux hydrauliques aujourd'hui hors de service. Dans le Deccan, la réparation d'un seul *tank*, réservoir des montagnes, ne coûtera pas moins de deux millions et demi. Dans le Sindh, les ravins creusés par les inondations annuelles demandent à être convertis en canaux permanents Deux canaux, aboutissant à Calcutta, doivent être creusés ; l'un partant des mines de charbon de Ranigunge, l'autre dérivé du Gange auprès de Rajmahal. Un autre canal dérivé de la Jumna, près de Delhi, doit desservir les districts de Mouttra et d'Agra ; enfin le canal latéral du Satledje, projeté dès 1861, est maintenant en voie d'exécution. De toute part l'élément de vie et de fécondité est mis à contribution. Mais c'est là une œuvre qui, pour être menée à bonne fin, réclamera des milliers de bras et beaucoup d'intelligence. Plus d'une génération s'écoulera avant que le fléau de la famine soit définitivement écarté de la terre de l'Inde. » (*Athenæum* du 19 déc. 1868.)

(F. DE L.)

2. Victor Jacquemont, *Journal de voyage,* t. III, p 558.

cieux cachés dans le sein de la terre. » « Les trésors déposés anciennement dans le sol » lui appartenaient aussi, sous deux réserves, toutes deux en faveur des brahmanes : ceux-ci, s'ils découvraient les dits trésors, les gardaient en entier; s'ils ne les découvraient pas, ils avaient encore droit à la moitié de la trouvaille.

« D'autres prérogatives accroissaient le domaine royal : tout bien qui n'était pas réclamé après trois ans de mise en demeure pour le possesseur, revenait à la couronne, et même si le vrai propriétaire se révélait avec tous ses droits, le roi pouvait à son gré retenir, pour ses bons offices, le douzième, le dixième, le sixième des biens. Tel que nous venons de l'exposer, ce système d'impositions n'était pas inique en lui-même; mais il y avait le plus souvent aussi peu de

Shoums-Oul-Oumrah et son fils (Haïderabad). — Dessin de A. de Neuville d'après l'album photographique de M. Grandidier.

sens dans le choix des objets à taxer que dans le degré d'imposition qu'on leur faisait subir[1]. »

Aujourd'hui encore, en plein dix-neuvième siècle, dans l'Inde comme dans tous les pays d'Orient, le gouvernement est donc le propriétaire réel du sol. Les cultivateurs ont toutefois un droit de culture héréditaire et même transmissible, aussi longtemps qu'ils payent la part du produit de la terre qui leur est demandée; mais le droit des raïots à l'occupation du sol dépend d'ailleurs du degré de résistance qu'ils ont opposé aux exactions de leur gouvernement arbitraire. Dans le Bengale, par exemple, et dans les provinces gangétiques, le paysan a toujours été fort maltraité; dans les régions montagneuses où les conditions topographiques étaient

1. H. Beveridge, *A comprehensive History of India*, t. III. London, 1867.

Avenue de multipliants. — Dessin de A. de Bar d'après l'album photographique de M. Grandidier.

Avenue de multipliants. — Dessin de A. de Bar d'après l'album photographique de M. Grandidier.

meilleures, où le caractère des habitants était moins timide et plus belliqueux, la propriété du sol était plus réelle.

Le système qui régit le sud et l'ouest de l'Inde est très-ancien, et il est compliqué au plus haut degré. La terre est taxée suivant sa qualité à des taux variables. Que le sol soit fertile naturellement ou que cette fertilité soit due au travail et aux dépenses du paysan ou de ses ancêtres, l'impôt sera le même et toujours exorbitant. Quand un raïot se trouve dans l'impossibilité de payer la taxe, les habitants de son village sont responsables jusqu'à concurrence du dixième du montant de ses impôts. Les tassildars ou percepteurs sont investis du pouvoir d'imposer des amendes ou même de condamner à des punitions corporelles. On ne saurait mieux comparer ces fonctionnaires qu'à une nuée de sauterelles qui dévorent sur leur passage les fruits de la terre. Ces employés, du caractère le plus suspect, oppriment et rançonnent sans merci le pauvre peuple.

Il est un troisième système qui, défectueux sous certains rapports, semble cependant supérieur aux deux autres : c'est celui qui est en usage dans la moitié méridionale de la présidence de Madras, dans la majeure partie de la présidence de Bombay, les districts de la Nerbuddha, et qui s'étend sur la totalité des provinces du nord-ouest ou de la présidence d'Agra. Là, la répartition de l'impôt est faite par des officiers indigènes, nommés dans le village même par leurs concitoyens, dont ils ne sont par conséquent que les agents. Les communautés villageoises sont ainsi de petites républiques pourvoyant à leurs propres besoins.

En attendant les réformes promises par le gouvernement de la couronne, et le résultat des longues études des commissions nommées à cet effet, le régime fiscal des maîtres de l'Inde se divise encore, comme aux beaux jours de la Compagnie, en trois systèmes de taxes fort inégalement réparties sur cette vaste contrée :

1° Dans tout le Bengale, dans les provinces de Bahar et d'Orissa, dans la partie nord de la présidence de Madras, limitrophes du Bengale, règne le système *zémindari* ou de la taxe invariable (*perpetual settlement*), établie sur les zémindars ou fermiers généraux héréditaires du sol.

2° Le centre de la présidence de Madras et le sud-est de celle de Bombay sont régis par le système *raïotwar*, suivant lequel le collecteur ou percepteur anglais est en relations directes avec le cultivateur, imposable en raison de la valeur de sa récolte et de la qualité de ses terres.

3° Tout le reste de l'Inde, extrémité sud du Deccan, provinces du nord-ouest, districts de la Tapty, de la Nerbuddha et du Pendjab, est soumis au système d'imposition par village, système dans lequel le chef héréditaire de la commune, ou dans les communautés libres le conseil municipal, sont seuls responsables de l'impôt qu'ils répartissent chaque année entre les raïots, au prorata des terres qu'ils cultivent et de la récolte, estimée sur pied.

Une expérience de trois quarts de siècle a permis de juger ces différents systèmes par leurs fruits.

Le premier, dont on attendait les meilleurs résultats, n'en a donné que de détestables. Il avait été inventé vers 1786 par lord Cornwallis, « bon gentleman de la vieille roche britannique, qui considérait toutes les antiques institutions de son pays comme parfaitement applicables à toutes les parties du monde; qui n'avait aucun doute que partout la terre ne dût appartenir à la classe la plus élevée; qui regardait une aristocratie terrienne comme la plus grande des bénédictions sociales, et rêvait d'en faire jouir l'Inde au moyen de la classe des zémindars [1] ». Mais un point noir dans le ciel suffit pour faire avorter les meilleurs plans, et le point noir du *perpetual settlement* fut la faculté d'expropriation *pour non-payement*, accordée tout d'abord au gouvernement à l'égard du zémindar, et un peu plus tard à celui-ci à l'égard de ses sous-fermiers. « Cette seule clause a produit plus de bouleversements dans la propriété territoriale au Bengale, qu'il n'en est jamais advenu, dans le même espace de temps, à aucune époque et en aucun lieu du monde [2]. » Depuis longtemps ce système a fait descendre la misère du laboureur à un degré qui n'en admet pas de plus infime.

Quant au système *raïotwar*, il serait aussi bon que séduisant par sa simplicité même, si « une connaissance parfaite des langues du pays, un sentiment profond de ses devoirs, une immense activité de corps et d'esprit n'étaient pas indispensables à un collecteur pour que les raïots pussent trouver quelque bénéfice, en même temps que le gouvernement, dans la suppression des profits intermédiaires. Mais l'expérience ne tarda pas à démontrer que ces qualités n'étaient point générales parmi les employés de la Compagnie, qu'un entourage d'agents était presque partout nécessaire au percepteur et que cet entourage est toujours corrupteur et corrompu [3]. »

Chose étrange à dire ! Le troisième système, le plus spécialement critiqué par les économistes de la défunte Compagnie, a survécu à toutes les révolutions qui ont secoué l'Inde : c'est aujourd'hui le plus préconisé. Les grands fiefs n'ont laissé que des traces infimes, à l'exception des *pergunnahs*, ou seigneuries de cent bourgs qui subsistent encore; les communautés n'ont pas disparu ; elles sont toujours là, parcelles indestructibles au milieu de la décomposition des monarchies de l'Inde. — « La commune indoue, dit le rapport auquel nous avons emprunté ce qui précède, est un bloc compacte de terrain, d'étendue variable, habité par une seule communauté; les limites en sont clairement définies et gardées avec un soin jaloux; le sol y est de telle ou telle nature, indifféremment; cultivé ou en jachère, labouré ou incapable de l'être, ou n'ayant ja-

1. Campbell, *Modern India*, chap. VIII.
2. Ed. de Warren, *l'Inde anglaise*, t. II, p. 45-50.
3. Montgomery-Martin, *Statistique générale de l'Inde*.

mais été remué; le territoire y est divisé en parcelles aussi soigneusement délimitées que le canton lui-même; les noms des pièces de terre et des propriétaires, l'étendue, la qualité des parcelles, tout cela est minutieusement conservé dans les registres de la communauté. Tous les membres de cette unité territoriale sont réunis dans un village situé au centre du territoire; dans certaines contrées, ce village est fortifié ou a dans son voisinage un fortin, une petite citadelle. Chaque communauté régit elle-même ses affaires locales; un conseil municipal (*panchaet*), présidé par le *patel* ou maire [1], répartit sur chaque habitant l'impôt dû à l'État et demeure collectivement responsable pour le versement intégral de la somme réclamée par l'administration centrale; il fait lui-même sa police, répond des atteintes à la propriété commises dans ses limites, administre la justice, décide et condamne en première instance; il vote les taxes communales pour les dépenses particulières, réparations des murs et des temples, sacrifices publics, aumônes, cérémonies, amusements, fêtes; il a ses employés spéciaux pour tous ses services locaux et pour les besoins divers de la population. Bien que dépendant entièrement du gouvernement central, la commune est sous beaucoup de rapports une petite république jouissant chez elle de la plénitude de ses droits, sans ingérence du dehors sur son organisme intérieur. Dans la question de l'impôt, comme dans la question politique, elle semble être la base de l'avenir de l'Inde.

En rêvant à toutes ces choses, j'aperçus devant moi une foule nombreuse qui soulevait des nuages de poussière sur la route. C'était le rajah de Vizianagrum qui se rendait à Bénarès pour célébrer le mariage de sa fille. Parti la veille, jour que son astrologue avait désigné comme propice, il voyageait, me dit-il, en toute hâte et sans cérémonie, ce que me répétèrent à l'envi tous les Indiens présents. Il ne se faisait, en effet, accompagner que d'environ cinq cents chariots traînés les uns par des zébus, les autres par des buffles, et de trois mille porteurs de paquets, de cinq cents cavaliers, de deux cents hallebardiers, de dix éléphants et d'autant de palanquins. Un corps de musique, tel que les Indous seuls savent le composer, précédait sa marche triomphale. Le cortège mit six heures entières à défiler devant moi dans le désordre le plus pittoresque qu'on puisse imaginer

1. Outre le patel, fonctionnaire généralement héréditaire, le conseil communal comprend : 1° le *kurnoum* ou *montsuddi*, qui tient registre des frais de culture et de tout ce qui s'y rapporte; 2° le *talari* ou agent de police, chargé de rechercher les crimes et délits, d'escorter et de protéger les voyageurs de passage dans la localité; 3° le garde et jaugeur des moissons; 4° le gardien des limites, sorte de cadastre incarné; 5° le commissaire des eaux et des étangs, chargé de distribuer l'irrigation selon les besoins de l'agriculture; 6° le brahmane, ministre du culte; 7° l'astronome qui annonce les époques favorables ou défavorables pour les semailles; 8° le maître d'école. Viennent encore le forgeron et le charpentier, qui confectionnent les instruments d'agriculture et bâtissent les cabanes; et enfin le potier, le barbier, le porteur d'eau, le gardeur de bétail, le médecin, la danseuse, le musicien et le poëte. (Ed. de Warren, *l'Inde anglaise*.)

Plusieurs vastes tentes formaient le campement du rajah et de sa famille. Il me fit inviter à venir me reposer un instant chez lui. J'acceptai avec empressement, et nous eûmes une longue conversation en anglais, langue qu'il parle avec beaucoup de facilité; notre entretien roula principalement sur la chasse : il avait eu la bonne fortune de tuer un tigre de sa main, quelques jours auparavant. N'allez pas vous imaginer qu'il avait couru de grands dangers; enfermé lui-même et fortifié dans une cage en fer, il attendait de pied ferme la bête féroce que poussaient vers lui les rabatteurs armés de tambours et de trompettes. Il me vanta beaucoup ses guépards, charmantes panthères qu'on apprivoise comme le chien et qu'on lâche sur les antilopes. Quelles belles et émouvantes chasses que celles où est substituée à une meute de chiens une troupe d'éléphants et de guépards!

La tente de la rani et de sa fille était entourée d'une enceinte d'étoffe rouge, de sorte qu'elles pouvaient prendre l'air sans être exposées aux regards indiscrets. J'eus par hasard le bonheur d'apercevoir l'altesse indienne : c'était une jeune et belle femme au teint clair, aux yeux noirs, au port noble et gracieux; une petite veste de velours vert, toute brodée d'or, relevait l'élégance naturelle de sa taille. Quant à la fiancée, elle resta invisible; elle était âgée de cinq ans. Dans l'Inde, une fille de caste doit se marier en bas âge, quoiqu'elle demeure chez ses parents jusqu'à la limite de l'enfance. Une fille non mariée avant cette époque est un déshonneur pour sa famille, qui ne pouvait jadis se réhabiliter qu'en l'immolant à la déesse Kali. La loi anglaise, justement soulevée contre cette superstition, ne l'a pas encore extirpée partout. J'ai vu à Calcutta un père traduit devant les tribunaux pour avoir prémédité la mort de sa fille dans un cas semblable; la jeune fille âgée de douze ans, et non encore mariée, était restée trois jours exposée sur le Gange dans un bateau amarré à une île. Une foule considérable de dévots venaient en secret lui adresser leurs prières. Quelques heures avant le sacrifice, l'autorité anglaise fut heureusement avertie, et put délivrer la victime. Mais qu'est devenue la pauvre enfant repoussée de sa famille et de sa caste?

Peu après avoir quitté le rajah de Vizianagrum, j'arrive à Chicacole. Sur toute la route, on aperçoit des forêts de lataniers, portant chacun à la base de leur bouquet de feuilles un pot de terre où se recueille le vin de palmier.

De Chicacole à Radjamoundry, on chemine sous une belle avenue de multipliants. Je m'arrêtai à Vizagapatam, ville célèbre par les ouvrages en corne qui s'y fabriquent en grande quantité. Ceux en bois de cerf méritent surtout l'attention par leur originalité.

A Radjamoundry, je plaçai mon palanquin dans un bateau qui me transporta à Ellore par le canal qui est terminé depuis 1859. A quinze milles, se trouve le misérable petit village de Malavelli; on n'y arrive qu'avec peine et aux dépens des ornements du palanquin par un étroit sentier qui traverse une jongle épineuse.

Auprès du village, dans cette jongle même, se trouvent de nombreuses excavations faites de main d'homme près desquelles est amassé le résidu des anciens lavages diamantifères.

On m'a dit avoir encore tout récemment trouvé un assez beau diamant dans cette terre sablonneuse qui ne contient qu'en très-petite quantité des cailloux de quartz. Le long du canal, partout où l'irrigation est possible, on cultive beaucoup de tabac, de ricin et de millet.

L'arrosement se fait au moyen d'un tronc de palmier

Tombes royales à Golconde. — Dessin de A. de Bar d'après l'album photographique de M. Grandidier.

creusé en forme de cuiller qui s'emplit en plongeant dans l'eau et qui en remontant déverse son contenu dans les canaux d'irrigation ; on obtient le même résultat avec des bœufs qui, en marchant sur un plan incliné, impriment un mouvement ascensionnel à la machine hydraulique, ou bien encore avec un seau attaché à l'extrémité d'une grande perche sur laquelle un homme monte et descend alternativement pour faire contre-poids.

Tombes royales à Golconde. — Dessin de A. de Bar d'après l'album photographique de M. Grandidier.

De Maravelly, je continuai mon voyage jusqu'à Bedjouarra par le nouveau canal qui venait d'être ouvert à la circulation.

Il y a encore deux autres canaux dans cette province, l'un entre Radjamoundry et Coconada, l'autre allant de Bedjouarra à Mazulipatam. Ces canaux creusés par les Anglais sont très-utiles au commerce, et permettent de transporter à bas prix les cotons à Coconada, où les navires viennent les chercher. Grâce à ces travaux utiles, ce pays ne pourra tarder à se civiliser et à s'enrichir.

Une des tombes de Golconde. — Dessin de A. de Bar d'après l'album photographique de M. Grandidier.

A Bedjouarra, on voit une fort belle digue (anikat) pour retenir les eaux du Kistna. Un fil télégraphique de 1600 mètres de long environ relie les deux bords sans support aucun. Auprès du temple dont les toits étaient couverts de nuées de pigeons sacrés, un char en bois curieusement travaillé appela mon attention; ces sculptures malheureusement ne représentaient que des scènes d'une obscénité révoltante.

De Bedjouarra, j'obliquai à l'ouest dans la direction du centre de la péninsule. Je désirais aller visiter les États du Nizam. A peu de distance, on trouve plusieurs mines de diamant, à Ganiatkur, à Kodovetty-Kallu, à Ghané-Parteala, etc. Celles de Ghané-Parteala sont les plus célèbres; elles sont situées sur la rive gauche du Kistna, dans l'ancien lit de la rivière. On y voit beaucoup de trous circulaires de quelques pieds de profondeur, entourés d'amas de graviers, de quartz, de silex, de poudingue, résidu des anciens lavages. Aujourd'hui c'est à peine si quelques malheureux exploitent ces mines; les recherches sont faites individuellement, et sur une petite échelle. Si l'on organisait le travail comme dans les mines de diamants du Brésil, et qu'on substituât au simple lavage, qui n'entraîne que les matières terreuses, et au triage mécanique à la main le procédé des diverses pesanteurs spécifiques, on arriverait à un résultat plus rémunérateur, et les frais comparatifs de l'extraction seraient réduits dans une proportion considérable.

Les mineurs sont obligés de payer un fort droit au Nizam qui s'est réservé, même sur le territoire cédé aux anglais, la propriété de ces mines. Aussi est-ce une industrie presque complétement abandonnée. Depuis cinq ans, m'a-t-on assuré, on n'aurait pas trouvé un seul diamant d'une valeur supérieure à cinquante francs.

Pour aller à Haïderabad, capitale du Nizam, j'eus à traverser de vastes solitudes; peu de villages, pas de cultures, quelques fortins bâtis moitié en terre, moitié en pierre, et flanqués de tours carrées, voilà tout ce que je rencontrai sur un parcours d'environ soixante lieues. Il en est de même dans toutes les *marches* qui séparent les provinces directement anglaises de celles des États vassaux ou protégés.

A la sortie de Bedjouarra, un phénomène végétal attira mon attention. C'était un de ces lataniers, si communs sur toute la côte de Coromandel, dont le tronc était enlacé par un multipliant: le bouquet de palmes s'élançait d'une masse de verdure comme un jet d'eau d'une corbeille ou comme un pistil qui sort de la corolle d'une fleur.

Dans ces mêmes jongles, j'eus la bonne fortune de chasser un guépard, sorte de panthère dont j'ai déjà parlé, à la robe fauve, parsemée de petites taches noires uniformes. Je m'étais arrêté dans un petit village pour relayer mes hamals, quand j'entendis répéter que la bête venait d'être aperçue à quelques pas dans les environs; aussitôt, accompagné de quelques Indiens, je m'élançai à sa poursuite. Nous n'étions pas en quête depuis un quart d'heure, qu'un coup de fusil re-

tentit près de moi et qu'un hourra joyeux m'apprit que l'animal était mort sur le coup. Après avoir admiré quelques instants ce carnassier aux ongles non rétractiles, je repris ma route.

Je dépassai bientôt une troupe de bohémiens; on les nomme dans l'Inde Brinjaris ou Lombardys. Ils transportaient dans l'intérieur du pays des sacs de sel chargés sur des zébus.

Leurs femmes sont vêtues d'un jupon en étoffe de laine épaisse tombant jusqu'à la cheville : il est rouge et orné en haut comme en bas de bandes de couleurs voyantes. Une petite jaquette à carreaux jaunes et rouges cache la poitrine, tandis que, chose singulière, le dos reste nu; des cordons seuls relient entre eux les devants de la jaquette. Ces femmes portent aux pieds des anneaux fort pesants dont les bords ressemblent à des dents de scie; à leurs oreilles pendent des boules ou sphères de métal attachées par une petite chaîne. A leur nez sont suspendus des anneaux et leurs bras sont entourés de bracelets de verre et d'argent. Elles portent ainsi sur elles plusieurs kilogrammes d'argent ; parmi les jeunes filles, on en remarque quelques-unes d'une grande beauté. Les bohémiens naissent, vivent et meurent dans les jongles, sans jamais coucher dans une maison. En dehors du commerce de sel, qui est leur principale occupation, ils exercent une industrie moins avouable, celle de voleurs d'enfants.

A une dizaine de lieues d'Haïderabad, le pays commence à être un peu plus accidenté et moins désert. On rencontre çà et là quelques oasis de lataniers.

Les environs d'Haïderabad sont du reste stériles, et la surface du sol est couverte de roches. Les troupes anglaises, au nombre de cinq mille hommes dont deux mille Européens, sont cantonnées à Sikunderabad, ville située à deux lieues) d'Haïderabad. Là se trouvent une foule de bungalows entourés de jardins où habitent les officiers, un arsenal, deux temples protestants, un petit théâtre d'amateurs, une salle de bal, une bibliothèque formée par souscription, un cimetière pour les Européens, de nombreuses casernes fort belles, bâties aux frais du nizam, qui paye aussi les troupes officiellement chargées de sa défense, mais réellement envoyées pour le surveiller.

Le gouvernement anglais entretient un résident chargé des relations politiques avec le nizam ; sa demeure est située près de la ville musulmane. Pour s'y rendre, on suit la grande route et on passe sur la belle chaussée qui mesure près d'un mille de longueur et sert de digue à l'étang Housaïn-Sagur dont la circonférence varie suivant les saisons de cinq à huit milles. Elle domine d'une part l'étang qui s'étend à droite de la route, et de l'autre les terres irriguées.

Le palais du résident est un beau bâtiment ayant une certaine prétention au style grec ; le centre est relié aux deux ailes par une galerie ouverte que soutiennent des colonnes. On y arrive par une allée plantée de beaux arbres qu'encadre une colonnade. Avant de pénétrer dans la ville musulmane, j'allai faire ma visite à l'hôte de ce palais ; il me donna une lettre de recommandation pour le nabab Salar-Jung, le dewan ou premier ministre du Nizam.

Le souverain lui-même s'occupe peu ou point des affaires de son pays. Irrité de se voir soumis à la tutelle des Anglais, il laisse toute l'autorité à son premier ministre, qui passe du reste pour un homme d'une grande capacité et un politique très-habile. Il ne se montre que très-rarement à une ou deux grandes solennités ; il passe tout son temps dans son harem, où il s'est plu à réunir une collection fort complète, dit-on, de femmes de toutes couleurs et de toutes nations.

De la demeure du résident, je m'acheminai vers le beau pont qui traverse la rivière. Ce pont, qui date de 1831, a huit arches, de cinquante-six pieds chacune, sauf une d'elles, qui passe sur un village et mesure soixante-dix-sept pieds. Dans le lit de la rivière, de nombreux éléphants étaient gravement occupés à leur toilette ; les uns debout s'aspergeaient d'eau avec leur trompe, les autres, couchés sur le flanc, paraissaient prendre le plus vif plaisir aux frictions prolongées faites par leurs mahouts pour les nettoyer.

J'entrai dans la ville par la nouvelle porte, située à côté de l'ancienne porte de Delhi.

Le palais de Salar-Jung (ou du guerrier Jung) est, comme tous les édifices musulmans, de peu d'apparence extérieure ; la cour est spacieuse, mais d'un aspect misérable, et les soldats qui y montent la garde ont une mine chétive. Quant à l'intérieur, il est propre et bien tenu. Je fus reçu par le dewan dans son grand salon, qui se trouve à l'extrémité d'une cour intérieure ornée d'un vaste bassin et entourée de colonnettes de bois peintes de toutes couleurs. Dans le salon, les colonnes sont incrustées de petites glaces et le plafond est entièrement recouvert de miroirs. Les meubles en bois noir et en palissandre sont à la mode européenne. Des deux côtés de la cour, il y a des salles auxquelles donnent accès des portes fermées par des nattes ; le durbar, réunion où se traitent les affaires politiques et où se rend la justice, se tient tous les jours dans une de ces salles ; pour y pénétrer, il faut ôter ses souliers.

Le premier ministre, qui avait alors trente-trois ans, est un bel homme, de taille élevée, au teint clair. Il porte des moustaches d'un noir foncé. Ses manières sont nobles et élégantes, son regard est intelligent, il comprend bien l'anglais, il l'écrit même, mais il n'ose le parler de peur d'indisposer contre lui les esprits fanatiques des musulmans. Son vêtement consistait en une longue robe de laine blanche tombant à mi-jambe et boutonnée sur le devant ; de larges pantalons complétaient son costume, et sa tête était couverte d'une petite calotte de drap d'or et de soie (voy. p. 48).

Le dewan reçoit les étrangers au nom du Nizam et leur fait le meilleur accueil.

Les jardins Barrah-Dourré (les douze portes) sont vastes et confiés à la direction d'un Français. Des bouquets de cocotiers habilement groupés lui donnent un aspect agréable. La salle à manger, où peuvent tenir trois cents convives, est décorée de jolies colonnettes arabes ; elle est ouverte du côté des jardins et domine un vaste étang d'où l'on voit jaillir une grande quantité de jets d'eau ; sur une terrasse, du côté opposé, se tirent les feux d'artifice, complément indispensable de toute fête en Orient.

J'ai caressé dans ce jardin deux beaux tigres royaux fort doux et fort apprivoisés qui comptent parmi les amis les plus dévoués du dewan ; on y admire encore quelques autres animaux curieux, tels qu'un guépard, un nilgaut, un écureuil volant de Java, une civette, des daims, etc.

Dans une des salles du palais, on a formé un musée où sont rassemblés en collection les produits manufacturés du Deccan, les produits végétaux de l'Inde, et les médicaments les plus en usage chez les indigènes. J'ai remarqué, entre autres objets, les ouvrages en bois vernissé de Kurnoul, les vases en métal incrusté d'argent de Bidar, les statuettes en marbre du Pundjab, les tissus transparents de soie et d'argent d'Aurunga - bad, le kinkab, étoffe de soie avec dessins d'or d'Haïderabad, les bijoux en filigrane de Cuttack, etc.

Les Européens n'ont pas le droit de visiter la ville sans en avoir obtenu la permission préalable du dewan. Cette mesure a été prise par les autorités anglaises pour éviter les troubles et les assassinats qui pourraient résulter de la présence de *giaours*, de chrétiens au milieu des fanatiques musulmans.

Sur ma demande, Salar-Jung me fit la gracieuseté de m'accorder l'autorisation de visiter la ville, et me donna comme monture deux des plus beaux éléphants du Nizam.

Les deux seuls monuments intéressants d'Haïderabad sont le Chahar-Minar et le Djama-Masjid. Le premier est un bâtiment carré flanqué de quatre minarets fort élevés ; chaque face est percée d'une grande porte donnant accès à la fontaine placée au centre. Au-dessus des portes, se trouve une double galerie, l'une ornée de niches, l'autre de colonnettes à jour. C'est un beau monument, construit dans d'élégantes proportions. Il est fâcheux seulement qu'on l'ait revêtu d'un enduit de chaux blanche.

L'autre édifice est le Djama-Masjid, la grande mosquée, devant laquelle est creusé un vaste bassin où les fidèles font leurs ablutions. J'entrai dans la cour sur mon éléphant. Les minarets sont peu élevés et peu en rapport avec les dimensions de la mosquée. Près du bassin, on aperçoit plusieurs tombeaux entourés de grillages. Les colonnes de la mosquée sont carrées et massives.

Mais ce ne sont pas ces édifices qui intéressent le plus l'étranger à Haïderabad ; c'est l'aspect tout asiatique de la ville. Cette multitude immense d'hommes aux turbans de couleurs différentes souvent ornés de broderies d'or, aux robes blanches, aux tuniques de soie, à côté de l'ouvrier ceint d'un simple langouti ; ces femmes portant des pantalons étroits et enveloppées d'une longue étoffe de coton blanc qui couvre à peine la poitrine et laisse le dos à découvert, tandis que le visage est voilé, de manière à masquer même les yeux que protége un grillage de fil de métal ; les Indous avec leur marque de secte sur le front ; les marchands nonchalamment accroupis devant leur modeste boutique où sont entassées toutes les denrées de l'Orient ; tous les passants armés de sabres et de poignards, et ayant à la main un matchlock ou mousquet à mèche ; des éléphants, des chariots revêtus de riches draperies et souvent escortés de quarante à cinquante hommes armés et précédés d'un individu portant une couronne de feuillage vert qui dénote la présence d'un grand personnage ; des palanquins dorés et hermétiquement fermés, aux portes desquels courent le sabre

Musulmans d'Haïdérabad. — Dessin de A. de Neuville d'après l'album photographique de M. Grandidier.

au poing des hommes prêts à châtier l'audacieux qui tenterait d'y regarder de trop près ; des maisons auxquelles le climat a donné un caractère de vétusté, tout enfin a un cachet spécial dans cette grande cité, presque la seule de toute l'Inde qui ait conservé aujourd'hui un aspect véritablement oriental.

Les maisons des nobles et du peuple sont si confusément mêlées qu'on ne se douterait souvent pas que des masures vous cachent les lignes architecturales d'une riche demeure. Ainsi le palais de Shoums-Oul-Oumrah, dont la façade est si coquette du côté des jardins, a un extérieur et une cour de la plus misérable apparence.

On donne à Haïderabad une population de trois cent cinquante mille âmes.

Nautch girls ou bayadères, à Haïderabad. — Dessin de A. de Neuville d'après l'album photographique de M. Grandidier.

Pendant que je me promenais au milieu de toute cette foule qui était loin de regarder d'un œil favorable mon costume européen, je rencontrai un de ces saints musulmans au manteau bariolé, au chapeau pointu, tenant à la main une trompette en cuivre. (Ces saints exercent dans tous les pays musulmans une grande influence sur le peuple qui leur décerne lui-même le brevet de sainteté. Ce sont généralement des fanatiques exaltés.) A peine m'eut-il aperçu qu'il se mit à sonner de la trompette, ameuta les passants et commença à m'insulter de paroles et de gestes. Heureusement, j'étais à l'abri des voies de fait, grâce à l'élévation d'un siége qui me permettait de planer majestueusement sur cette ignorante multitude abrutie par la superstition et le fanatisme. Je compris alors pourquoi il n'était pas permis aux Anglais de se promener librement dans cette ville pleine de fous dangereux. A côté de ces prophètes musulmans couverts d'oripeaux de toutes nuances, on rencontre des fakirs indous nus et badigeonnés de blanc. Il ne leur serait pas difficile aux uns comme aux autres de faire assassiner l'Européen qui se trouverait au milieu d'eux sans qu'il restât la moindre trace du crime.

Les rues sont si étroites que plusieurs fois ma noble monture emporta les balcons qui débordent à l'extérieur de la plupart des maisons, et je pus à mon aise, comme le diable boiteux, plonger mon regard curieux dans les demeures indigènes.

Ce qui m'étonnait le plus, c'était de voir les éléphants que nous croisions à chaque instant, les uns chargés de fourrage et de bois, les autres ornés de haoudas de formes diverses, siéges ou matelas sur lesquels se prélassaient avec complaisance les seigneurs du lieu dans leurs belles robes de soie. Des sonnettes sont attachées au cou des éléphants pour prévenir les cavaliers et les convois de chameaux d'avoir à se ranger.

Le lendemain, de grand matin, deux montures de ce genre vinrent me chercher pour me conduire à Golconde, où se trouve le fort, dans lequel sont renfermés les nombreux joyaux du Nizam qui, en roi oriental, a une passion immodérée et toute féminine pour les diamants et les perles. En dehors de l'enceinte s'élèvent les tombes des princes de la dynastie Koutub-Shah.

De l'ancienne ville de Golconde, il ne reste plus aujourd'hui que l'enceinte crénelée et fortifiée dans laquelle se trouvent des terres incultes et une petite colline que couronne le fort confié à la garde d'une troupe d'Arabes. Nul Européen n'y est admis.

Près de là, on visite l'ancien cimetière, qui renferme de nombreuses tombes et des mosquées, derniers vestiges d'une antique splendeur. Les plus belles et les plus importantes de ces tombes étaient jadis entourées d'un mur de pierre : elles ne diffèrent guère les unes des autres que par leur dimension et leur ornementation.

Ce sont des bâtiments carrés s'élevant au-dessus du sol sur un soubassement de granit. Six marches conduisent au tombeau, dont chaque face est décorée de sept arcades originales d'une largeur de 4 mètres ; au centre des ogives est sculptée une rosace. Soutenues par des piliers massifs, les deux dernières arcades sont murées ; cette partie du monument est en granit. Sur la première base et en retrait s'élève un autre édifice également carré, demi-pierre, demi-brique, recouvert d'un enduit de chaux. Les encoignures sont formées par des piliers de briques octogones, qui supportent de petits minarets terminés par cinq boules dont une au centre et une plus petite à chaque coin, reliées entre elles par un cordon de feuilles de trèfles.

Ce second étage est surmonté d'un dôme sphéroïdal, semblable à ceux qu'on voit dans la plupart des monuments de style arabe. Au milieu d'une vaste salle sans aucun ornement est placé le mausolée en marbre noir, composé de quatre tablettes en retrait, et portant en relief des versets du Coran. Malgré sa simplicité extrême, ce mausolée noir sous une immense voûte blanche est d'un effet saisissant. La plupart des piliers sont octogones et diverses parties du monument, telles que la base du dôme, sont revêtues de briques émaillées aux vives couleurs. Il y avait même quelques tombeaux dont le dôme entier était recouvert de ces émaux brillants qui reflétaient au loin les rayons ardents du soleil des tropiques. Parfois à la frise du deuxième étage courait un cordon de ces briques, où, sur fond bleu, ressortaient en blanc certains versets du Coran.

Malheureusement quelques touristes anglais ont brutalement détruit la plupart de ces émaux, dont les vives couleurs étaient si bien appropriées au climat de l'Orient et dont le secret de fabrication est perdu aujourd'hui. Ces monuments sont du reste en assez bon état de conservation. La hauteur de la plus élevée de ces tombes est de 40 mètres environ. Les murs d'enceinte sont tous crénelés.

Auprès de chacune de ces tombes se trouvent de petites mosquées dont la façade, tournée vers l'est, est supportée par deux ou trois colonnes ; aux extrémités de la façade s'élèvent de petits minarets que réunit un cordon de feuilles de trèfles.

Après avoir visité Golconde, je me rendis à l'étang de Mir-Allun, situé à quatre milles d'Haïderabad et formé par une grande et belle digue coupant transversalement la vallée où existait un cours d'eau.

Cette digue, semi-circulaire et concave, est composée de vingt-trois demi-lunes ayant leur convexité tournée en amont et garnie d'éperons qui assurent leur solidité. Cette digue entièrement construite en granit a une hauteur moyenne de dix mètres, une largeur de soixante, et une épaisseur totale de plus de cent. C'est un beau spécimen de ces *tangs* ou réservoirs, qui sont comme les sources de la vie pour une partie de l'Inde.

Des bords de l'étang de Mir-Allun, on jouit d'une vue magnifique et très-étendue. Le voyageur a sous ses pieds d'immenses champs bien cultivés dont la fertilité est entretenue par les eaux du lac artificiel ; à l'horizon les quatre minarets du Chahar-Minar dominent l'oasis verdoyante dans laquelle disparaît la ville d'Haïderabad; à gauche, les casernes de Sikunderabad apparaissent dans le lointain comme de longues lignes blanches tracées sur la verdure de la vallée où coule la Moussa; enfin derrière l'étang se dressent des collines hérissées de blocs granitiques dont l'aspect sauvage contraste avec l'ensemble du reste de la scène.

La veille de mon départ, on célébrait à Moulali, village situé à dix milles d'Haïderabad, la fête d'un saint musulman, qui en montant au ciel a laissé l'empreinte de son pied sur le sommet de la colline. En ce lieu les fidèles croyants ont une mosquée, et les nobles ont des maisons de campagne pour venir passer les deux jours que dure la fête. Il y avait là une bonne occasion d'assister aux réjouissances des musulmans,

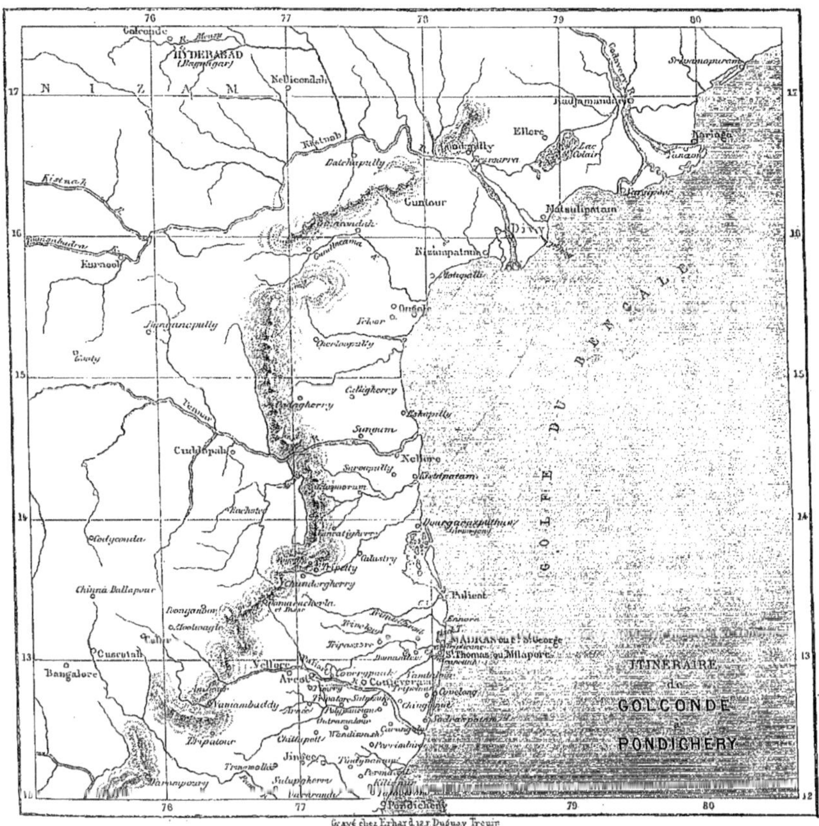

et je me rendis avec empressement au lieu du rendez-vous.

Des centaines d'éléphants, couverts de leurs draperies rouges à bordure d'or, au front artistement peint d'un croissant vert ou d'autres emblèmes de l'islam et portant sur leurs dos des oumrahs vêtus de magnifiques robes de soie, formaient un curieux spectacle pour un Européen. Devant chaque animal courait une troupe de soldats armés de mousquets, la mèche allumée à la main, criant les titres de leur maître et agitant des torches. Plus loin, des voitures de forme bizarre ornées de belles draperies, renfermaient des bayadères qui pliaient sous le poids des bijoux, et chantaient gaiement au son des tambours et des cymbales. Ailleurs c'étaient des palanquins, des chameaux, des piétons qui encombraient la voie. Toutes les maisons étaient illuminées avec des lanternes de papier, ce qui ajoutait à la physionomie tout orientale que présentait cette cohue bariolée et bruyante. J'étais tout d'abord étonné de voir les éléphants traverser cette foule compacte sans y causer le moindre accident. Quelqu'un n'avançait-il pas assez vite, l'animal allongeait délicatement sa trompe pour le prévenir de sa présence en lui frappant familièrement sur l'épaule, ou au besoin pour l'écarter de son chemin, mais sans s'arrêter.

Ce soir-là, j'assistai à de nombreuses natchs ou danses de bayadères. La danse des pays orientaux est toute différente de celle de nos contrées. C'est une simple mimique accompagnée le plus souvent de chants dont le rhythme est monotone et traînant. Trois hommes, avec un tambour et des cymbales, accompagnent les mouvements de la danseuse, tandis que ses compagnes accroupies sur le sol battent des mains en cadence et chantent en chœur. Une seule d'ordinaire est en scène ; frappant la terre avec ses pieds surchargés de grelots, elle se contente, en tournant sur elle-même, d'imprimer à ses bras et à tout son corps un mouvement d'ondulation en réalité plus étrange qu'harmonieux. Les chants sont en général un simple récitatif dans lequel de temps en temps la chanteuse lance des notes aiguës qui semblent s'élever dans les airs comme l'alouette lorsque, sortant de son sillon, elle s'envole droit vers le soleil. Assurément l'Européen, nouveau débarqué dans l'Inde, qui a si souvent entendu parler des bayadères comme d'enchanteresses irrésistibles, est étonné et même désappointé à la vue de ces danses, à l'ouïe de ces chants qui ne répondent nullement à ce qu'avait caressé son imagination sur la foi de récits trompeurs.

Le costume des bayadères est riche, il est fort décent, plus décent même que celui des femmes qui sortent dans la rue.

Il faut avouer toutefois que dans un pays chaud où le corps et l'esprit cherchent avant tout le calme et la tranquillité, rien ne serait moins conforme à la commodité de la vie que les danses agitées et la musique savante de nos contrées. Chez nous, le plaisir lui-même est un travail, tandis que les représentations données par les bayadères ne causent aucune fatigue ; à demi plongé dans une douce somnolence, on n'éprouve aucune lassitude de corps ni d'esprit, à se laisser mollement bercer par les récits poétiques d'amour, sujet ordinaire de tous les spectacles de genre. Je ne saurais le nier, c'était avec un certain plaisir que j'assistais à ces représentations originales, surtout après quelque temps de résidence en Orient, alors que, sous l'influence de la fumée de mon houka, la mimique et la voix des bayadères, sans me préoccuper d'une manière fatigante, m'apparaissaient comme les visions d'un rêve.

Pendant la soirée, des serviteurs ne cessaient d'arroser le visage des assistants avec de l'eau de rose contenue dans des aiguières d'argent damasquinées d'or. Cette aspersion parfumée, en s'évaporant, rafraîchit agréablement la figure. On passait aussi à chaque instant des plateaux d'argent chargés de cornets de bétel [1], de sirops et de sucreries.

Lorsque la soirée fut suffisamment avancée, je me retirai, et escaladant les six échelons qui me conduisaient au siége placé sur le dos de mon éléphant, je repris le chemin du bungalow, d'où je devais le lendemain partir de grand matin pour Madras.

Alfred GRANDIDIER.

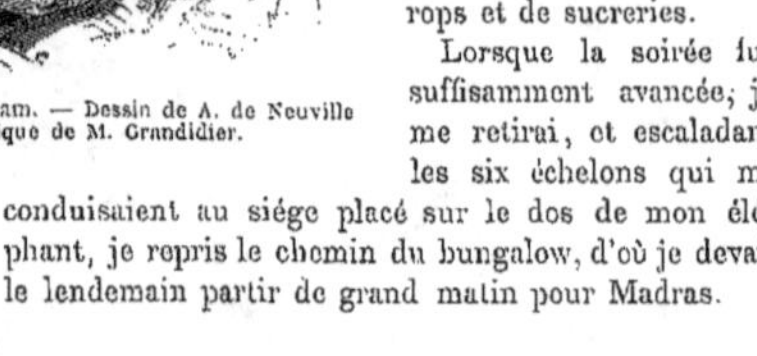

Salar-Jung, premier ministre du Nizam. — Dessin de A. de Neuville d'après l'album photographique de M. Grandidier.

---

1. On étale un peu de chaux délayée sur une feuille de poivre bétel ; on la roule en cornet et on y introduit quelques fragments de noix d'arèque, des clous de girofle, etc. Pour les grands seigneurs, la chaux est préparée en petites perles calcinées.

Zébu de charge. — Dessin de Émile Bayard d'après l'album photographique de M. Grandidier.

VOYAGE DANS LES PROVINCES MÉRIDIONALES DE L'INDE,

PAR M. ALFRED GRANDIDIER [1].

1862-1864. — TEXTE ET DESSINS INÉDITS.

IV

De Golconde à Madras. — Condjeveram.

En quittant Haïderabad, je fis route vers le sud. Divers chemins conduisent des États du Nizam à Madras; je choisis celui qui passe par Kurnaoul et Cuddapah; j'avais le désir de visiter les anciennes mines de diamants qui se trouvent sur les bords de la rivière Pennar, et qui jadis ont joui, à juste titre, d'une grande célébrité.

Depuis Haïderabad jusqu'à Kurnaoul, le terrain est plat et stérile; plus loin, le pays est mieux arrosé et commence à devenir moins monotone. Dans le voisinage de Cuddapah surtout, les champs sont couverts de cultures de coton.

Au sortir de Kurnaoul, je remarquai, non sans surprise, au milieu d'un petit village un temple encore neuf dont la divinité était renversée. Je m'informai du motif qui avait pu décider les Indous, d'ordinaire si dévots, à maltraiter ainsi leur pauvre idole; j'appris que c'était pour la punir d'avoir laissé brûler deux fois de suite le village qu'elle était tenue de protéger; sa négligence lui avait coûté l'estime publique. Le peuple du village avait fait cet exemple pour apprendre aux dieux à ne plus être à l'avenir aussi insou-

ciants, et il s'était empressé d'aller porter ailleurs ses adorations.

Près de Gutti et près de Cuddapah, on voit des dépôts limoneux semblables à ceux que le Kistna a abandonnés sur ses rives pendant les débordements. Ces dépôts sont formés de sable légèrement argileux et de petits galets quartzeux auxquels sont mêlées des pierres précieuses. Toutes ces exploitations sont délaissées aujourd'hui. Les diamants dits de Golconde viennent tous des différentes mines que nous avons énumérées, et la plus proche de la ville même de Golconde en est encore éloignée d'une cinquantaine de lieues.

Dans la banlieue de Cuddapah, j'aperçus des paysans qui accomplissaient une cérémonie religieuse dans le but de délivrer leurs champs de la rouille qui endommageait gravement leurs récoltes. Ils sacrifiaient une chèvre; puis, lacérant les entrailles de la victime et les mêlant avec des feuilles et de la cendre, ils semaient ce mélange sanglant autour de leurs cultures attaquées par la maladie en poussant des cris de : Poli! Poli!

J'étais à peine à quelques milles de Cuddapah quand mon palanquin se brisa; j'avais fait depuis Calcutta plus de deux cent soixante lieues. Cet accident malencontreux me contraignit à louer une de ces grossières charrettes du pays dans laquelle je déposai mon palanquin, mes bagages et ma propre personne.

Les chemins de cette contrée sont si mauvais que les cahots de ce véhicule primitif me lançaient à chaque instant contre le plafond de mon palanquin; mon corps était tout meurtri : je ne pouvais cependant pas attribuer ces secousses à la vitesse de mes bœufs, qui ne faisaient qu'une petite lieue par heure. Je fus très-heureux lorsque, après un jour et une nuit de cette torture au petit pied, j'arrivai à Tripetti, où je pus prendre le chemin de fer allant à Madras. Aujourd'hui, la voie ferrée dont Tripetti est une station est terminée jusqu'à Bombay.

Dans ces pays orientaux, où les indigènes ont conservé avec tant de soin et de religion les traditions du passé, il est curieux de voir réalisées les deux inventions de notre siècle les plus jeunes et les plus pleines d'avenir : les chemins de fer et les télégraphes électriques.

Déjà en 1863 la télégraphie électrique couvrait de son réseau l'Inde tout entière. Beaucoup de chemins de fer étaient à cette époque en voie d'exécution ; aujourd'hui, ce vaste pays n'a plus rien à envier, sous ce rapport, à la plupart des contrées européennes.

Les Anglais n'ont rien négligé pour accroître, chaque fois que leur intérêt immédiat l'a réclamé, le bien-être des indigènes, et pour les faire participer aux bienfaits de la civilisation.

Ils n'ont certes pas l'initiative hardie et même imprudente des Américains du Nord, qui n'attendent jamais qu'un pays soit peuplé pour y tracer des voies de communication faciles ; les Yankees pensent avec raison que ce sont ces voies rapides qui permettent à une contrée de se peupler en peu de temps et qui ap-

Indigène de Madras. — Dessin de Émile Bayard d'après l'album photographique de M. Grandidier.

portent la richesse et l'abondance dans les pays qu'elles sillonnent.

Les Anglais, plus prévoyants pour leurs intérêts à venir que nous autres Français, et moins aventureux que les Américains, n'ont cherché à créer des canaux et des chemins de fer que là où ils pensaient pouvoir en retirer immédiatement des bénéfices. Il est vrai que les Européens veulent toujours et partout édifier des œuvres d'art durables et, par conséquent, très-dispendieuses ; au lieu de s'identifier aux besoins du pays et de laisser de côté les usages et coutumes de la patrie, ils préfèrent s'abstenir de tout travail et de toute tentative d'amélioration sur des routes où, faute de fonds suffisants, ils ne pourraient suivre toutes les règles de l'art. Ne serait-il pas préférable de distribuer la dépense sur l'ensemble de la voie de communication que l'on veut améliorer? Le pays en profiterait immédiatement; il s'enrichirait, et, à mesure que les intérêts du commerce l'exigeraient et que l'accroissement de la richesse publique le permettrait, on améliorerait les voies en question.

Les chemins de fer auront une très-grande influence sur les mœurs, et même, plus tard, sur la religion et les superstitions des Indous. Cette obligation, pour des gens de caste différente, d'entrer dans les mêmes wagons, et de courir côte à côte les mêmes chances, ne peut manquer d'amener des modifications importantes dans leurs rapports journaliers et par conséquent dans leurs préjugés de caste.

Madras est une grande ville sans caractère; elle ne renferme aucun monument digne de fixer l'attention La rade est mauvaise et presque toujours houleuse; on est obligé de débarquer dans de grandes embarcations appelées cholingues dont les planches sont cousues ensemble, et non clouées, afin d'offrir plus d'élasticité. Les lames, souvent très-fortes, en déferlant sur le rivage, poussent la chelingue à la côte. C'est un curieux spectacle que celui donné par ces barques, mues par dix ou douze hommes qui rament en poussant des cris ou plutôt des hurlements pour s'exciter les uns les autres ; le calme du pilote qui dirige avec une adresse remarquable l'embarcation de manière à l'em

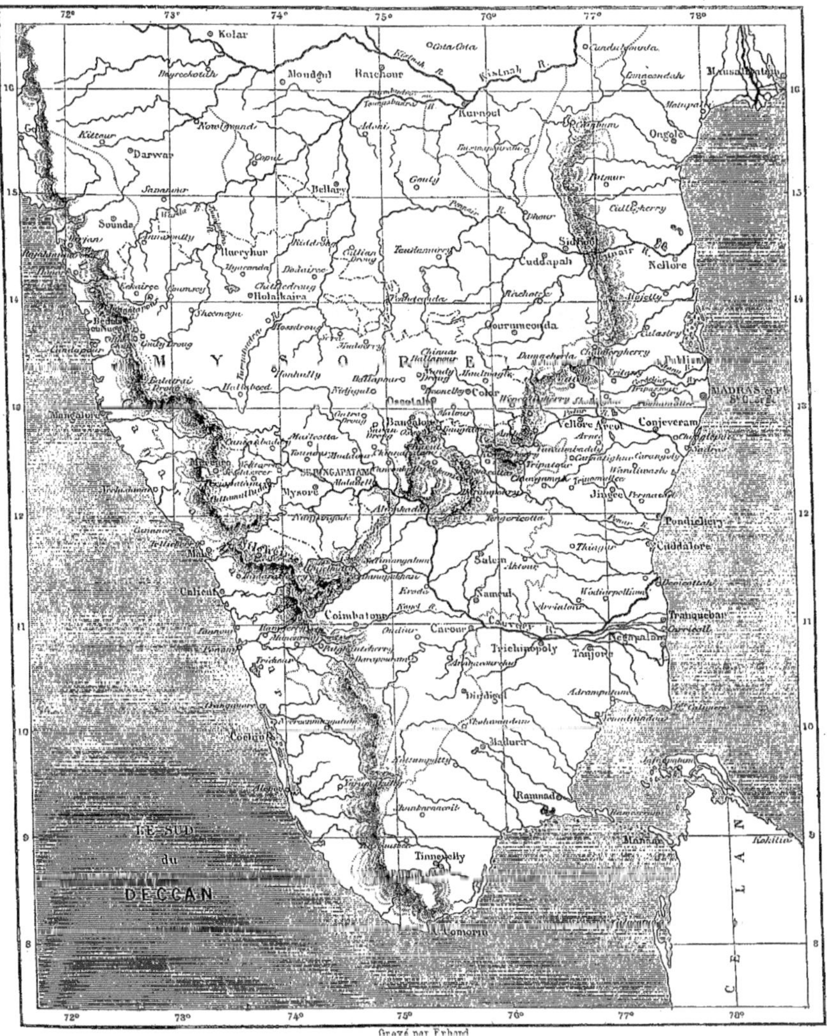

pêcher d'être prise en travers par la lame, contraste avec les mouvements désordonnés des rameurs.

Pendant toute une saison de l'année les navires ne peuvent mouiller en rade. Quand les lames sont trop fortes pour que les chelingues puissent être mises à flot, on communique avec les navires au moyen des catimarans. Ce sont de petits radeaux formés de trois morceaux d'un bois léger, sur lesquels un homme nu se tient à genou en dirigeant sa frêle embarcation avec une sorte de pagaye ; sa tête seule est couverte d'un turban dans lequel il dépose précieusement les lettres et objets qu'on veut faire parvenir à bord. A voir ces radeaux tantôt suspendus sur la cime des lames, tantôt s'enfonçant dans le creux des vagues pour reparaître de nouveau, on songe involontairement au singe de la fable se rendant au Pirée monté sur un dauphin.

A Madras, il existe, comme dans toutes les villes de l'Inde où se trouvent réunis un certain nombre d'Anglais, un grand club établi sur une base inconnue en France. Il possède un hôtel où ne peuvent loger que les membres admis par scrutin et où l'on peut se procurer à prix réduit tout le confort de la vie élégante ; ce sont plusieurs grands bâtiments épars dans un vaste jardin ; des chambres avec une salle de bain attenante sont à la disposition de chaque membre. Un restaurant où sont rassemblées toutes les denrées européennes, et où le service est fait avec soin, permet d'y prendre ses repas. Outre une salle de lecture fournie de toutes les publications anglaises et étrangères, il y a bibliothèque, salle de billard, salon de jeu, etc., de sorte que, pour un étranger de passage comme pour tout célibataire en résidence permanente, il y a tout à la fois grand avantage pécuniaire et agrément à vivre ainsi en famille d'une vie confortable et peu dispendieuse. Il est beaucoup de villes en Europe où une semblable institution serait fort utile.

Madras est célèbre dans toute l'Inde par ses jongleurs et ses charmeurs de serpents. Je n'étais pas depuis quelques heures dans cette ville que déjà plusieurs troupes étaient venues devant moi faire montre de leur adresse. Ceux qui se bornent à des tours de force ne sont pas particulièrement intéressants ; les prestidigitateurs méritent davantage de fixer l'attention. Ces hommes au corps nu, aux reins ceints d'un simple lambeau de toile, sont réellement fort adroits ; non que Robert Houdin ne leur soit supérieur à tous égards : mais quelques-uns de leurs tours sont étonnants. L'un des plus curieux consiste à prendre la graine d'un arbre qu'ils mettent en terre devant le spectateur dans un petit pot ; au bout de quelques minutes, la graine a germé, on voit pousser successivement tiges et feuilles ; quelques instants encore et l'on a sous les yeux une plante complète ayant plus d'un pied de hauteur.

Ces gens ont toujours dans leurs bagages quelques serpents à lunettes ou cobra-capella (*coluber naja*), avec lesquels ils divertissent les curieux. Ces serpents sont des plus redoutés et leur morsure est presque toujours mortelle. Les jongleurs n'enlèvent pas, comme on l'a prétendu, les crochets venimeux de ces reptiles ; ils basent leur témérité sur la lenteur et la timidité de ce serpent, qui fait rarement usage de ses armes meurtrières, lorsque, bien repu, il est à demi paralysé par la digestion. Ils l'habituent à leurs maniements et à leurs grimaces. Quiconque a touché des serpents vivants sait par expérience que de simples attouchements, des passes légères faites le long du corps, les domptent facilement ; ces animaux, comme magnétisés, ne cherchent plus dès lors ni à mordre ni même à fuir. Les premières passes sont seules dangereuses.

J'ai joué plusieurs fois avec des serpents à lunettes, et il ne m'est jamais arrivé aucun accident.

Il est même quelques Indous qui s'amusent à domestiquer les najas et qui les laissent errer librement dans leurs jardins, s'en servant comme d'épouvantail pour écarter les voleurs. Ils ne font jamais de mal aux propriétaires.

Les charmeurs de serpents, pour se rendre invulnérables, se servent de racines d'aristoloche avec lesquelles ils décrivent des cercles autour de la tête du reptile, dans la croyance qu'ils le mettent ainsi dans

Indou ayant fait vœu de porter un vaste cercle de fer autour du cou.
Dessin de A. de Neuville d'après l'album photographique
de M. Grandidier.

l'incapacité de nuire ; il n'est pas besoin d'ajouter que ceci est une pure et vaine superstition. Il en est qui, comme antidote contre la morsure elle-même, emploient une pierre noirâtre à texture très-poreuse qui, appliquée sur la plaie, y adhère fortement et absorbe le sang. (Cette pierre n'est qu'un os calciné.)

Puisque nous parlons de serpents, je ne puis m'empêcher de constater qu'ils ne sont pas plus nombreux dans l'Inde que dans d'autres contrées tropicales ; malgré les histoires dont on se plaît à effrayer tous les nouveaux venus, la statistique n'accuse qu'une quantité très-minime de décès occasionnés par les serpents, et encore les accidents n'arrivent-ils d'ordinaire que la nuit à ceux qui courent pieds nus dans les bois et dans les jongles.

Je profitai de mon séjour à Madras pour compléter et rectifier sur bien des points les renseignements que, le long du chemin parcouru, j'avais recueillis sur la population du Deccan et sur ses rapports avec celle du reste de l'Inde.

C'est une race mélangée, dans les veines de laquelle le sang tamoul et dravidien, le sang de la race jaune, l'emporte de beaucoup sur celui de la race âryenne. Bien que par la forme ovale du visage, la configuration du crâne, l'angle facial, les Deccanis paraissent se rattacher à cette branche du tronc humain, par leur couleur ils semblent s'en éloigner. Leur corps est peu robuste ; l'homme des basses castes est maigre et grêle, il supplée à la force par la légèreté et l'agilité. La couleur de sa peau varie du brun cuivré au brun foncé ; sa chevelure est lisse et d'un beau noir, et sa barbe est assez abondante.

Timide et doux, l'Indou manque de persévérance, de fermeté ; doué d'une compréhension facile, il est incapable d'un travail soutenu ; deux jougs pesant sur lui de date immémoriale, celui de la caste et celui de la domination étrangère, en ont fait une créature flexible, ayant plus de prudence et de finesse que d'éner-

Un fakir. — Dessin de Émile Bayard d'après l'album photographique de M. Grandidier.

gie et de droiture, plus d'astuce dans l'esprit que de noblesse dans les sentiments [1].

Une imagination vive que n'a jamais réglée une éducation rationelle, l'ont conduit aux superstitions grossières que sanctionne la religion indoue avec tout son cortége de divinités impures. Si la timidité de son caractère l'a préservé d'un fanatisme aussi brutal que celui des musulmans, sa religion n'en est pas moins chère à son cœur, et ses croyances, au moins parmi le peuple, sont sincères.

Le çivaïsme auquel appartiennent la plupart des Deccanis a tant de prix à leurs yeux qu'ils y sont plus attachés qu'à la vie. Les doctrines les plus absurdes rencontrent en eux une foi vive et ardente. Cette religion plaît à leur imagination par ses rêves fantastiques et par sa poésie grossière, et les cérémonies sacrées les amusent, tout en flattant leurs passions.

L'absence de besoins contribue à les rendre imprévoyants, et leur imagination vive et enfantine, trouvant un aliment dans les moindres faits qu'ils poétisent à leur manière, les pousse vers la vie contemplative et indolente.

Leur religion avec ses doctrines de métempsycose accroît encore cette tendance naturelle de leur esprit ; il en résulte cette force d'inertie incroyable contre laquelle tout vient se briser. Ce qui touche à leur foi a seul le pouvoir d'ébranler les masses.

Le costume des Indous est le dhoti, longue bande d'étoffe roulée autour de la taille, puis passée entre les jambes et attachée derrière le dos. Ce vêtement laisse à nu le haut du corps et les jambes. Les classes aisées portent une courte

[1]. Au sujet de cette page et des suivantes, nous crons remarquer que dans l'état actuel des sciences ethnographiques et philologiques, une seule et même appréciation n'est pas plus applicable à l'ensemble des cent quatre-vingts millions d'hommes qui couvrent l'aréa de l'Inde, qu'elle ne le serait à l'ensemble de la population européenne comprise aujourd'hui entre le Sund et le détroit de Gibraltar, entre les promontoires de la Morée et ceux du Finistère.

chemise, angarkah, et une longue robe blanche (ja-mah). La tête est toujours couverte d'un turban de couleur et de dimension différente selon les castes et les sectes. Peu d'Indous ont des souliers; les sandales sont d'un usage presque universel. Les femmes portent le choli, petite jaquette à manches courtes qui ne descend pas plus bas que la poitrine, qu'elle comprime en la soutenant, et le sary, grande pièce de toile qu'elles enroulent autour de la taille et rejettent coquettement sur l'épaule ou sur la tête. Ce costume gracieux rappelle la chlamyde dont est revêtue la Diane de Gabies.

En somme, on peut dire que le costume des Indous est, en général, élégant et approprié au climat et à leur genre de vie. Bien que chaque caste, chaque secte, ait son mode particulier de le porter, il n'en reste pas moins, sur toute la superficie de l'Inde, le trait le plus u-niforme, le plus caractéris-tique de la population.

Les deux sexes aiment passionnément les bijoux : les femmes de la condition la plus infime portent sou-vent au nez un anneau d'or enrichi de perles. Leurs bras sont entourés de bracelets d'argent, de cuivre ou de verre. Leurs orteils sont or-nés de bagues et leurs jam-bes de cercles de métal fort pesants. Quant à leurs oreil-les, elles ploient littérale-ment sous le poids des bou-cles d'or dont elles sont sur-chargées; et les lobules sont percés d'énormes trous (sou-vent de deux à trois centi-mètres de diamètre) où s'in-troduisent des ornements d'or, en forme de petites roues, que remplacent dans les jours de travail de simples morceaux de feuilles roulées; usage qui s'est propagé jusqu'en Poly-nésie.

Les Indiens convertissent toute leur petite fortune en bijoux. Cet usage provient autant de la vanité que de la superstition qui leur fait envisager tout bijou comme doué du pouvoir de détourner les sorts et les maléfices.

C'était aussi sous l'ancienne monarchie mogole un

Le charmeur de serpents. — Dessin de Émile Bayard d'après l'album photographique de M. Grandidier.

moyen de soustraire leurs biens à l'avidité du tyran musulman à qui sa religion défendait de s'approprier les effets des femmes.

Les Indous tiennent beaucoup à leurs prérogatives, et souvent des luttes terribles ont ensanglanté le con-tinent indien, occasionnées par une caste qui ne vou-lait pas se conformer aux usages reçus. On a vu des batailles sanglantes livrées sans autres motifs que des pantoufles d'une certaine forme que voulaient porter des castes inférieures, ou bien à cause d'instruments de musique dont un clergé de bas étage voulait se servir et qui avaient toujours été exclusivement réservés au culte des dieux d'un ordre supérieur, etc., etc.

Il existe chez les Indous une politesse raffinée et des manières élégantes; mais la moindre concession du res-pect auquel le rang social donne droit, le moindre re-lâchement dans l'étiquette prescrite, sont considérés comme une marque de fai-blesse et un aveu d'infério-rité.

Les formules employées dans la conversation avec un indigène varient suivant la position qu'il occupe. Rien n'est plus facile que d'exciter leur susceptibilité. — Ne parlez jamais à un Oriental de sa femme et de ses filles; ce serait contraire aux coutumes. Si vous l'en-tretenez soit des malheurs ou des maladies qui ont pu l'affliger, soit des succès qu'il a obtenus, appliquez tous vos soins à ne pas éveiller en lui des idées su-perstitieuses sur les sorts dont il pourrait se croire menacé. Se servir de la main gauche en saluant, en mangeant, en prenant le café est une insulte; la main droite seule est destinée aux usages nobles, et la main gauche, la main impure, est réservée aux ablutions.

En Europe, on se découvre la tête en signe de res-pect; ôter leur turban est pour les Orientaux un acte irrespectueux; mais s'ils gardent leur turban, ils enlè-vent leurs chaussures à l'entrée des habitations. Cet usage est des plus rationnels, et je ne saurais trop l'approuver. Sur le parquet des appartements est éten-due une toile blanche où l'on s'assoit les jambes croisées, accoudé sur des coussins. Les souliers n'ont-ils pas été faits pour protéger les pieds contre les as-pérités du sol; contre la boue et la poussière des che-

Sans doute l'auteur, occupé en ce moment à des travaux géodési-ques et d'histoire naturelle dans l'intérieur de Madagascar, n'a en-tendu appliquer ses observations qu'à la généralité de la partie de l'Inde qu'il a parcourue et étudiée.　　　　(F. de L.)

mins? Et ne deviennent-ils point nuisibles, et tout au moins inutiles dans l'intérieur des maisons?

Dans une visite, il faut avant de se retirer attendre qu'on soit congédié. On pense avec raison qu'un visiteur ne saurait être pressé de quitter l'ami qu'il est venu voir. L'hôte, au contraire, peut avoir des occupations urgentes qui réclament sa présence en toute hâte. Les formules de congé varient; ce sont les simples mots : « Venez me voir souvent, » ou bien : « Rappelez-vous que vous serez toujours le bienvenu parmi nous. » Des cadeaux de fleurs, de fruits, terminent en général les visites, et on offre toujours le bétel.

La nourriture ordinaire des Indous est fort simple, et leurs repas sont de courte durée. Du riz bouilli dans l'eau et du cari (mélange de végétaux, de ghy ou beurre clarifié, d'épices et de safran), rarement des œufs ou du lait, peu de poisson, parfois des galettes grossières de farine, des bananes, des fruits de l'arbre à pain ou du jaquier : voilà ce qui compose matin et soir le repas du riche comme du pauvre. Les feuilles du bananier tiennent lieu de plats et d'assiettes. Même pour manger les légumes et le riz, les mains remplacent les cuillers et les fourchettes ; et pour déchirer les viandes, c'est aux dents seules à faire l'office du couteau absent. Les sauces qui découlent du menton et des doigts des convives donnent aux repas indous un aspect qui inspire à l'Européen un certain dégoût. On ne boit que de l'eau et on fait peu usage de l'arrack (esprit extrait du vin de palmier).

Très-fidèles observateurs des injonctions religieuses

Marchands de lait, à Madras. — Dessin de Émile Bayard d'après l'album photographique de M. Grandidier.

qui prescrivent l'abstention de toute nourriture animale, sous peine d'être exclus de la société et rejetés du sein de la famille, les gens de caste ne mangent jamais de viande[1] ; quant aux parias, ils dévorent toutes sortes d'animaux, et sont très-adonnés à l'arrack.

On fait dans toute l'Inde un emploi incessant du bétel. Dans les pays chauds où l'on mène une vie sédentaire, les estomacs sont paresseux et ne peuvent ni prendre la même nourriture ni absorber les mêmes quantités d'aliments que dans les pays du nord. Les substances végétales qui forment le menu ordinaire des Indous ne sont pas du reste très-riches en matières azotées, et leur présence dans leurs estomacs détermine la formation de gaz sans le stimulant alcalin employé chez tous les peuples de l'Inde qui en prévient le développement, je veux parler de la noix astringente d'arèque qu'ils mâchent avec un peu de chaux étendue sur une feuille de poivre bétel.

Ce mélange teint les lèvres et la langue en rouge ; malgré l'effet pernicieux qu'il exerce sur les dents, son action est certainement utile aux fonctions digestives.

<hr>

1. Ces détails se rapportent presque exclusivement aux Deccanis ou Indous du Deccan.   (F. DE L.)

« Si aucune caste (ou seste) de Brahmanes deccanis ne mange de nourriture animale, au Bengale il y a des Brahmanes qui mangent du poisson. Dans l'Indoustan, surtout dans les provinces les plus septentrionales, il y en a, et beaucoup, qui mangent du gibier, de la chèvre ; et enfin dans le Cachemir, les Brahmanes mangent du mouton. Ainsi à mesure que l'on s'avance dans des contrées plus froides, le régime alimentaire de cette caste devient de plus en plus animal. » (Jacquemont, Journal, vol. III, p. 574.)

Le tabac roulé dans une feuille verte est fumé universellement par les hommes sous forme de cigarette.

On parle dans l'Inde un grand nombre de langues différentes; les philologues n'en ont pas dénombré moins de cinquante-huit; mais il n'y en a que dix qui aient un alphabet particulier et une littérature : cinq au nord, connues sous le nom des cinq Gaurs, et cinq dans le Deccan, qu'on appelle les cinq Dravirs. Le sanscrit, langue morte, ainsi que ses deux dérivés

Jongleurs indiens. — Dessin de Emile Bayard d'après l'album photographique de M. Grandidier.

le pali et le pracrit, est plus ou moins mêlé à tous les idiomes de l'Inde; mais tandis que dans le nord il en forme la base incontestable, dans le sud il n'est que greffé sur des langues préexistantes, et l'on n'en retrouve souvent que de faibles traces. Tous les alphabets semblent avoir été inventés séparément, mais ils ont été améliorés par l'adoption de l'arrangement régulier et philosophique du devanagari; c'est le nom donné à l'alphabet sanscrit, le plus parfait de tous. Les langues vivantes, du reste, ont une structure grammaticale très-simple.

L'indoustani, qui est parlé dans la province d'Agra,

Mandapam des Cent-Colonnes, à Condjeveram (voy. p. 62). — Dessin de E. Thérond d'après l'album photographique de M. Grandidier.

est de toutes les langues de l'Inde la plus cultivée et la plus généralement usitée. Elle a reçu un grand mélange de persan depuis la conquête musulmane. Outre le langage local propre à chaque district, l'indoustani est employé par toutes les personnes instruites, ainsi que par ceux qui professent la foi musulmane.

L'esprit de caste remplace chez les Indiens l'esprit de famille; ils aiment leurs femmes et leurs enfants, mais cette affection est subordonnée à certains principes que nous allons développer. L'expulsion de la famille tient à des causes multiples, principalement à la violation des règlements prescrits par la religion ou au commerce illicite de femmes de haute caste avec des hommes de condition inférieure. Les Brahmanes et les Çoudras, ainsi que les parias eux-mêmes, sont divisés en une multitude de sous-castes dont un membre ne peut ni manger ni boire ni se marier avec aucun membre d'une autre sous-caste. Si un Indien vient à être dégradé, *s'il perd sa caste*, il est repoussé par ses parents; sa femme est considérée comme veuve, ses enfants comme orphelins; il n'a aucun secours, aucune pitié à attendre de ceux qui l'avaient jusqu'alors entouré des soins les plus empressés.

Les Européens sont mis au rang des parias à cause de l'usage qu'ils font chaque jour à leurs repas de la viande de bœuf. Les Brahmanes consentent bien à donner la main aux Européens, mais, en rentrant dans leur demeure, ils ont soin de quitter leurs vêtements et de faire des ablutions afin de se purifier de la souillure que leur a imprimée un contact aussi impur; ils prétendent même que le regard d'un paria suffit pour souiller les objets.

Chaque village deccani se compose toujours de deux parties séparées par une distance de quelques mètres. Ce sont deux quartiers bien distincts, l'un réservé aux gens de caste, l'autre entouré de haies et destiné aux parias; il n'est pas permis à ces malheureux êtres d'entrer dans les rues du village sans le consentement des habitants, et il leur est défendu de puiser de l'eau ailleurs que dans les puits affectés à leur usage. Là où les parias ne possèdent pas de puits, ils vont déposer leurs jarres auprès des puits des gens de caste, et attendent humblement et patiemment l'aumône de quelques verres d'eau. Ce sont toujours les femmes qui sont chargées de ce soin de ménage.

Les castes supérieures donnent souvent aux parias des présents qu'elles déposent invariablement sur le sol dans la crainte de contracter par le simple contact cette lèpre morale dont les parias sont entachés à leurs yeux. Jamais un homme de caste n'accepte un don de la main d'un paria.

Si sous le rapport physique et intellectuel les gens de caste l'emportent de beaucoup sur les parias, ces derniers sont plus laborieux, plus dociles, plus accessibles au souffle de l'Europe. Dans la présidence de Madras, ils forment le fond le plus discipliné et le plus solide des recrues indigènes de l'armée anglaise.

Ces quelques faits ont été cités au hasard entre mille autres. Si l'on voulait énumérer toutes les subdivisions de castes basées sur la conduite, les emplois et les occupations de chacun, si l'on décrivait en détail les vêtements et les ornements qui varient à l'infini suivant la caste, si l'on racontait les préjugés concernant la nourriture et les rapports quotidiens de la vie, il faudrait écrire plusieurs in-folios. On rencontre partout les mêmes tendances, le désir de briller, et l'ambition de commander sans faire aucun des efforts nécessaires pour s'en rendre digne. Dans les détails les plus frivoles et les plus absurdes, on retrouve les mêmes mobiles. L'existence de ces castes a toujours empêché la formation d'un peuple homogène. De là ces rivalités si vivaces, ces inimitiés sans fin qui ont de tout temps porté atteinte à l'indépendance nationale, en facilitant les envahissements des étrangers.

En dehors des conséquences sociales dont nous venons de parler, les Indous croient encore à des conséquences religieuses. Les diverses castes ne sont point aptes, en effet, à recevoir la même instruction, ni à être initiées aux mêmes mystères, et cette inaptitude se continue même dans les autres existences, d'après le dogme des çivaïtes.

Après avoir visité avec soin le musée de Madras assez riche en bas-reliefs, antiques débris de l'art indou, et assez pauvre en collections d'histoire naturelle, je me décidai à ne pas prolonger plus longtemps mon séjour dans le chef-lieu de la présidence; mais, avant de poursuivre ma route, je crus prudent, dans l'intérêt de ma personne, de remplacer mon vieux palanquin par une voiture à deux roues qui devait être traînée par des relais de zébus, espacés de dix milles en dix milles sur l'ordre du directeur des postes, à qui j'avais adressé une demande à cet effet.

Les routes du sud de l'Inde ayant été fort améliorées durant ces dernières années, on ne se sert plus de palanquins pour les longs trajets; on leur a substitué des voitures ayant la forme d'un parallélépipède et pouvant facilement se transformer en un lit confortable : il suffit pour cela de relier ensemble les deux banquettes par un troisième banc mobile qui se lève et se baisse à volonté. Il faut bien avouer que les Anglais possèdent au suprême degré la science innée de voyager avec tout le confort désirable : ils sont, à ce point de vue, bien supérieurs aux autres nations.

Dès que je fus assuré de l'exécution des ordres envoyés par l'administration locale pour mes relais de zébus, je partis pour Condjeveram. L'agriculture, sur tout ce trajet, est moins prospère aujourd'hui que dans les anciens temps. Jadis en beaucoup de parties du Deccan, un nombre considérable d'étangs artificiels, semblables à celui qui existe dans les environs d'Haïderabad et dont nous avons donné la description, entretenaient de belles rizières là où l'on ne trouve de nos jours le plus souvent que déserts arides. Les plantes sauvages ont, sur bien des points, reconquis le domaine que l'homme leur avait enlevé durant des siècles, et cela par la négligence apportés à l'entretien des antiques travaux d'irrigation; j'ai vu le long de mon chemin plus d'un ancien étang desséché, plus d'un *tang* en ruine. Ici l'administration a beaucoup à faire[1]. Il en est de l'Inde comme de tous les pays tropicaux; il n'y a de terres stériles que celles que l'on ne peut arroser. L'eau y est, en effet, le premier élément de fertilité. Les conditions de chaleur et de lumière sont si favorables à la végétation, que tout sol est à peu près propice à la culture.

Comme dans tous les pays, le genre de produits est approprié aux besoins des habitants. Le riz forme la base de l'alimentation générale : c'est aussi la principale culture. Disons donc quelques mots de la manière dont on cultive cette céréale. On divise les champs en un certain nombre de carrés entourés chacun d'une bordure de terre en forme de bourrelet assez élevé pour retenir les eaux; l'aspect général représente assez exac-

tement un damier. Chacun des carrés est disposé de manière que son niveau soit différent et que l'eau puisse passer de l'un dans l'autre. On commence par inonder le champ pour bien détremper le sol ; puis on brise les mottes de terre, et on laisse pourrir les herbes et la paille de la dernière récolte. L'eau écoulée, on laboure avec des bœufs. La charrue est des plus primitives et consiste en un coutre sans bras terminé par une simple pointe de fer et fixé à un train reposant sur le joug. C'est l'*arère* antique sans oreille pour retourner la terre qui est seulement déchirée par le fer : aussi, dans ce sol fangeux où les bœufs enfoncent jusqu'aux genoux, ces animaux font-ils plus de besogne que la charrue. Cette opération terminée, on procède au nivellement du champ à l'aide d'une planche emmanchée d'un long bâton et puis on ensemence ; deux jours après on voit déjà paraître la verdure. Les trois premiers jours se passent sans arro-

[Voiture du pays de Madras. — Dessin de Émile Bayard d'après l'album photographique de M. Grandidier.

sage, puis on fait couler un petit filet d'eau, de deux jours l'un, jusqu'à ce que le riz ait trois feuilles. A partir de ce moment et durant un mois, on irrigue les rizières deux jours de suite, en ayant soin de laisser un intervalle d'égale durée sans renouveler l'eau ; après ce temps et jusqu'à complète maturité, on inonde le sol pendant dix jours consécutifs, et entre chaque période de dix jours on ne met que deux jours d'intervalle.

La quantité obtenue dépend de la fertilité du sol et de l'abondance de l'eau dont on dispose; ainsi, certains districts ne donnent qu'un très-faible rendement, tandis que d'autres produisent plus de cent fois la quantité de semence employée. Il est des espèces plus ou moins hâtives et qui demandent plus ou moins de temps pour arriver à maturité. L'époque des semailles

diffère pour les diverses espèces ; ce sont toujours les meilleures terres et les mieux irriguées qui sont réservées à la culture du riz.

Condjeveram, située à quarante-cinq milles de Madras, est une ville célèbre dans l'Inde par ses temples dédiés à Civa. Au moment de mon arrivée, il s'y tenait un meeting d'Indous présidé par le docteur anglais du district dans le but de fonder un dispensaire. Le rajah et les notables du lieu y assistaient. Ils exprimèrent leurs sentiments de reconnaissance pour cette entreprise philanthropique fondée sous la protection du gouvernement et dont l'unique but était le soulagement des souffrances de leurs compatriotes. On eut cependant une grande difficulté à leur faire comprendre la nécessité d'une souscription publique et la base sur laquelle s'établissaient en Europe les institutions de charité publique.

Il est curieux que dans l'Inde les associations n'aient

1. Voir plus haut la note de la page 25.

pu encore réussir, quel qu'en ait été le but. Ainsi les travaux publics de quelque importance ne peuvent être faits dans l'Inde par entrepreneur, faute d'hommes qui veuillent réunir leurs capitaux, leur intelligence et leur industrie pour s'en occuper en commun. Cela vient de ce qu'un capitaliste place facilement son argent à vingt-quatre pour cent par an. Il trouve insuffisant un bénéfice de douze pour cent qu'il ne réaliserait qu'en conservant à sa charge les risques inhérents à toute affaire industrielle. De plus, malgré leur intelligence, les entrepreneurs indous reculent devant l'introduction des machines et outils, devenus des auxiliaires indispensables à l'ouvrier; ils se privent ainsi volontairement du seul moyen d'obtenir à bon marché un travail rapide et d'empêcher le renchérissement graduel de la main-d'œuvre.

Un Indou portera quarante livres de terre sur sa tête au lieu d'en traîner deux ou trois cents dans une brouette ou trois à quatre mille dans un wagon; il tirera dix litres d'eau avec un grossier picottha au lieu de cent à l'aide d'une pompe. Il moulera cent briques à la main, au lieu d'en faire un millier avec une machine; ce mode de procéder non-seulement exige plus de travailleurs, mais il nécessite encore plus de surveillants!

La population de Condjeveram s'élève à soixante mille âmes environ et la ville couvre une grande étendue de terrain. Ses deux temples principaux sont à trois milles de distance l'un de l'autre. Les rues sont extrêmement larges, et à chaque pas on aperçoit de petites pagodes ayant la forme d'un parallélipipède, forme qu'affectent toutes celles de cette partie de l'Inde. Leur sanctuaire, carré, est surmonté d'un toit plat, ainsi que la colonnade qui lui sert d'entrée. Ces colonnes monolithes ont une base et un chapiteau quadrangulaires, tandis que le fût est à six ou huit

Entrée de la pagode de Condjeveram. — Dessin de E. Thérond d'après l'album photographique de M. Grandidier.

pans : les piédestaux sont ornés de bas-reliefs sculptés représentant des groupes orgiaques.

Quand j'allai visiter le grand temple, les brahmanes, prévenus par le tassildar, m'en firent les honneurs; à mi-route, je rencontrai la procession qui venait à ma rencontre avec tambour en tête; les fifres à mon approche poussèrent leurs sons aigus, et six bayadères, attachées au service du dieu, se mirent à danser au son des instruments et de deux petites paires de cymbales, semblables aux saganètes égyptiennes ou castagnettes espagnoles, qu'elles tenaient au bout des doigts. Le costume de ces femmes se composait d'une petite jaquette de velours, d'un pantalon étroit serrant la cheville qu'entouraient plusieurs rangs de grelots; une gaze de couleur tombant en sautoir tout le long de leur corps, sur lequel elle se modelait, avait une de ses extrémités rejetée en écharpe sur la poitrine. La ceinture est toujours à nu. En avant du cortége, marchait un bel éléphant qui appartenait à la pagode, puis s'avançait sur un cheval un homme qui jouait du tam-tam, précédant la musique et les danseuses. Derrière moi, se tenait la foule des brahmanes qui m'avaient déjà entouré le cou d'une guirlande de fleurs jaunes.

La pagode a un mur d'enceinte et on y pénètre par deux portes, gopurams ou gombroons, à huit étages et qui ne sont décorées d'aucune sculpture, à l'exception des deux statues placées de chaque côté des diverses ouvertures centrales. Cette première enceinte, que peuvent franchir les profanes, en contient une seconde où les gens de caste seuls ont la permission d'entrer. Le sanctuaire, qui est spacieux, est précédé d'une colonnade sous laquelle je m'assis pour admirer les bijoux et les étoffes précieuses qui servent dans les grandes fêtes à orner l'idole et dont la valeur dépasse cinq laks de roupies, soit un million deux cent cin-

Condjeveram. — Étang de la pagode. — Dessin de E. Thérond d'après l'album photographique de M. Grandidier.

quante mille francs. Diamants, émeraudes, rubis, saphirs, perles s'unissent pour former des mitres, des colliers, des bracelets, des babouches, des diadèmes pour le dieu et la déesse. De toutes ces pierres dont quelques-unes sont de grande dimension et ont une valeur considérable, aucune n'est taillée, ce sont des cabochons pleins de pailles ou défauts pour la plupart. Ces bijoux sont montés sans goût, et les pierres sont assemblées sans aucun souci de leur couleur, de leur forme et de leur valeur. Quelques-uns de ces ornements ont été donnés par des collecteurs en tournée qui voulaient, par calcul de bonne politique, se concilier la classe d'Indous adorateurs de Çiva. Une de ces parures a même été offerte par un ancien gouverneur général, lord Clive.

On avait tiré de leur retraite, à mon intention, les idoles secondaires, telles que Hanouman, le dieu-singe, et Garouda, le dieu-épervier, qui sert de monture à Vichnou ; le cheval et les divers monstres sur lesquels on place l'idole les jours de fête sont tous dorés et plus grands que nature. Je citerai encore parmi toutes ces richesses un beau palanquin également doré d'une valeur de soixante-quinze mille francs.

Ce ne sont point là des œuvres d'art, et le seul intérêt que présentent ces objets consiste dans la prétendue sainteté qui leur attire les hommages des fidèles, et dans leur valeur intrinsèque.

Devant la porte d'entrée du sanctuaire, s'élève un petit mandapam ou dais supporté par quatre colonnes que surmonte un toit pyramidal, avec des chaînes monolithes aux quatre coins. A gauche de l'entrée, une estrade rectangulaire, couverte par un toit plat, est supportée par douze rangées de huit colonnes ; toutes celles de l'extérieur sont sculptées en ronde-bosse. Une chaîne monolithe pend, au-dessus du pilier du coin, pilier monolithe lui-même d'où semblent s'élancer trois chevaux. Le dieu est exposé une fois par mois sous ce mandapam à l'adoration des dévots. Derrière ce portique de quatre-vingt-seize colonnes se trouve l'étang sacré où les fidèles font leurs ablutions et au milieu duquel s'élève un autre petit mandapam, où l'on dépose en certaines occasions la divinité du lieu.

A droite, on remarque un sanctuaire également précédé d'une colonnade chargée de sculptures et de symboles, tels que les cultes orgiaques peuvent seuls en admettre.

Tous les vendredis, l'idole est portée en cérémonie dans un jardin qui dépend de la pagode, mais c'est en mai qu'a lieu la fête principale. Une foule de singes placés sous la protection de Çiva errent dans l'enceinte sacrée ; malheur à ceux qui oseraient s'attaquer à ces fétiches vivants ! les dévots indous leur feraient un mauvais parti.

Cette pagode, malgré sa réputation, ne peut être regardée, bien qu'on ait souvent émis une opinion contraire, comme une des plus belles de l'Inde. Sans chercher à la comparer aux grands temples de Tan-

jore, de Madoura, il en est une foule d'autres dans le sud de l'Inde qui par leur grandeur et le travail de leurs gopurams présentent plus d'intérêt.

Avant de quitter l'enceinte sacrée, les brahmanes m'offrirent de visiter l'école de sanscrit qui s'y trouve renfermée. Comme je me suis occupé de cette langue, j'acceptai avec joie leur proposition.

La connaissance de la grammaire sanscrite est une des sciences les plus estimées chez les Indous. Par sa structure complexe et variée, elle ouvre en effet un ample champ aux discussions, et si les spéculations toutes théoriques des savants grammairiens ne sont pas toujours d'une grande utilité, elles sont néanmoins remarquables par leurs méthodes ingénieuses. Dans toute la terre de l'Inde, pour mériter l'estime et la confiance d'un savant, il faut posséder la philosophie et la grammaire de la manière dont il la possède lui-même et être versé dans la dialectique qu'il aime par-dessus tout.

Les élèves indous mettent de nombreuses années à apprendre les éléments de la vieille langue sacrée, et encore le plus souvent, au sortir de l'école, ne connaissent-ils que de mémoire des fragments des Pouranas et la grammaire si parfaite et si concise de Panini ; mais ils sont presque toujours incapables de traduire, à livre ouvert, un ouvrage quelconque. Il est même beaucoup de brahmanes dont la seule science consiste à répéter chaque jour devant les fidèles des prières sanscrites qu'ils ne comprennent ni ne cherchent à comprendre.

C'est dans l'étude de la métaphysique et de la grammaire que la plupart des savants passent leur existence ; ils ont fait quelques progrès dans certaines sciences, mais ils en sont toujours restés aux premiers éléments. La géométrie ne leur servait qu'à mesurer les terres irrigables ; en astronomie, ils ont su de temps immémorial calculer les éclipses ; ils ont dès les âges les plus reculés divisé l'année en douze mois ou trois cent soixante-cinq jours plus une fraction, et la semaine en sept jours dénommés d'après les planètes. Ils avaient partagé les douze signes du zodiaque en trente degrés chacun. Toutefois, malgré les connaissances étendues que supposent ces découvertes, ils n'ont jamais été au delà, et leur astronomie est encore aujourd'hui tout empirique, ne reposant sur aucune loi générale ; elle ne servait guère par le fait que comme auxiliaire de l'astrologie, et jamais à un usage pratique utile, si ce n'est à la computation du temps.

Ils étaient bien arrivés aussi à jouir de certains avantages que l'homme peut retirer des propriétés des corps ou des lois de la nature ; ainsi ils savaient extraire le camphre et les huiles aromatiques, ils connaissaient d'excellents procédés de teinture, et pratiquaient la distillation ; ils préparaient le minium et l'acier, ils faisaient des alliages divers, entre autres le bronze ; ils employaient le sable quartzeux blanc qu'on trouve dans beaucoup de parties de l'Inde, à la fabrication du verre ; ils utilisaient des huiles, des poudres, des sels métalliques pour la pharmacie ; mais l'étude des causes des phénomènes naturels ne fit jamais de progrès chez eux. On ne peut nier cependant que cette étude ne soit d'une grande utilité pratique pour l'avancement des arts nécessaires à l'homme et qu'elle n'élève l'intelligence, tant en conduisant à la découverte de l'harmonie générale du globe, qu'en détruisant surtout les superstitions fondées sur l'ignorance. L'esprit subtil des Indiens s'attache trop aux détails pour chercher à remonter aux causes ou à généraliser les faits.

L'histoire naturelle était, ainsi que les autres sciences, tout expérimentale et dans un état peu avancé ; les Indiens qui s'adonnaient à la médecine connaissaient à fond, il est vrai, avant l'ère chrétienne, les plantes, leurs diverses parties ainsi que leurs usages apparents, ils possédaient même dès la plus haute antiquité un système de classification qu'il nous paraît intéressant de reproduire ici.

Les deux grandes divisions sont le règne vivant ou animal et le règne inerte ou minéral. Le premier se subdivise en êtres vivipares, êtres ovipares, et êtres engendrés par la chaleur et l'humidité, tels que les vers, les mouches, etc., et en êtres germinipares, tels que les plantes.

Les êtres vivipares comprennent les quadrupèdes qui vivent : 1° dans les montagnes ; 2° dans les plaines boisées ; 3° dans les champs cultivés ; 4° dans les déserts de sable ; 5° dans les arbres ; et les oiseaux qui habitent : 1° les montagnes ; 2° les plaines boisées ; 3° les champs cultivés ; 4° les déserts ; et 5° la mer.

Les poissons de mer et ceux de rivière forment deux classes séparées.

La classe des germinipares, comprend naturellement les végétaux. On distingue : 1° les plantes qui ne produisent pas de fruit ; 2° celles qui meurent après avoir porté des fruits une seule fois ; 3° celles qui portent des fruits sans fleurs ; 4° celles qui portent des fruits provenant de fleurs ; 5° les herbes, légumes, plantes grimpantes, plantes à racines comestibles, et les mousses ; 6° enfin les arbres mâles, les arbres femelles et les arbres hermaphrodites. Le sexe se reconnaît non à la fleur, mais à la tige : le mâle a le cœur plus dur que l'aubier ; dans la femelle, c'est le contraire qui a lieu, et l'hermaphrodite est celui dont le bois a une texture spongieuse.

Sans avoir la prétention de m'étendre davantage sur ce sujet aussi aride, il m'a paru qu'il y avait quelque intérêt à donner une idée générale de l'état dans lequel les sciences sont restées en Orient durant des siècles.

Au sortir de la pagode de Condjeveram, après avoir traversé la grande rue bordée de maisons basses dont l'apparence ne dénote pas de grandes richesses chez les habitants de cette ville, j'arrivai bientôt à un petit temple qui est particulièrement sacré pour les Aradhyas, secte des Jangams ou Lingadharis. Les Jangams portent constamment pendue au cou ou liée au bras une idole, petite sphère creuse en métal dans laquelle est renfermé un symbole en miniature de Çiva dont ils ont des adorateurs non brahmaniques. Ils sont très-répandus dans le sud de l'Inde et surtout dans la présidence de Madras, où j'en ai rencontré presque à chaque pas. Leur croyance a été, d'après eux, fondée par Basawa, brahmane çivaïte, que ses sectateurs considèrent comme un avatar ou incarnation de Çiva. La tradition rapporte qu'étant enfant, ce Basawa refusa de porter le cordon brahmanique à cause des rites d'initiation qui comprennent l'adoration du soleil. Ayant comparé les doctrines brahmaniques et jaïnes et les trouvant souillées d'idolâtrie, il prêcha qu'on ne devait adorer qu'un seul dieu, Çiva, dont l'image, le Lingam, est la plus ancienne idole connue de l'Inde. Les brahmanes ont ajouté au culte du lingam une foule d'infamies inconnues aux Jangams, qui regardent cette idole comme une simple relique.

Le nom de Jangam [1], qui désigne les sectateurs de cette religion, leur vient de ce qu'ils ont toujours sur eux un Jangama ou amulette, symbole de Çiva.

Les brahmanes adorent aujourd'hui un nombre infini de dieux, de déesses, d'animaux, tels que vaches, faucons, singes, rats, serpents. Les Jangams, comme leur prophète, ne reconnaissent qu'une seule divinité. Les premiers jeûnent, font pénitence, entreprennent des pèlerinages, célèbrent des fêtes, se servent de chapelets et d'eau sainte. Basawa renonça à toutes ces pratiques ; il repoussa les doctrines des Çâstras qui, mettant les brahmanes au-dessus de tous les autres hommes, placent les femmes dans un rang très-inférieur à l'autre sexe et font des parias des êtres maudits ici-bas comme dans les autres vies. Il enseigne, au contraire, que tout homme est égal par la naissance ; il met la femme à son véritable rang, et en parle en des termes respectueux, qui par leur délicatesse contrastent avec les appréciations grossières des livres brahmaniques. Par leur conduite vis-à-vis de leurs femmes, les Jangams se distinguent de tous les autres Indous.

Le mariage chez les Jangams se contracte, du reste, comme dans les autres sectes. On lit des prières, et on attache au cou de la fiancée le tali ou morceau d'or traditionnel. Il est beaucoup de sous-castes parmi eux pour lesquelles il n'est point indispensable de fiancer les époux dans la première enfance.

La polygamie est permise, lorsque la première femme est stérile ; encore n'est-ce qu'avec son consentement que peuvent avoir lieu les secondes noces.

Le mariage, qui est de rigueur chez les brahmanes, est facultatif chez les Jangams : les veuves sont traitées avec respect ; on ne leur rase pas la tête, et il leur est permis même de se remarier, tandis que tous les autres Indous les excluent de la société. Chez les Jangams cependant, comme dans les autres sectes, une

1. Beaucoup des détails suivants, relatifs à cette secte peu connue, sont tirés d'un travail publié dans les *Asiatic Researches.*

veuve doit s'abstenir de porter une jaquette, de se parfumer et d'orner ses bras d'anneaux de métal ou de verre, ses orteils de bagues d'argent, sa figure de bijoux, signes caractéristiques de la femme mariée.

Une femme pieuse est aussi propre à donner l'instruction qu'un homme lui-même.

Les Jangams rendent le salut aux femmes; l'inconduite notoire peut seule enlever à celles-ci tout titre à un traitement honorable.

A l'exception des Aradhyas, ils se disent exempts des préjugés de caste, et ils mangent avec tous ceux qui consentent à appeler avec eux sur leur nourriture la bénédiction de Basawa.

A moins d'un vœu spécial, ils mangent de la viande, excepté toutefois celle du bœuf, et il leur est permis de boire du vin. Une fois la nourriture bénie au nom de leur prophète, ce qui est chez eux le préliminaire obligé de tout repas, ils sont forcés de tout consommer quoi qu'il arrive. Ce dîner s'appelle Çivapoudja ou l'adoration de Çiva, parce que, suivant eux, manger et boire pour se conserver en bonne santé est une partie essentielle du culte que tout homme doit à la

Mosquée de Triplican, près Madras. — Dessin de E. Thérond d'après l'album photographique de M. Grandidier.

divinité. Les trois mots consacrés que prononcent certains Jangams : Gourou, Lingam, Jangam, résument les croyances de la secte. Tout honneur est dû au prêtre, à l'image du dieu et au frère dans la foi.

Ils se traitent tous de frères, sauf les Aradhyas qui sont en horreur aux autres sectes, parce qu'ils ont conservé quelques-uns des rites brahmaniques.

Quand un Jangam perd accidentellement sa relique, il perd momentanément sa caste; mais loin d'imiter la barbarie des brahmanes qui, semblables aux bêtes fauves, sont toujours prêts à poursuivre de leurs clameurs et de leurs anathèmes le membre blessé ou souillé de leur troupeau, les Jangams le prennent en pitié, jeûnent et prient avec lui jusqu'à ce que l'image égarée tombe dans sa main, *venant du Ciel comme une abeille*, suivant leur propre expression. Ce miracle est, dit-on, fréquent pour ceux qui ont une foi sincère et une imagination vive.

Alfred Grandidier.

VOYAGE DANS LES PROVINCES MÉRIDIONALES DE L'INDE,

PAR M. ALFRED GRANDIDIER[1].

1862-1864. — TEXTE ET DESSINS INÉDITS.

V

De Condjeveram à Mahabalipour et à Pondichéry.

A huit milles de Condjeveram, en me dirigeant vers la mer, je traversai Wallahjabad. On y arrive par une belle avenue de cocotiers, dont les troncs étaient encore couverts, lors de mon passage, de raies concentriques, alternativement blanches et rouges ; ces lignes coloriées ornent les arbres et le devant des maisons à la fête du Pangoul. Les roues des chariots et les cornes des bœufs sont aussi, à la même occasion, décorées de ces deux couleurs chères aux Indiens.

La fête du Pangoul, chez les Indous, correspond à notre jour de l'an. Toute la population revêt, en cette occasion, des costumes neufs, porte des fleurs jaunes sur la tête et autour du cou, et se marque le front d'un trait rouge ; de grandes réjouissances ont lieu dans toutes les familles, et la nourriture se cuit dans des marmites neuves. Le Pangoul a lieu vers le milieu de janvier.

Je ne m'arrêtai à Wallahjabad que le temps nécessaire pour relayer les zébus attelés à mon chariot, et

je partis pour Chingleputt, qui en est éloigné de quatorze milles. Je venais d'acheter, pour quelque monnaie, un régime de bananes dont je fis mon déjeuner. Ces régimes, dont le poids suffit à la charge d'un homme, contiennent sous l'enveloppe dorée de leurs fruits les principes les plus nutritifs combinés avec les plus délicats parfums. Ce mets, aussi sain que le pain, a l'avantage d'être aussi succulent que la crème.

La plante qui produit un fruit si savoureux et si utile a été regardée par quelques auteurs comme l'arbre de vie du paradis terrestre dont nous parlent les Écritures. Ces auteurs pensent que l'axe du régime, qui se termine toujours en un cône violet sur lequel se détachent des stigmates jaunes semblables à autant d'yeux vigilants, a bien pu apparaître à l'imagination d'Ève coupable comme un serpent tentateur la poussant à cueillir le fruit défendu.

Ainsi dans chaque contrée on a cherché à identifier avec les arbres fruitiers les plus estimés cet arbre de vie, qui jusqu'à présent n'a pas trouvé place dans les systèmes de Linné et de Jussieu.

1. Suite. — Voy. pages 1, 17, 33 et 49.

Cette plante, dont la culture est si facile, qui croît si rapidement et qui se couvre d'une si grande abondance de fruits délicieux, est en outre un des plus beaux ornements des paysages tropicaux par son feuillage d'un vert tendre et son port gracieux.

A Chingleputt on célébrait, à mon arrivée, un mariage suivant tous les rites indous. Nous avons déjà vu que dans l'Inde les femmes devaient être mariées avant le terme naturel de l'enfance. Quant aux hommes de caste, ils peuvent se marier à toute époque de leur vie, à partir de l'investiture du cordon sacré, qui a lieu toujours vers l'âge de huit ans.

Il y a plusieurs sortes de mariages; mais les brahmanes n'en observent guère qu'une seule. Les principales cérémonies chez eux consistent à consulter l'astrologue, qui écrit les noms des fiancés et fixe le jour et l'heure de la noce.

La cérémonie, nommée saptapadi, est celle qui rend l'union indissoluble. On fait trois fois le tour d'un feu allumé sur un petit autel, en comptant chaque fois sept pas, puis, après avoir cousu ensemble les vêtements des fiancés, on présente quelques offrandes.

Chaque caste a ses mois et ses conjonctions de planètes propices à la célébration des mariages.

La maison, où s'accomplissait la cérémonie, avait été lavée avec soin et peinte à neuf; un arc de bambou orné de feuillages verts, de palmes et de fleurs était élevé devant la porte. Tous les assistants avaient des vêtements de coton d'une couleur brunâtre.

« Pourquoi, dans une semblable solennité, demandai-je à l'un des invités, ne portez-vous pas, comme d'ordinaire, vos vêtements blancs, si gracieux et si beaux? — C'est, me répondit-il, que ces étoffes sont neuves pour faire honneur aux mariés. Si, au lieu de la teinte grise de la toile écrue, nos vêtements avaient la blancheur que donne le lessivage, comment saurait-on qu'ils sont neufs? » De vieilles matrones chantaient de leur voix criarde : « Puissent les nouveaux époux être unis comme Rama et Sita ! » Rama est le Dieu populaire du Deccan ; les hommes aiment à porter son nom ; c'est à lui qu'est dédié le petit temple des villages, orné invariablement de trois bas-reliefs, l'un représentant Rama, l'autre sa tendre et chaste épouse Sita, et le troisième son frère Lakchmana, ce sont ses combats, plus célèbres dans l'Inde que n'est parmi nous la guerre de Troie, que chantent et colportent les bardes indous.

Le brahmanisme moderne a fait de Rama une incarnation de Vichnou.

L'histoire est autorisée à voir en lui le héros victorieux de la lutte suprême que les Aryans, maîtres du bassin du Gange, eurent à soutenir, à une époque non encore déterminée, et de concert avec les populations plus anciennement établies dans le Concan et dans l'Orissa, contre les aborigènes de l'Inde méridionale, noirs anthropophages aux habitudes pillardes et sanguinaires, dont le centre de puissance était déjà refoulé dans Ceylan.

Les légendes populaires, qui rappellent aujourd'hui ces données héroïques, semblent, au style et à la langue près, différer peu des traditions suivies par les anciens rapsodes dont les chants sont entrés, comme base ou comme matériaux, dans le Ramayana, cette belle épopée sanscrite. On peut en juger par la version suivante qu'on m'a traduite d'un dialecte tamoul et que j'ai transcrite de mon mieux, ne la croyant pas hors de place dans ce récit.

Rama, fils de Daçaratha, roi d'Ayodhia [1] et héritier désigné du trône, en fut subitement écarté par les menées astucieuses d'une des quatre épouses de son père. Obligé de céder ses droits à un de ses frères, il se retira dans les solitudes qui formaient alors le centre de l'Inde, suivi de Sita, sa jeune et belle épouse, et de son frère Lakchmana. — Celui-ci, chasseur bouillant, guerrier indomptable, ayant, dans une rencontre avec une troupe d'ogres cannibales, blessé et mutilé la sœur de Ravana, roi des Rakchasas, ce monarque, géant colossal, doué de dix têtes et de vingt bras et changeant de forme à son gré, vengea l'injure de sa sœur par l'enlèvement de Sita, qu'il transporta inaperçue de tout œil mortel, dans les murs de Lanka, sa capitale, au centre de Ceylan. Rama, désespéré, chercha longtemps vainement les traces de sa bien-aimée à travers les monts et les forêts. Il rencontra enfin Sougriva, le roi des singes [2], qui lui offrit son aide et son alliance contre leurs ennemis communs, les Rakchasas.

Hanouman, le général de l'armée des singes, doué d'une agilité héréditaire (il avait pour père le Borée indou), alla chercher des nouvelles de Sita dans le pays même de l'ennemi. L'entreprise était difficile : il y avait un bras de mer à traverser ; mais Hanouman, marchant sur la surface des flots, parvint à Lanka et, après de minutieuses recherches, finit par découvrir la princesse, plongée dans la plus profonde affliction, arrosant la terre de ses larmes, ne cessant d'appeler le secours de son cher mari Rama, et ne répondant que par des imprécations aux soins respectueux dont l'entourait Ravana. Hanouman rapporta ces nouvelles. Chargé par Rama de construire une digue sur la mer pour frayer un passage à son armée, il déracina arbres et rochers, et portant chaque fois autant de pierres qu'il avait de poils sur le corps (et il en avait autant qu'il convient à un singe de race), il eut bientôt achevé sa besogne.

L'armée des singes, renforcée d'une troupe innombrable d'ours, traversa enfin le détroit, et envahit l'île soumise à la puissance de Ravana. La lutte fut terrible et acharnée; mais, après de nombreuses alternatives de succès et de revers, Ravana perdit la vie dans un combat sanglant. Rama, ayant enfin délivré sa jeune et belle épouse, la ramena en triomphe à Ayodhia [3].

---

1. Les ruines d'Ayodhia, aujourd'hui Aoude, se voient encore sur les bords de la Gogra, à une trentaine de lieues de Luknow, chef-lieu de l'Aoude actuel.

2. Cette appellation (*vanara* en sanscrit), comme celle de *mletkas* et de *varvaras* (barbares), est évidemment dans les vieux poètes aryans le simple résultat de leur orgueil de race, vis-à-vis des peuples étrangers.

3. Le retour triomphal du héros, dans sa capitale, clôt le Ra-

Peu après sa victoire et son retour, il se promenait une nuit loin de son palais ; tout à coup il entend un ouvrier qui se querellait avec sa femme. Cet ouvrier soupçonnait la fidélité de sa compagne et avait résolu de la chasser de la maison. « Je ne suis pas, criait-il, homme à garder, comme le fait Rama, une femme qui a appartenu à un autre. » Ces paroles soulevèrent dans son âme une grande indignation. Sur-le-champ il fit appeler son frère, et lui ordonna de conduire Sita dans la forêt et de la tuer. Mais la princesse était enceinte, et Lakchmana, tout soldat qu'il était, n'osa exécuter sa consigne ; il abandonna sa belle-sœur, se contentant de tremper le fer de sa flèche dans le suc rouge d'un arbre du pays.

Sita donna naissance à deux fils. Plus tard Rama, voulant faire le sacrifice solennel du cheval[1], mit, suivant l'usage, en liberté l'animal qui devait servir de victime. Le cheval vint à l'endroit où vivaient ces enfants, qui le capturèrent. L'armée des singes, envoyée pour le reprendre, et Rama lui même, furent vaincus et taillés en pièces. Un saint ermite, apprenant tous ces événements, prononça les prières qui rendent la vie aux morts, et les ressuscita tous. Rama rappela alors sa femme auprès de lui afin d'accomplir le sacrifice, mais il ne la reçut sous son toit qu'après lui avoir fait subir l'épreuve du feu. Encore ses accès de jalousie troublaient-ils continuellement leur bonheur. Sita, dans son désespoir, pria la terre de s'entr'ouvrir sous ses pieds, en témoignage de son innocence.. La terre s'entr'ouvrit, et la douce et pure Sita disparut. Quant à Rama, rongé de chagrins, il vécut dès lors dans la solitude et la pénitence.

Le pays au sud de Chingleputt est aride et peu cultivé. Ici encore les étangs, les canaux que les anciennes générations avaient pris soin d'établir à grands frais pour irriguer la campagne et y porter la fécondité, ont disparu ou n'ont laissé que des vestiges prouvant l'insouciance des générations modernes. Énervé par la chaleur du climat et ne trouvant pas dans des besoins réels un stimulant à l'activité et à la poursuite de la richesse, l'habitant de ces contrées vit au jour le jour, insoucieux du présent comme de l'avenir. Cette nonchalance n'est pas un fait particulier à l'Inde, les mêmes tendances et les mêmes résultats se rencontrent partout dans les climats brûlants des tropiques

Dans nos contrées, il suffit de ne point porter at-

teinte à l'agriculture par des entraves nuisibles pour qu'elle se développe utilement ; l'intervention de l'autorité supérieure serait, au contraire, très-efficace dans ces climats où une chaleur accablante énerve les habitants et où le manque de besoins impérieux sollicite l'homme à la vie contemplative bien plus qu'à un travail destiné à faire face à des nécessités qui n'existent que dans nos régions brumeuses et glacées du Nord. Il ne faut donc point compter sur l'initiative privée pour réaliser ces progrès ; les chefs seuls ont entre les mains les moyens de favoriser l'agriculture en prenant les mesures nécessaires à son développement : mais il faut reconnaître que ce système est contraire aux habitudes anglaises. Chacun sait que le gouvernement de l'Angleterre répugne à toute immixtion dans les opérations commerciales et agricoles et abandonne tout à l'industrie privée ; ce système, quand il n'est pas poussé à outrance, est préférable à ce qui se pratique en France.

Mais si d'un côté il y a trop de retenue, n'y a-t-il pas de l'autre trop de laisser-aller ? N'avons-nous pas vu, dans la dernière famine qui a ravagé cruellement certaines parties de l'Inde, des agents anglais qui, pour ne pas violer le principe de l'abstention dans les affaires privées, refusèrent de permettre l'importation des grains sur les navires de l'État, aggravant ainsi les souffrances des populations plutôt que de violer un principe commercial ?

Partout où le pays est peu cultivé, dans le Deccan, on rencontre des bois de lataniers. Ce palmier, dont le fruit, sans être exquis, est recherché des enfants, fournit une boisson, le toddey, du sucre ou jaghery et une liqueur alcoolique connue sous le nom d'arrack. Ces produits sont tirés des fleurs, lorsqu'elles sont à l'état rudimentaire. C'est vers les mois de novembre et de décembre que commence l'inflorescence et que par conséquent l'on extrait la sève nommée toddey avec laquelle s'obtient l'arrack et le sucre. Voici le mode employé par les indigènes pour recueillir ce liquide : Après s'être lié solidement les jambes à la hauteur des chevilles et avoir entouré l'arbre d'une forte courroie, assez large pour y passer facilement le corps, l'Indou grimpe au latanier en s'arc-boutant avec la courroie contre le tronc, pendant qu'il élève ses pieds, puis, serrant le palmier avec la plante des pieds à l'instar du singe, il élève la courroie, s'arc-boute de nouveau et continue ainsi jusqu'au sommet de l'arbre. Il presse alors fortement la base de l'axe floral pour en arrêter le développement, froisse les fleurs avec les doigts et coupe, afin de faciliter l'écoulement du suc, le bout des axes secondaires sur lesquels ces fleurs se trouvent comme incrustées. Quand, vers le neuvième jour, le suc commence à couler, on introduit l'extrémité du spadix dans un vase de terre dont, matin et soir, on recueille le contenu. Cet écoulement dure de trois à quatre mois et produit par jour de deux à trois litres de liquide. Tous les trois ans, on laisse le latanier se reposer et porter des fruits, sans quoi, dit-on, l'arbre

---

mayana de Valmiki, tel qu'il a été transmis à nos jours par les pandits de la vallée du Gange. Le chant *Uttara* (*Uttarakanda*) auquel se réfère la fin de la légende transcrite par notre voyageur, n'a été rattaché que très-tardivement à la grande épopée. Sa postériorité par rapport aux six chants authentiques du poëme se trahit par l'infériorité du style et de la langue, et la modernisation évidente des idées et des dogmes.

1. Le sacrifice d'un cheval (*asvamedha*) a été institué, dès la plus haute antiquité védique, par les prêtres d'Indra, alors premier dieu de l'Olympe aryan, pour remplacer les sacrifices humains, anathématisés par eux. Voir à ce sujet la légende de Çunacépa dans le premier chant (Ayodhyakanda) du Ramanaya, et, mieux encore, dans l'Aitaréya-Brâhmana et dans les Çânkhâyana Sûtras, dont la version nous paraît la plus antique.   F. de L.

périrait. Pour obtenir le jaghery ou sucre, on ajoute à ce suc un peu de chaux, et, au moyen de l'ébullition, on lui donne la consistance d'un sirop ; on le verse ensuite dans de petits paniers faits de feuilles de palmier. En refroidissant, il se cristallise partiellement et fournit un sucre d'une couleur brun foncé. Trois litres de toddey produisent environ un litre de jaghery d'une valeur moyenne de trente-cinq centimes.

L'arrack se prépare avec le toddey fermenté et soumis à la distillation ; la quantité de suc produite par

Mahabalipour : Détails d'entrée des temples souterrains. — Dessin de A. de Bar d'après l'album photographique de M. Grandidier.

l'arbre mâle n'est guère que le tiers de celle produite par l'arbre femelle.

De Chingleputt à Sadras, on compte vingt milles, et le temps nécessaire à ce parcours est assez long, à raison du mauvais état de la route. On traverse en chemin un village connu des Anglais sous le nom d'Eagle's-

Mahabalipour : Détails d'entrée des temples souterrains. — Dessin de A. de Bar d'après l'album photographique de M. Grandidier.

Hill et appelé Tricallikounrou par les indigènes. On remarque en ce lieu un temple bâti au pied d'une colline. La planche ci-contre peut donner une idée de la distribution générale des temples de l'Inde. Eagle's-Hill n'est qu'un pauvre petit village ; sa population est peu nombreuse et bien misérable, et le temple qui en dépend n'est qu'un des moindres spécimens de ce genre de monument. Il suffira de jeter les yeux sur cette pagode, représentée à vol d'oiseau, pour comprendre de quel étonnement, de quelle admiration,

Vue à vo d'oiseau de la pagode d'Eagle's-Hill. — Dessin de H. Clerget d'après l'album photographique de M. Grandidier

doit être saisi le voyageur dans ses pérégrinations à travers la presqu'île de l'Inde, dont la réputation monumentale est à juste titre universelle. Quatre grandes portes donnent accès dans une première enceinte dont les murs ont, comme dans tous les temples indous, une direction nord et sud, est et ouest; on y voit des colonnades et des portiques. Par une porte de moindre dimension, on pénètre dans la seconde enceinte, qui renferme le sanctuaire principal, le saint des saints, et quelques temples de dieux secondaires. Comme dans toutes les petites pagodes, l'étang des ablutions est situé en dehors des murs, dans le village même.

Le district de Sadras est riant et bien cultivé ; il produit une grande quantité de riz.

Un canal d'eau salée conduit de Sadras à Madras, en longeant la côte : c'est le moyen de transport que je préférai pour me rendre à Mahabalipour (littéralement la cité du grand Bali), connue aussi sous le nom des *Sept-Pagodes*, et située à sept milles au nord de Sadras.

Là, sur une plage sablonneuse et déserte, lavée par les vagues aux jours de la mousson, existent nombre de petits temples et d'excavations qui méritent d'attirer l'attention du voyageur. La plupart de ces monuments paraissent avoir été consacrés à Vichnou, dont le culte était très-répandu jadis sur la côte de Coromandel.

Après avoir traversé un bois de lataniers, on arrive à un massif granitique qui s'élève, comme une île, au centre de ces plaines sablonneuses. Le versant occidental offre d'abord une grotte devant laquelle se dresse un portique composé d'une double rangée de quatre colonnes : les quatre premières, à fût octogone, ont une base et un sommet cubiques, tandis que les autres sont polygones avec des chapiteaux en forme de champignon. Dans le fond étaient placés cinq sanctuaires renfermant jadis des Lingams ; il ne reste plus que la cuvette de pierre qui contenait l'idole. Les portes de ces sanctuaires sont flanquées de chaque côté d'une statue de quatre pieds de hauteur, que rien ne recommande à l'admiration du public. Le tout est creusé dans le roc vif. La frise extérieure est ornée de ces clochetons, caractéristiques des temples de ce lieu, qui reproduisent, comme l'a fort bien fait remarquer M. Fergusson, les cellules des monastères où les moines bouddhistes passaient leur existence. A gauche de ce temple, et sur un emplacement voisin, on en voit un second dont les sculptures inachevées portent encore la trace des coups de ciseau des ouvriers. Je mentionnerai également l'existence d'une autre petite grotte dont la façade est décorée de deux colonnes à base et à chapiteau cubiques et à fût octogone, et dont l'entrée du sanctuaire est ornée de deux statues grossièrement sculptées. A quelques pas de là, sont pratiquées, dans le roc, trois niches, occupées chacune par des statues informes ; au fond de ces niches est sculpté un dieu armé de quatre bras, dont les attributs ne sont pas reconnaissables, et au-dessous duquel volent deux nains dont les corps trapus, les jambes torses et les

têtes hideuses forment un ensemble difforme qui ne diffère nullement de ceux qui figurent dans tous les monuments bouddhistes de Ceylan ; ils représentent les yakças ou démons. Au-dessous, deux hommes agenouillés se tiennent dans l'attitude de la prière. Toutes ces sculptures manquent de grâce et d'expression.

En contournant la colline du côté du nord, deux singes, dont l'un est occupé à gratter la tête de son camarade, excitent la curiosité par la bizarrerie de leur pose, quoique à demi cachés par deux jeunes palmiers. On arrive ensuite à un autre petit temple également taillé dans le roc, qui est du même style que les trois précédents. Une statue de Ganesa occupe aujourd'hui la salle intérieure. J'hésite, en raison du peu d'intérêt qu'elles présentent, à signaler les ruines d'une pagode voisine bâtie en briques : la grande enceinte est précédée d'un petit mandapam supporté par quatre colonnes monolithes. Le gopuram ou porte d'entrée ne paraît pas avoir jamais été terminé. Derrière l'enceinte se dressent deux rochers d'un mètre et demi de haut et couverts de bas-reliefs; les éléphants qui y sont représentés sont pleins de vie et de naturel. Les sculptures n'ont point la raideur propre à ces sortes de bas-reliefs, et il y a une certaine expression dans quelques-unes des têtes. Sur la première de ces roches sont figurés des êtres à pieds ongulés; sur la seconde, un des personnages a les bras levés en l'air et les côtes apparentes, comme celles d'un squelette. Entre les deux roches, est une statue de femme à queue de serpent; sur sa tête, s'épanouit une cobra capella.

Je visitai ensuite d'autres grottes remarquables, dont les gravures donnent une idée.

L'une d'elles repose sur une triple rangée de quatre colonnes ayant des lions pour piédestal. Dans le fond, un bas-relief représente un trait de la vie de Krichna : ce dieu, de stature colossale, soutient de la main gauche la voûte du temple ; de tous côtés sont figurés des zébus ; l'un, à droite, est couché dans une pose fort naturelle ; un autre, plus loin, lèche une génisse pendant qu'un homme est occupé à la traire ; ce sont de beaux bas-reliefs. Sur la paroi de gauche sont sculptés des monstres, parmi lesquels on remarque un lion à tête humaine. Les animaux surtout méritent de fixer l'attention d'un artiste.

Du côté de la mer est une grotte sans importance par elle-même, mais qui est surmontée par un petit temple dont les murs conservent encore quelques traces de sculptures.

Plus vers le sud apparaît une grande roche couverte de bas-reliefs à peine ébauchés dont les figures mesurent de trois à quatre pieds. A gauche est représentée une femme dans une position indécente ; un dieu à quatre bras surpasse ses compagnons par la hauteur de sa taille, à l'exception toutefois de l'un d'eux qui croise ses bras au-dessus de sa tête et qui est presque d'égale grandeur. En montant au petit temple qui est perché sur le point culminant de la colline, on passe devant une grotte qui contient divers bas-reliefs intéressants; sur la paroi de gauche, on distingue un lit, soutenu par trois hommes à genoux, dans lequel Vichnou est couché, la main droite pendante et la tête surmontée par la gorge gonflée d'un énorme naja; au-dessus du dieu planent deux esprits célestes dont l'un ressemble à un nain trapu et bouffi et dont l'autre a les formes élancées et gracieuses d'une femme; à ses pieds, deux hommes s'emparent d'une espèce de massue. Sur le mur de droite, une déesse à huit bras, montée sur un lion et la tête abritée par un parasol, tire une flèche sur un colosse à tête de taureau qu'un parasol protége également contre les rayons du soleil; tout en brandissant un sabre de son autre main, le géant cherche à délivrer un être humain qui, la tête en bas, et vu de dos, est placé entre les deux principaux personnages; l'occiput renversé de cet homme semble s'appuyer sur le cimeterre de l'une des compagnes de la déesse. Aux côtés de celle-ci combattent des anges joufflus, sans ailes, à la taille épaisse et ramassée, couverts de boucliers allongés et armés d'arcs et de cimeterres indous dont la lame recourbée, plus étroite près de la poignée, s'élargit vers la pointe. Le géant à tête de taureau est accompagné de guerriers portant des boucliers ronds et des glaives romains. Une sauvage énergie brille sur la figure du *minotaure*, et on reconnaît à la contraction des lèvres la colère qui l'anime. La pose du corps elle-même est digne d'éloges.

Au centre de cette grotte, dans un petit sanctuaire, un bas-relief représente Çiva, un pied sur un taureau; à sa gauche est sa femme, tenant dans ses bras un enfant en bas âge. On pénètre dans ce sanctuaire par un portique formé de deux colonnes reposant chacune sur un lion.

Plus au nord, sur le rivage même de la mer, s'élèvent deux temples en forme de pyramide. La colonne, qui est placée d'ordinaire devant les temples de Çiva, a sa base battue aujourd'hui par les flots.

Il est évident que la côte de Coromandel est minée par les vagues, et que la mer l'envahit chaque jour de plus en plus. D'un autre côté, un fait en sens inverse se produit à Ceylan et mérite d'être signalé. Ainsi, l'île de Ceylan n'a jamais fait partie du continent indien et rien n'autorise à penser que ce soit un cataclysme qui l'en ait détachée; cependant il est indubitable que la distance qui la sépare de la péninsule diminue chaque année, et un jour viendra où la jonction sera accomplie. Cette conjecture n'est pas basée sur des hypothèses inventées à plaisir, mais sur la logique, et elle n'est que la conséquence de ce qui se produit chaque jour. En effet, les provinces situées au nord de Ceylan, en avant de la masse centrale des montagnes granitiques, sont des terrains qui ont été peu à peu abandonnés par l'Océan, et qui sont aujourd'hui conquis définitivement sur la mer. Elles doivent leur existence d'une part à l'accumulation d'une immense quantité de polypiers dont les sécrétions calcaires forment si fréquemment, dans les mers de l'Inde, des récifs connus sous le nom d'attols, et de

l'autre aux dépôts de sable et de gravier que des courants violents enlèvent à la côte de Coromandel, dont l'abaissement est journalier, et qu'ils déposent lorsque, déviés de leur direction par la position de l'île de Ceylan, ils sont obligés d'en contourner la côte orientale. Il faut attribuer à la même cause les bancs et les îles du pont d'Adam, dans le golfe de Manaar.

Ces temples de Mahabalipour, construits loin de la mer et baignés aujourd'hui par les vagues, offrent un témoignage curieux et irrécusable des changements géologiques si intéressants que les siècles ont opérés sur la côte de Coromandel.

Dans le plus grand des deux temples, dont l'entrée est tournée vers la mer, était un lingam colossal de forme prismatique, aujourd'hui renversé de son piédestal; au fond, un petit bas-relief représente Çiva accompagné de sa femme et de son fils. Le deuxième temple a son entrée du côté opposé, et contient un bas-relief identique.

Entre les deux pagodes est un petit sanctuaire dans lequel se trouve une statue colossale de Vichnou, qui semble avoir eu originairement une autre destination et n'y avoir été placée que plus tard.

Ces pagodes, bâties entièrement en pierre, sont entourées d'un mur. Il existe une disproportion notable entre la base et le toit pyramidal de ces édifices; cependant hâtons-nous d'ajouter que si l'ensemble en est lourd, leurs détails ne manquent pas de grâce.

A un mille et demi environ plus au sud, s'élèvent cinq temples monolithes, qui sont sans contredit la partie la plus intéressante des ruines de Mahabalipour. Trois de ces pagodes ont la forme pyramidale et sont ornées de clochetons quadrangulaires. Une autre est carrée et surmontée d'un toit en voûte curviligne: c'est le seul qui soit terminé; dans le sanctuaire, on remarque une déesse à quatre bras, ayant deux hommes agenouillés à ses pieds; autour d'elle volent quatre anges bouffis, dont deux ont la lèvre supérieure ornée de moustaches; la toiture est fendillée en divers endroits. Sur chaque face sont sculptés deux gardiens.

Des trois temples pyramidaux que nous venons de citer, le second est le moins avancé et n'offre aucune sculpture.

Le temple rectangulaire a vingt pieds de large sur quarante-quatre de long; il n'est pas évidé intérieurement; la face qui regarde la mer est enterrée dans le sable jusqu'aux chapiteaux des colonnes. Une fissure, triple d'un côté et simple de l'autre, ainsi que la chute des petits clochetons des coins, fait supposer qu'il est survenu une grande commotion depuis la construction de ces édifices, ou même peut-être pendant qu'on y travaillait. Ne serait-ce pas quelque violent tremblement de terre?

Le dernier temple est le plus grand de ceux à toit pyramidal: il mesure vingt pieds de côté, il est carré; il a vingt-huit à trente pieds de hauteur; il n'est pas complétement achevé sur toutes ses faces, comme le prouvent, en quelques endroits, certaines sculptures seulement commencées et quelques colonnes à peine ébauchées. Il n'y a pas de sanctuaire intérieur. Sur la façade regardant la mer, on aperçoit encore plusieurs inscriptions inintelligibles.

A proximité de ces temples, se trouve un zébu colossal que les sables ont recouvert en partie et qui n'offre d'ailleurs rien de remarquable. Un peu plus loin, il y a un lion sans expression et un éléphant dont la tête, vue à distance, est frappante de naturel.

Nous avons déjà énoncé, en décrivant les pagodes de

Mahabalipour : Les sept pagodes monolithes. — Dessin de A. de Bar d'après l'album photographique de M. Grandidier.

Bhuwaneshwara, les motifs pour lesquels les anciens édifices bouddhistes offraient un intérêt tout particulier; c'est non-seulement parce qu'ils datent de l'origine d'une religion qui a exercé une grande influence sur l'humanité et qu'ils appartiennent à la seule architecture dont on puisse suivre le style dans ses diverses

Mahabalipour : Les sept pagodes monolithes. — Dessin de A. de Bar d'après l'album photographique de M. Grandidier.

transformations depuis le règne d'Açoka (263-242 ans avant J. C.) jusqu'à nos jours ; mais c'est surtout parce qu'ils sont le type primitif qui a servi de modèle à tous les autres édifices indous actuels. Nous avons déjà parlé des rapports évidents qui existent entre les da- gobas et les stopas d'une part et les temples aux symboles çivaïtes de Bhuwaneshwara de l'autre.

Il est un autre ordre de monuments et de pagodes qui nous paraît tirer son origine des grottes bouddhistes. Les monuments ruinés de Mahabalipour offrent

Grands bas-reliefs sur les rochers, à Mahabalipour. — Dessin de H. Clerget d'après l'album photographique de M. Grandidier.

à l'étude un intérêt particulier, parce que, avec un peu d'attention, on peut y suivre toutes les transformations successives de l'architecture religieuse de l'Inde du moyen âge et des temps modernes, depuis la grotte naturelle jusqu'à celle dont les murs sont décorés de bas-reliefs.

Dans le principe, les prêtres bouddhistes, vivant dans la solitude des forêts, conformément aux préceptes du maître, afin d'aspirer saintement au Nirvana, durent rechercher tout d'abord les abris offerts par les grottes naturelles. L'ardente piété des rois, cherchant à honorer la religion dans ses ministres, orna plus tard quelques-unes de ces grottes de fresques et de sculptures ; d'autres furent agrandies et taillées en forme de salles soutenues par des colonnes couvertes des dessins les plus fins et les plus délicats. Ainsi, le désir de propager les principes de morale prêchés par le Bouddha et la vénération que ses sectateurs portaient aux restes plus ou moins apocryphes de son corps, avaient fait élever une première classe de monuments, les stopas et les dagobas, et c'est au respect que les rois professaient pour les prêtres qu'il faut attribuer l'existence de ces demeures souterraines que nous signalions tout à l'heure en raison des ornements qui couvraient leurs murailles.

Plus tard même on arriva à un troisième genre de monuments : des viharés ou monastères furent édifiés en bois avec une grande richesse. Enfin une quatrième catégorie de types architecturaux se compose des temples bâtis en briques ou taillés dans le roc que l'on connaît sous le nom de chaitiyas.

Dans tous les petits sanctuaires du Deccan, à toiture plate et dans lesquels on pénètre par une ou plusieurs rangées de colonnes, on reconnaît l'imitation servile des temples creusés dans le roc.

A Mahabalipour, les temples carrés montrent la transition qui s'opère dans l'architecture. Les clochetons qui figurent comme ornement, représentent les cellules où résidaient les prêtres. Ces cellules, d'abord vides, ont servi plus tard à placer les images de dieux, qui remplaçaient les moines à têtes rasées.

La forme donnée autrefois aux monastères, aux viharés, et qui se reproduit de nos jours dans les gopurams et les pagodes pyramidales, s'explique naturellement. Dans les premiers temps, la pierre n'était guère employée que dans un but religieux pour construire un édifice durable et imposant, tandis que les palais des rois, même les plus beaux, étaient bâtis en bois, et si les colonnes qui supportaient le premier étage étaient en pierre, c'était afin d'éviter les inconvénients produits sur le bois par l'humidité. Le bois, en effet, se pliant bien mieux que la pierre aux ornementations les plus diverses, aux effets les plus variés de la dorure et du coloriage, suffisait à tous les besoins de l'architecture civile. N'employant donc que du bois comme matériaux, et étant du reste peu accoutumés à élever des maisons de plusieurs étages, à cause des lois somptuaires de l'Orient, qui ne permettaient point à la masse du peuple de les habiter, les architectes adoptèrent pour les palais et les monastères la forme pyramidale, qui est la plus facile et la plus solide ; et, en effet, leur inexpérience en géométrie ne leur eût pas permis d'élever avec du bois des édifices à plusieurs étages avec façade perpendiculaire, s'écartant de la pyramide.

On voit donc combien il est curieux d'étudier à Mahabalipour, ainsi que nous l'avons déjà fait à Bhuwaneshwara, et que nous le ferons plus tard à Ellora et à Adjounta, les diverses transformations de l'architecture bouddhiste sur laquelle les architectes brahmaniques postérieurs ont greffé leurs conceptions. Nous apprécierons aussi plus tard les différences que les deux croyances ont introduites dans les monuments, lorsque nous aurons visité les grottes du Deccan occidental.

En revenant de Mahabalipour, je revis successivement le village de Tricallykounrou ou d'Eagle's-Hill et sa curieuse pagode, Sadras et sa verdoyante banlieue, Chingleputt et ses bois de lataniers, et j'atteignis Tindevanam à soixante-quinze milles dans le sud de Madras. Là je quittai la route de Trichinopoly pour me diriger vers Pondichéry, dont j'étais encore séparé par une distance de trente milles.

En approchant du territoire appartenant à la France, on traverse d'immenses étendues couvertes de lataniers. Les environs de Pondichéry sont pittoresques et bien cultivés ; les routes sont excellentes et bordées de cocotiers ou ombragées d'autres beaux arbres. La culture du pawn ou poivre bétel y est très-répandue ; dans des sillons assez larges, entourés de tous côtés par de petits fossés pleins d'eau, croît cette plante au feuillage luisant, qui grimpe aux perches enfoncées dans le sol pour lui servir de tuteur.

Pondichéry est une jolie ville, percée de rues larges et proprement entretenues ; sur la grande place, on remarque un petit pavillon central, le phare et le mât de pavillon ; malheureusement le littoral a été récemment, et en vertu d'autorisation supérieure, envahi par des magasins à charbon pour les messageries impériales, magasins qui gâtent l'aspect général. La ville noire possède beaucoup d'allées bordées d'arbres qui offrent un ombrage fort recherché, et on y rencontre une propreté inconnue dans les autres villes de l'Inde.

Pondichéry a un aspect créole *sui generis ;* elle n'a ni l'aspect d'une ville indigène ni la physionomie d'une ville française ; c'est un heureux mélange de ces deux caractères qu'on retrouve partout où les races française ou espagnole sont obligées de vivre avec des populations étrangères.

Il en est des habitants comme de la ville, ils se sont fait une vie à part, adaptée au climat qu'ils habitent ; ils ne cherchent pas à importer dans l'Inde les mœurs françaises, fort déplacées sous les ardeurs des tropiques. Les peuples méridionaux sont loin de ressembler aux Anglais, qui foulent toujours avec dédain la terre étrangère ; fussent-ils en Chine ou au Kamtchatka, ils se croient toujours sur le sol britannique. L'Anglais, en effet, ne voyage pas; il change de place, emportant avec lui son *home*. Il est bon assurément de posséder, moralement parlant, cet esprit de ténacité, et de ne pas se laisser influencer sans raison; mais au point de vue des mœurs et des habitudes qui doivent naître du climat, il semble plus simple et plus rationnel de modifier les usages adoptés dans les pays brumeux du Nord, qui sont en désaccord avec les influences climatériques des tropiques.

Remarquons toutefois que nous ne possédons peutêtre pas assez l'esprit de suite et que nous pourrions arriver à de meilleurs résultats en poursuivant notre but avec une persévérance plus opiniâtre. S'il est puéril de ne pas céder sur des points sans importance et d'attacher un prix ridicule aux détails, ainsi que l'on peut justement le reprocher aux Anglais qui écoutent un orgueil mal placé, il est fâcheux de ne pas savoir, dans les questions graves, conserver une ligne de conduite invariable.

La promenade sur le bord de la mer est plantée d'arbres au feuillage toujours vert; elle offre des ombrages fort agréables pendant la chaleur du jour. Les habitations, plus rapprochées que dans les villes anglaises de l'Inde, semblent indiquer un caractère plus sociable et par suite des relations et réunions plus fréquentes.

Les maisons de Pondichéry sont presque toutes séparées de la rue par de petites cours ornées de jolis parterres de fleurs et d'arbustes. Il est fâcheux toutefois, pour l'aspect général, que les murs des habitations se couvrent rapidement de cryptogames qui finissent par former de larges taches noires et nécessitent un récrépissage annuel. Mais, après deux ou trois mois au plus, la teinte trop blanche ne tarde pas à disparaître sous ces lichens qui étendent leurs milliers de bras dans tous les sens, et garnissent promptement toute la surface du mur.

Le voyageur français, à la vue de cette petite colonie, faible débris de nos possessions dans l'Inde, ne peut se soustraire aux sentiments de regrets que fait naître le souvenir des fautes qui ont tari pour notre pays la source de tant de richesses et de puissance, et son esprit se reporte naturellement sur l'histoire des armes françaises dans l'Inde. Qu'on nous permette de les rappeler brièvement.

Les possessions françaises de l'Inde, qui ne comprenaient que quelques comptoirs avant le règne de Louis XV, acquirent rapidement une extension considérable sous ce monarque, grâce à l'initiative pleine d'audace d'un homme supérieur dont le génie politique eût, à une autre époque de notre histoire, enrichi sa patrie d'un vaste empire; mais le sceptre de saint Louis n'était plus alors aux mains de Henri IV ou de Louis XIV; un roi efféminé et dissolu était assis sur le trône de France, souverain plus occupé de ses plaisirs que de la gloire et de la grandeur nationale. La riche succession de l'empire Mogol devint ainsi la proie de l'Angleterre, notre heureuse rivale. Toutefois les tentatives du génie français dans l'Inde à cette époque mémorable ont brillé d'un éclat assez vif pour mériter de ne pas être oubliées.

Joseph-François Dupleix, natif de Landrecies, avait été nommé, en 1730, directeur du comptoir de Chandernagor sur le Gange; il ne tarda pas à transformer cette misérable bourgade, et on vit bientôt par ses soins intelligents s'élever une ville florissante. Peu après il y établit un vaste chantier de construction pour les navires. Voulant étouffer le commerce anglais au Bengale, il fonda un second comptoir à Patna, à trente-huit lieues de Bénarès. En récompense des services rendus, Dupleix fut appelé en 1740 à un poste plus élevé, il devint gouverneur de Pondichéry, et obtint en même temps la présidence du conseil supérieur; enfin, le 23 octobre 1742, il fut nommé gouverneur général des possessions françaises dans l'Inde. — Revêtu de cette nouvelle dignité, et investi du commandement, Dupleix songea à réaliser les projets qu'il méditait depuis longtemps; ses conceptions étaient vastes sans doute, mais elles n'étaient pas inférieures à son génie. L'empire Mogol tombait en ruines; il crut le moment favorable pour étendre la domination française sur une partie de l'Inde et pour doter son pays d'un vaste territoire dont la conquête lui sembla facile. Dupleix ne se laissait pas éblouir par des illusions, il s'appuyait sur les faits récents qui attestaient hautement l'impuissance du Grand Mogol. Le schah de Perse, Nadir-Schah, venait d'envahir ses États, et il avait facilement dispersé son armée et dévasté sa capitale; les Mahrattes étaient révoltés au sud et les Afghans au nord; les gouverneurs de province refusaient l'obéissance et cherchaient à se rendre indépendants. Les Portugais et les Hollandais n'étaient pas des concurrents très-redoutables, l'Angleterre seule pouvait être une rivale sérieuse, capable d'opposer aux projets de Dupleix une formidable résistance. Mais Dupleix ne recula devant aucun obstacle; il se mit courageusement à l'œuvre et, s'il eût été secondé par le ministère français et la compagnie des Indes établie à Paris, il eût incontestablement réussi à fonder la domination de la France dans l'Inde.

Son plan consistait à rester d'une part à la tête d'une colonie étrangère et indépendante, et de l'autre à s'immiscer dans les querelles et affaires intérieures des princes indous, afin de ne laisser échapper aucune occasion d'agrandissement.

En 1745, la Compagnie anglaise envoie dans les mers de l'Inde une escadre qui vient menacer Pondichéry, tandis que le gouverneur de Madras se prépare à l'assiéger par terre. Mais les Anglais durent renoncer à leurs projets devant la déclaration du nabab du Karnatic, qui leur signifia qu'il attaquerait Madras s'ils attaquaient Pondichéry. Les habiles négociations de Dupleix avaient sauvé la colonie française d'un péril imminent. Ce ne fut que l'année suivante que La Bourdonnais, gouverneur des îles de France et Bourbon, ayant reçu quelques vaisseaux d'Europe, put venir au secours de Dupleix avec une flotte de neuf voiles, les Anglais furent repoussés et contraints de se replier sur

Ceylan. La Bourdonnais alla bientôt mettre le siége devant Madras, dont il s'empara après une faible résistance (1746); le nabab du Karnatic, à qui l'on avait promis de livrer Madras, laissa cette ville tomber au pouvoir des Français sans prendre part à la guerre.

La prise de Madras fit éclater entre les deux chefs français, Dupleix et La Bourdonnais, un conflit qui était inévitable entre deux rivaux munis de pouvoirs mal définis. La Bourdonnais voulait restituer Madras aux Anglais moyennant le payement d'une forte rançon, tandis que Dupleix voulait conserver cette conquête, nécessaire au but qu'il poursuivait. Sur ces entrefaites, la mauvaise saison se déclara et un ouragan obligea La Bourdonnais à regagner l'Ile-de-France avec le reste de ses vaisseaux. Destitué de son poste de gouverneur de l'Ile-de-France, il revint à Paris pour se justifier; jeté en prison, il ne parvint à faire reconnaître son innocence qu'après trois années passées dans les cachots de la Bastille, et il mourut peu après, accablé de tristesse (1753).

Cependant le nabab du Karnatic réclamait la livraison de Madras, et, mécontent des réponses de Dupleix, il finit par rassembler une armée pour obtenir de force la ville qu'il convoitait et qui devait lui être remise conformément aux promesses formelles de La Bourdonnais. Jamais jusqu'à ce jour les Européens et les Mo-

Mahabalipour : Le chaïtiya. — Dessin de A. de Bar d'après l'album photographique de M. Grandidier.

gols n'en étaient venus aux mains : le sort favorisa les Français, qui dispersèrent les masses ennemies. Ce succès, dû à l'habileté de Dupleix et à la bravoure de nos troupes, répandit la terreur du nom français dans toute la péninsule : la discipline avait suppléé au nombre. Après sa victoire, le gouverneur général annule la capitulation de Madras et expulse les colons anglais. Mais là ne s'arrêtaient pas ses desseins : il avait résolu de bannir les Anglais du Karnatic. A la nouvelle de la reddition de Madras, les Anglais se hâtèrent d'envoyer dans l'Inde des forces considérables pour accabler leur ennemi et prendre une revanche éclatante : à cet effet, ils attaquent Pondichéry. Dupleix, connaissant ses adversaires, et prévoyant les efforts qu'ils feraient pour ressaisir leurs possessions perdues, s'était préparé à une vigoureuse résistance : sa petite armée, composée de quatorze cents Français seulement, trouvait des auxiliaires utiles dans une troupe d'Indiens choisis parmi la caste guerrière et instruits à la mode européenne.

Avant de poursuivre ce récit, je dois signaler le dévouement éclairé et à toute épreuve d'une femme qui apporta à Dupleix un concours héroïque au milieu de luttes gigantesques : cette femme, c'était la sienne, Jeanne de Castro, d'origine portugaise, mais plus connue dans toute l'Inde sous le nom de Joanna-Begum.

Initiée aux coutumes de l'Inde, parlant et écrivant la plupart de ses dialectes, elle seconda puissamment les entreprises de son mari en entretenant avec les chefs indigènes la correspondance la plus active.

Le succès de Dupleix fut complet : les Anglais échouèrent sur terre et sur mer, et la mousson acheva de disperser leur flotte. Le vainqueur reçut les félicitations des nababs et du Grand Mogol lui-même.

Malheureusement la paix d'Aix-la-Chapelle venait d'être signée par le cabinet des Tuileries, et cette paix stipulait la restitution de Madras aux Anglais : ce fut là une amère déception pour le grand politique qui avait cru assurer par la conquête de cette dernière ville la chute des colonies anglaises. Se trouvant désormais dans l'impossibilité de faire une guerre ouverte aux Anglais, Dupleix les attaqua indirectement en protégeant nos alliés contre les leurs et en cherchant à accroître notre territoire. Bientôt un événement attendu depuis longtemps permit au gouverneur général français de reprendre la suite de ses entreprises ; le vice-roi du Deccan, le vieux Nizam-el-Moluk, venait de terminer sa longue carrière. Les Anglais reconnaissent pour son successeur son fils Nazir-Jung, pendant que Murzapha-Jung, neveu de Nazir, revendique son héritage, en vertu du testament du vice-roi décédé, et réclame instamment l'appui des Français. D'un autre

Mahabalipour : Les petites pagodes. — Dessin de A. de Bar d'après l'album photographique de M. Grandidier.

côté, le nabab du Karnatic, Anaverdi-Khan, était ennemi de Dupleix ; aussi ce dernier s'empressa de lui donner un compétiteur dans Tchunda-Saëb, descendant d'un ancien nabab de ces contrées. Les armées combinées de Murzapha-Jung et de Tchunda-Saëb envahissent le Karnatic sous l'impulsion et avec le secours des Français, et mettent en déroute les troupes d'Anaverdi, qui périt dans le combat. Cependant Nazir-Jung, à la tête de trois cent mille hommes, se précipite sur le Karnatic, afin d'accabler sous le nombre son compétiteur Murzapha-Jung et son petit corps d'armée. Devant ce torrent dévastateur, les Français et Tchunda-Saëb se replient sur Pondichéry et se réfugient derrière ses remparts ; mais Murzapha aime mieux capituler que fuir avec l'étendard du Deccan, ce qui eût été considéré comme une honte indélébile. Murzapha se rendit à la condition qu'il conserverait sa liberté ; mais, malgré ses serments solennels, Nazir fit emprisonner son rival et, attaquant à l'improviste ses partisans privés de leur chef, il les tailla en pièces.

Dupleix, jugeant impossible de triompher par la force, entre en négociations avec Nazir dans le but de gagner du temps, puis, surprenant l'ennemi pendant son sommeil à la suite d'une orgie prolongée, il le contraint à lever son camp et à battre en retraite. Loin de s'endormir à la suite de ce haut fait d'armes, il se porte rapidement à la rencontre de Mahomet-Ali, le concurrent de Tchunda-Saëb, remporte une victoire éclatante et s'empare de la forte place de Gingi. En apprenant ces succès rapides, Nazir accourt avec cent mille hommes, mais les chefs mécontents de son armée appellent les Français, cantonnés à Gingi, qui se jettent avec intrépidité sur cette masse formidable de combattants et leur font éprouver une déroute complète. Au milieu de la mêlée, Nazir est tué par un nabab qu'il avait insulté gravement, et, d'un accord unanime, la couronne est dévolue à Murzapha (1750).

Ce coup de théâtre inattendu ouvre une nouvelle ère de grandeur pour Dupleix et ses compagnons. Murzapha, accompagné de Dupleix, fait son entrée triomphale à Pondichéry. Un trône est dressé pour le nouveau vice-roi, qui reçoit les serments des nouveaux chefs de l'armée. Voulant reconnaître les services que lui a rendus le gouverneur français, Murzapha le crée nabab de toutes les provinces situées au midi du fleuve Krichna, embrassant le Karnatic et le sud du Deccan ; c'était un pays presque aussi étendu que la France. Peu après, Murzapha quitte Pondichéry pour aller prendre possession de ses États : il était accompagné de trois cents Français commandés par Bussi, brillant officier de fortune, génie aventureux comme Dupleix et son ami dévoué : c'était à lui qu'était confiée la mission de conquérir le centre de l'Inde ; il n'était au-dessous de sa mission ni par le talent militaire ni par son audace et son dévouement sans bornes. En entrant dans le Deccan, Murzapha tombe victime d'une révolte des Patanes, et Bussi, après avoir vengé ce meurtre, installe sur le trône Salabut-Jung, oncle du défunt. Mais ce dernier ne devait pas rester tranquille possesseur du trône de son neveu ; il vit bientôt un de ses frères se précipiter sur le Deccan à la tête des Mahrattes pour lui disputer sa couronne. Heureusement le nouveau prétendant mourut inopinément, et Bussi repoussa l'ennemi à la tête de ses braves compagnons et d'une troupe de cipahis réguliers. Salabut, pour récompenser ses héroïques défenseurs, donne à la compagnie l'investiture de cinq provinces de la côte d'Orissa avec Mazulipatam pour capitale. Un tiers de l'Inde était sujette ou vassale de la France, un brillant avenir s'ouvrait devant nous ; moment trop rapide, bientôt suivi de revers ! Dans le gouvernement qui eût dû le soutenir, Dupleix ne devait rencontrer, en récompense de son génie et de son patriotisme, que des déboires amers et le plus lâche abandon.

L'Angleterre, effrayée enfin de la marche ascendante de la politique de Dupleix, avait envoyé à Mahomet-Ali des renforts considérables. Après de nombreuses alternatives de succès et de revers, Dupleix, livré à lui-même et à ses propres ressources, Dupleix, dont la grande âme ne s'était jamais laissé abattre un instant, même aux époques les plus critiques, était bien loin de désespérer de triompher des obstacles et des résistances que les Anglais avaient à 'envi accumulés à l'encontre de ses plans, quand il reçut enfin de France un renfort de douze cents soldats ; c'était la victoire assurée (1754). Malheureusement ces troupes étaient sous les ordres d'un directeur de la Compagnie, porteur des pleins pouvoirs du gouvernement pour traiter de la paix avec l'Angleterre. Étrange aveuglement du cabinet de Versailles ! ou plutôt indigne désertion des intérêts réels du pays ! le gouvernement paraissait effrayé et embarrassé des succès de Dupleix, et les nouvelles de ses victoires, loin de flatter l'orgueil du monarque qui présidait aux destinées de la France, semblaient le fatiguer en le détournant un instant de ses plaisirs. Il lui fallait la paix à tout prix, même aux dépens de sa dignité et de la gloire du pays ! Dupleix est destitué pour avoir trop brillamment rempli sa mission, et il n'a même pas la consolation de laisser, pour continuer son œuvre et affermir ses conquêtes, son cher et fidèle Bussi, le confident de ses rêves de grandeur et l'heureux exécuteur de ses vastes projets. Bussi est destitué également. Après le départ de Dupleix, la paix est signée avec la Grande-Bretagne, l'Inde est perdue pour la France, mais le repos de Louis XV est assuré.

La haute renommée du héros l'avait précédé en France, et, depuis Lorient où il débarqua, jusqu'à Paris où il était mandé, ce ne fut pour Dupleix qu'une marche triomphale : la cour n'osa pas accueillir froidement celui qui recevait des ovations si enthousiastes, et Dupleix put croire un moment que tout espoir n'était pas perdu de relever sa fortune. Illusions trop tôt évanouies ! il mourut en 1763, sans avoir pu rentrer dans ses avances, après avoir assisté avec tristesse à la ruine de nos colonies et à l'abaissement de sa chère patrie. Il avait survécu deux ans à son héroïque compagne, Jeanne de Castro, pour laquelle il n'y avait pas de place dans la France officielle où régnait Jeanne Poisson. La Compagnie qui avait fait banqueroute à Dupleix, la cour qui l'avait persécuté, cherchèrent à étendre l'oubli sur son nom, et l'heure de la rémunération ne se leva pour cette grande mémoire qu'après que la révolution eût rendu à la France la conscience de son passé historique et de ses vraies traditions. Aujourd'hui nos historiens saluent en lui un des hommes les plus remarquables, du dix-huitième siècle, et voici comment en Angleterre même on parle de lui :

« Supérieur à nos agents en talent politique, s'il avait rencontré autant de ressources et d'appui qu'eux dans la mère patrie, il est probable que l'empire de l'Inde appartiendrait aujourd'hui à la France[1]. »

1. Campbell, *Modern India*. — Au moment de livrer ces pages à l'impression, nous trouvons dans un autre ouvrage anglais, plus récent que celui de Campbell, le passage suivant, qu'il est bon de reproduire et de méditer : « .... En moins de vingt-cinq années, le gouvernement de la vieille monarchie française, s'efforçant de pallier aux yeux du public l'ineptie et la corruption qui présidaient aux conseils de sa Compagnie des Indes, frappa successivement trois des plus nobles Français de cette époque. Il fit périr La Bourdonnais dans les fers, Dupleix dans la misère et Lally sur l'échafaud. Comment douter qu'une institution souillée d'aussi monstrueux sacrifices ne méritât les calamités qui depuis ont fondu sur elle ? (Henry Beveridge. *A Comprehensive history of India*, vol. 1, p. 644.)   (F. DE L.)

En 1778, les Anglais s'emparent presque sans coup férir de Chandernagor et de Mazulipatam. Mais Pondichéry, défendu par quelques soldats seulement, malgré le mauvais état de ses remparts, ne se rendit qu'après soixante-dix jours de siége, grâce à l'énergique défense de son gouverneur, le vaillant Bellecombe.

Cependant l'Angleterre fut arrêtée dans le cours de ses triomphes par l'ennemi le plus redoutable, après Dupleix, qu'elle ait rencontré dans l'Inde, Haïder-Ali, qui tint longtemps ses armées en échec et qui, secondé par quelques centaines d'aventuriers français, anciens compagnons d'armes de Bussi, fut plusieurs fois sur le point de délivrer sa terre natale des étrangers qui voulaient l'opprimer et l'exploiter sans contrôle. Toutefois, après plusieurs revers, les Anglais l'emportaient de nouveau et Haïder-Ali, le célèbre sultan de Maïssour, allait traiter avec l'ennemi victorieux, quand parut, dans les mers de l'Inde, une vaillante escadre, sous les ordres du fameux bailli de Suffren, dont les

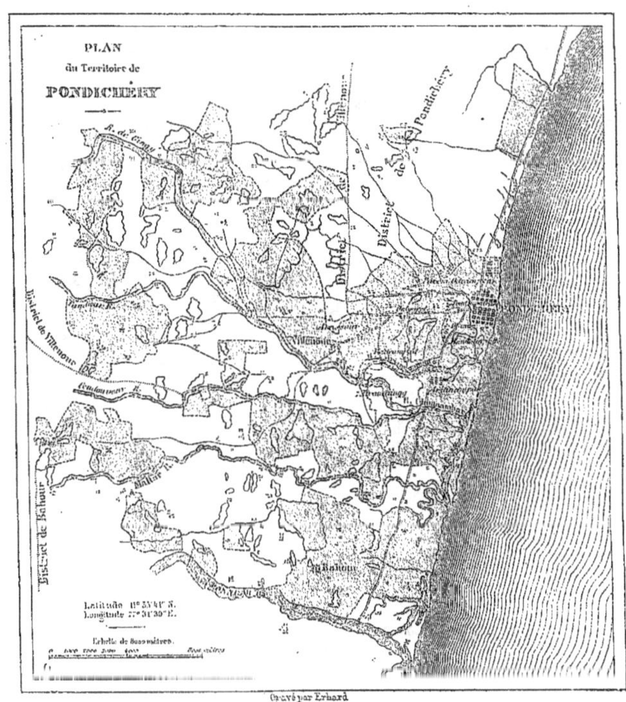

brillants exploits sont restés gravés dans toutes les mémoires. Toujours inférieur en nombre aux Anglais, commandés par Edward Hugues, Suffren, en moins de deux années, leur livre cinq combats glorieux et les force à lui abandonner l'empire des mers de l'Inde. Bussi avait reparu dans le Deccan, et, malgré ses infirmités et son âge, il y reparut menaçant et victorieux.

L'illustre Haïder-Ali était mort, mais son fils Tipoo-Daëb, qui lui avait succédé sur le trône de Maïssour, sans avoir le génie paternel, avait hérité de la haine de son père pour les Anglais et était encore un terrible adversaire pour la Grande-Bretagne. Nos anciens revers pouvaient se réparer, notre cause se relevait et la France eût pu encore asseoir sa prépondérance dans l'Inde, quand la paix de Versailles vint, à la veille de nos triomphes, assurer définitivement la prédominance de l'Angleterre en Orient. Avec ce traité se termine le récit de nos brillantes aventures dans l'Inde; la France, dépouillée de toute influence dans ces vastes contrées, laissa désormais l'Angleterre y étendre paisiblement sa domination et les exploiter sans rivaux.

De l'empire indo-français, rêvé par Dupleix et que

ce grand homme avait réalisé un moment sur la plus grande partie du Deccan, le traité de Versailles, qui consacra, le 3 septembre 1783, l'indépendance des États-Unis, ne nous reconnut dans l'Inde que la possession des lambeaux de terre ci-après désignés :

Chandernagor, avec un territoire de 700 à 800 hectares ; — *Yanaon*, avec 200 hectares ; — *Pondichéry*, avec 20 à 23 000 hectares, enchevêtrés dans un nombre égal de parcelles anglaises[1] ; — *Karikal*, avec un bloc d'environ 12 000 hectares, et enfin sur la côte de Malabar,

l'humble port de *Mahé* avec quatre petits hameaux, pouvant représenter entre eux l'étendue d'une ferme moyenne de la Brie ou de la Beauce, — peut-être bien 400 hectares.

Au total 36 400 hectares, soit en nombre rond 360 kilomètres carrés ou 23 lieues au plus : superficie peuplée aujourd'hui d'un peu moins de 230 000 habitants et éparpillée sur plus de 600 lieues de côtes.

Un article spécial dudit traité de Versailles n'accordant à ces fragments territoriaux la faculté *de se limiter* (il ne pouvait être question pour eux de se

Scène et paysage près de Pondichéry. — Dessin de A. de Bar d'après l'album photographique de M. Grandidier.

fortifier) *autrement que par des fossés d'irrigation*, il en est résulté qu'en temps de guerre un caporal et quatre cipahis ont toujours suffi pour les annexer au domaine britannique. C'est ce qui a eu lieu en 1793 et en 1804 après la rupture du traité d'Amiens.

Dix ans plus tard, lors de la paix générale qui suivit le grand drame de 1815, la France eut à opter en-

tre la conservation de ces possessions ridicules et la reprise de l'île de Maurice. Lord Castlereagh offrit positivement ce marché à notre ministre des affaires étrangères. « Lequel, s'écrie Victor Jacquemont (*Journal*, vol. I, p. 179), était le plus inepte, de celui qui le proposait, ou de celui qui, maître de son choix, abandonnait Maurice ? »

Alfred GRANDIDIER.

1. Teintées en blanc sur le plan de la page 79.

Mandapam de Chillambaram. — Dessin de E. Thérond d'après une photographie de l'album de M. Grandidier.

VOYAGE DANS LES PROVINCES MÉRIDIONALES DE L'INDE,

PAR M. ALFRED GRANDIDIER[1].

1862-1864. — TEXTE ET DESSINS INÉDITS.

VI

Chillambaram. — Combaconum. — Tanjore.

La distance entre Pondichéry et Chillambaram ou, suivant la prononciation locale, Chellumbrum, est de trente-neuf milles.

A partir de Mundjicopam, la route est sablonneuse et difficile ; elle devient même impraticable en de certains endroits à l'époque des pluies. Les voyageurs doivent rendre grâces au ciel qui ne déverse pas autant d'eau sur la côte sud-est de l'Inde que sur celle de Bombay ; autrement, comment ferait-on avec les chariots à bœufs, seul moyen de transport usité dans le Deccan ? Jusque-là, blotti dans un palanquin comme une tortue sous sa carapace, j'avais joui de presque tout ce qui est nécessaire au confort de l'homme civilisé, abri impénétrable, vivres variés, journaux de toutes sortes ; de plus, je n'avais pas alors à me préoccuper de l'effondrement des routes, de l'escarpement des montagnes ou de l'impétuosité des torrents débordés ; aussi, après avoir été si bien, regrettai-je plus d'une fois, dans cette partie de mon voyage, d'être contraint de faire appel à ma philosophie pour supporter les affreux cahots de mon véhicule traîné par deux zébus.

Chillambaram est un grand village percé de larges rues que bordent des avenues de cocotiers. La principale pagode, consacrée à Çiva, s'élève au centre même des habitations. Quatre gopurams ou portes pyramidales en briques donnent entrée dans la première enceinte dont le mur extérieur est flanqué de huttes malpropres et de boutiques de pauvre apparence. Ces gopurams, hauts de sept étages, sont les plus anciens de tous ceux qui ornent les diverses pagodes du Deccan. Une épaisse végétation de cryptogames, dont les nombreuses ramifications s'étendent en tous sens à leur surface comme autant de taches noires, leur donne une apparence de vétusté remarquable. Celui de l'est est entièrement dépourvu de cette armée de statues et de ces mille sculptures dont tous les autres sont couverts; une restauration récente a peu contribué à l'embellir aux yeux de l'archéologue ou du touriste; pour mon compte, j'aurais, je l'avoue, préféré la vue d'une antique ruine noircie par le temps et à demi dégradée à celle de briques neuves dont la couleur rouge uniforme n'a rien de poétique.

Les trois autres portes sont entièrement couvertes de statues nues faites en chauman, sorte de chaux d'un grain très-fin; ces statues sont alignées les unes contre les autres comme un régiment sous les armes. La porte du sud-est est la plus curieuse; les têtes de Cobra Capelle (serpent à lunettes) qui sont sculptées en grand nombre sur toute sa surface contribuent à lui donner une élégance qui manque aux autres.

L'élévation de ces gopurams n'est pas en rapport avec leur base massive; ce même défaut existe également, quoique à un moindre degré, dans toutes les grandes pagodes du Deccan bâties postérieurement. Ce n'est pas précisément que les proportions générales soient mauvaises; mais, à voir ces hautes pyramides, si distantes l'une de l'autre et reliées entre elles par un mur noirci et sans ornements, on pourrait se croire au milieu des débris d'anciens monuments disparus de la surface du sol à la suite de quelque grand cataclysme. On dirait quatre tours perdues dans un désert; car l'œil ne voit ni le but, ni l'utilité de ces immenses amas de briques qui donnent accès à un sanctuaire invisible du dehors. Il n'en est pas de même à l'intérieur, où ce qu'il y a de choquant dans cet extérieur, si triste d'apparence, est atténué en partie par la colonnade adossée au mur et par les nombreux sanctuaires, mandapams et étangs disséminés çà et là dans l'enceinte et dont la réunion forme un ensemble agréable à l'œil.

Les quatre piliers du gopuram de l'ouest sont une merveille de sculpture, et quelques-unes des pierres sont couvertes d'anciennes inscriptions. Je bornerai à ce qui précède mes observations sur la pagode de Chillambaram, qui a été, dans ce recueil même, l'objet d'une monographie très-étudiée et illustrée de belles planches très-exactes [1].

Je visitai ce monument le 3 février 1863; c'était jour de grande fête. La cour du temple était encombrée d'hommes et de femmes portant dans leurs cheveux, en signe d'allégresse, les fleurs jaunes du Champa, plante très-odoriférante consacrée à Krichna, le

dieu noir (les Indiens ont un goût tout particulier pour le mélange du jaune et du noir); des saints au visage blanchi par une épaisse couche de chaux se prosternaient à l'envi devant l'entrée du sanctuaire, le corps contre terre; après avoir tourné plusieurs fois la tête à droite et à gauche, ces pieux personnages se relevaient en joignant les mains au-dessus de l'occiput. Il serait trop long d'énumérer toutes les absurdes grimaces qu'une aveugle superstition inspire à ces pauvres fanatiques.

La trompette sacrée, destinée aux fêtes des dieux principaux, faisait entendre par intervalle ses sons aigus et discordants. Il faut observer que dans ce pays de distinctions subtiles on a établi des différences jusque dans la forme des instruments. Ainsi la trompette de cuivre affecte un nombre considérable de formes variables par la grandeur et par le dessin, non-seulement suivant les castes, mais aussi suivant l'usage auquel elle est employée : culte des grands dieux, fêtes des dieux inférieurs, mariages, funérailles, etc.

Fatigué de toutes ces puériles cérémonies auxquelles je n'avais déjà que trop souvent assisté, je regagnai mon char stationné devant le gopuram du nord, et je repris paisiblement ma route vers le sud.

A moins d'un mille de Chillambaram, mon attention fut attirée sur une petite hutte en feuillage autour de laquelle se pressait une foule compacte. Un miracle s'était récemment accompli en ce lieu; un brahmane, de mœurs austères et d'une vie irréprochable, était mort sous ce modeste abri huit jours auparavant; son corps avait quitté la terre qui s'était entr'ouverte pour recevoir ce précieux dépôt. Certes le cadavre avait quitté la cabane; mais qui avait été témoin de son enterrement insolite? C'est vainement que j'adressai des questions à ce sujet, et personne ne put me fournir les renseignements que je demandais. Les brahmanes ne reculent devant aucune supercherie, quelque grossière qu'elle soit, quand il s'agit d'entretenir l'ardeur de la foi chez leurs coreligionnaires, et d'exploiter leur crédulité.

De Chillambaram à Combaconum, j'avais quarante-sept milles à parcourir; la route est belle et agréablement ombragée de multipliants et de palmiers. Toutefois mes zébus de louage ne faisaient pas en moyenne plus de un mille et demi à deux milles par heure; rarement j'ai obtenu une vitesse de trois milles; ces animaux ne peuvent fournir au trot une longue carrière, cinq à six mille au plus, et la rapidité de leur marche est même ralentie lorsqu'on est obligé, comme moi, d'avoir recours à des zébus fournis par ordre du gouvernement et recrutés de force chez les cultivateurs, conformément à la grande maxime si prônée des Anglais : Respect à la propriété individuelle.

Combaconum est à une distance de deux milles du bungalow des voyageurs; c'est une petite ville peuplée de nombreuses pagodes. Au sommet du grand gopuram du temple principal, on jouit d'une vue magnifique sur le delta du Cavery; le regard plane au loin sur de

---

1 Voy. *Tour du Monde*, t. XVI, p. 33.

belles et vertes rizières, coupées çà et là de bouquets
de palmiers. Une plaine présente rarement un aspect
pittoresque ; je ne me rappelle pas cependant avoir joui,
pendant le cours de mes longs voyages, d'un coup
d'œil plus magique que celui de cet horizon sans bornes où les bois de cocotiers, les champs couverts d'une
riche verdure, les temples avec leur ceinture de tours
massives et de colonnades de toutes sortes composent
un ensemble plein de charme et d'harmonie.

La pagode principale de Combaconum est consacrée
à Sarangabani, un des noms multiples de Rama. Un
petit dais en pierre supporté par quatre piliers, précède le temple, ainsi que nous l'avons déjà fait observer
à Mahapalibouram et à Condjé eram. C'est là qu'à certaines fêtes on allume le feu sacré dont l'adoration est
recommandée par les Védas ; on place en même temps
un autre feu à l'étage supérieur des gopurams, afin
que les fidèles puissent l'apercevoir de loin.

Auprès de ce mandapam, sous un vaste toit de
chaume conique, est abrité un antique char de bois
aux roues massives ; les sculptures dont il est couvert
disparaissent sous une couche épaisse de fumée et de
poussière. Ce lourd véhicule est destiné à promener de
temps en temps le dieu Sarangabani au milieu de son
peuple d'adorateurs.

Le temple de Rama, à Combaconum, n'a qu'un
seul gopuram composé de onze étages et surmonté de
onze boules ; les diverses faces de cette tour pyramidale sont entièrement couvertes de statues : les unes,
celles du premier étage, sont de grandeur naturelle,
les autres diminuent de taille avec l'élévation des étages. C'est une armée de cariatides supportant les diverses assises. Çà et là, on remarque des scènes
telles que les aime l'imagination dévergondée du peuple indou.

Ce gopuram, par la grandeur de ses dimensions et
le nombre incalculable des statues qui le décorent, attire l'attention du voyageur ; mais si nous pénétrons
dans l'enceinte, nous n'y trouvons rien de remarquable. L'espace y est plus restreint que d'ordinaire : à
gauche, s'élève un petit mandapam où l'on ne compte
même pas une centaine de colonnes d'une ornementation grossière. Le saint des saints est fort simple,
ainsi que dans la plupart des pagodes du Deccan

Au premier abord il semble bizarre que le sanctuaire où est précieusement déposée l'idole, objet de
vénération pour des millions d'adorateurs, n'offre rien
de remarquable, tandis que les choultries, les mandapams, les étangs, les gopurams, sont surchargés à
l'infini des ornements les plus divers et les plus riches. C'est que tout est combiné pour frapper la vue
au dehors. Ainsi que l'a fait observer, avec raison,
M. Fergusson, ces sanctuaires que nous voyons aujourd'hui entourés de plusieurs enceintes concentriques, où sont entassées pêle-mêle tant de constructions
remarquables, ont dû leurs embellissements successifs
à une réputation particulière de sainteté. Les fidèles
ne voulaient ni n'osaient toucher à un temple saint

entre tous à leurs yeux ; et ils se contentaient d'élever
autour de l'objet de leur superstition des édifices plus
ou moins vastes et plus ou moins surchargés d'ornements, suivant leur fortune et les moyens dont ils dis-
posaient.

A gauche de la pagode de Sarangabani, regardée
comme la plus importante à cause de son immense
gopuram et du nombre considérable d'adorateurs
qui viennent adresser leurs prières à son dieu,
s'élève une autre porte pyramidale donnant accès
à un temple de Çiva. Derrière les enceintes de ces
deux sanctuaires est un bel étang çivaïte où, tous les
douze ans, à un jour marqué, les Indous prennent des
bains ayant la précieuse faculté de purifier leur âme
de tout péché, même de ceux commis pendant leurs
existences antérieures. Cet étang porte le nom de
Maha-Kolam. De l'autre côté est un second temple de
Çiva, dont les gopurams sont moins hauts et moins
ornés que celui du temple de Rama, mais il est
entouré d'un beau mur surmonté de nandous (taureaux) ; il couvre une vaste étendue de terrain et il
semble aussi mieux entretenu. Son sanctuaire est
orienté de telle sorte qu'une seule fois, à un jour
donné de l'année, les rayons du soleil pénétrant jusqu'au fond de la longue et sombre galerie qui précède l'autel, viennent tomber sur l'image du dieu.

En parcourant la région sud-est de l'Inde, j'étais
étonné de voir tant de constructions colossales dans un
pays dont la population, il est vrai, est nombreuse et
l'a été encore davantage autrefois, mais qui n'a jamais
eu une grande importance politique. Nulle part en effet dans le monde on ne trouverait autant de temples,
et beaucoup d'entre eux par leur grandeur, par la
masse de leur construction, par le travail, rivalisent
avec les plus grands monuments de l'Egypte.

Il serait fort intéressant de pouvoir consulter des
annales authentiques où serait relatée en détail l'histoire du Deccan. Il en est malheureusement de cette
partie de l'Inde comme des provinces gangétiques ;
pour établir les chronologies de tous les pays indiens,
si l'on en excepte l'île de Ceylan et le royaume de
Cachemire, on est réduit à l'étude longue et pénible de
rares inscriptions découvertes sous des ruines séculaires ainsi qu'à la comparaison fastidieuse des plaques
de cuivre sur lesquelles les souverains consignaient les
concessions de terre faites à leurs sujets.

D'après les plus anciennes traditions et les plus vrai-
semblables, la nation tamoule, qui peut compter aujourd'hui de sept à huit millions d'habitants, et qui
occupe le sud-est de la grande péninsule deccanienne,
était jadis divisée en trois États distincts, et portant
d'après leur dynastie régnante, les noms de Cholas, de
Pandyas, et de Chevas ; ces États, plusieurs siècles
avant l'ère chrétienne, étaient déjà prospères et civilisés, comme on peut le déduire des annales véridi-
ques de Ceylan.

Le royaume pandyan (*Pandionis regio* de Ptolémée)
doit son nom à une branche des Pandhavas du nord de

l'Inde; c'est le plus méridional de tous; il s'étendait de la rivière Kavéry au cap Comorin; il s'est maintenu dans ses limites jusqu'à la conquête anglaise. Sa période de splendeur paraît remonter aux premiers siècles de l'ère chrétienne. En décrivant les monuments si renommés de Madoura, nous aurons occasion d'en parler de nouveau.

Le royaume chola comprenait le pays situé au nord du précédent jusqu'aux environs de Madras. C'est du dixième au douzième siècle qu'il semble avoir atteint le plus haut degré de puissance. Les Cholas agrandirent, à cette époque, leur territoire et poussèrent, dit-on, leurs conquêtes jusqu'à Ellora; mais ils ne tardèrent pas à subir la suprématie des Musulmans, puis des Mahrattes. C'est à la dynastie chola qu'il faut attribuer l'édification de la pagode de Chillambaram, qu remonte environ à l'an 1000 après Jésus-Christ.

Quant aux Cheras, ils ont de tout temps été inférieurs à leurs voisins en puissance et en nombre; conquis vers le dixième siècle par les Cholas, ils tombèrent ensuite sous la domination des rajahs de Maïsour. Ils occupaient la portion de pays située à l'ouest de Madoura.

De Combaconum de Tanjore, on franchit vingt-trois milles à travers une contrée fertile; partout de belles rizières et des champs cultivés avec soin. La province de Tanjore est célèbre par la variété de ses productions.

Sur la route, je me croisai avec un pèlerin porteur

Brahmane faisant sa prière. — Dessin de Émile Bayard d'après une photographie.

d'un caoudi, sorte de ballot formé par deux demi-cercles éloignés l'un de l'autre de quinze à vingt centimètres et recouvert d'une étoffe rouge ornée de fleurs et de clochettes; aux extrémités du bambou qui servait à porter ce précieux ex-voto, se trouvaient suspendus deux pots pleins de lait que le pèlerin avait fait vœu de porter à Samimalé, petite ville des environs de Combaconum, pour les verser sur le dieu de la pagode. On voit souvent, dit-on, des dévots marcher plusieurs jours chargés de caoudis et, pendant le trajet, le lait ne doit ni tourner ni diminuer de quantité, lors même qu'il en tomberait une partie. Il faut de plus que le pèlerin fasse le voyage sans manger, la bouche bourrée de chiffons; toutefois il ne lui est pas défendu de boire. Si le miracle ne s'accomplit pas, c'est que son âme a été souillée par quelque mauvaise pensée; et, pour se punir, il doit se couper la langue avec les dents et la déposer humblement aux pieds de l'idole en expiation de son péché. Mais, ô miracle! après être resté huit jours la bouche close, il trouve sa langue repoussée en récompense de son repentir sincère et de son offrande agréable à la divinité. C'est là encore une de ces habiles jongleries par laquelle les pieux brahmanes exploitent la crédule superstition des classes inférieures et s'attirent des offrandes de toutes sortes dont ils savent, croyez-le, lecteurs, tirer bon parti.

Le Gopuram principal de Combaconum (voy. p. 51). — Dessin de E. Thérond d'après une photographie de l'album de M. Grandidier.

L'Inde est la terre classique de toutes les supercheries ; elles y réussissent merveilleusement et les prêtres n'y laissent échapper aucune occasion favorable pour spéculer sur la bourse des pauvres fanatiques.

A Tanjore, je descendis chez le révérend père Cravan, missionnaire apostolique, qui m'accueillit avec toute la bienveillance et toute la simplicité des anciens patriarches. Dans tous mes voyages, en Amérique, en Asie, en Afrique, c'est toujours avec plaisir et jamais sans une certaine émotion que j'ai rencontré, loin des pays civilisés, ces chrétiens généreux et dévoués qui les premiers vont porter le flambeau du progrès au milieu des nations sauvages et travaillent de toutes leurs forces à déraciner les superstitions absurdes que l'ignorance a accréditées dans le monde. Ce sont ces apôtres désintéressés qui préparent la voie à la civilisation ; honneur et gloire à eux !

Leurs efforts ne sont malheureusement pas toujours récompensés comme ils mériteraient de l'être. Depuis longtemps un grand nombre d'Indous sont catholiques ou du moins ils le disent ; mais ils sont peu fervents, et, tout en adressant leurs prières au Dieu des chrétiens, ils conservent toujours au fond du cœur un reste d'attachement pour les idoles du panthéon brahmanique. Dans leur pensée, Jésus-Christ est un Dieu au même rang que Vichnou, Çiva, Kali et autres divinités de leurs ancêtres. Que de fois d'ailleurs ne voit-on pas les païens eux-mêmes se prosterner et prier dans les églises catholiques, lorsque leur idole favorite n'a pas exaucé leurs demandes ! Quant aux conversions, il faut avouer, à notre grand regret, qu'elles sont fort rares ; la moralité des missionnaires des diverses sectes chrétiennes et l'aménité de leur caractère leur attirent l'estime générale, mais leur influence sur le pays et les idées du peuple est malheureusement presque nulle. La religion catholique, grâce à la pompe de ses belles cérémonies, a toutefois, on peut l'affirmer, plus de chances de succès que de le froid anglicanisme. « A quoi vous sert-il de nous prêcher votre religion ? disait un Indou à un missionnaire, d'autres sont venus avant vous et nous ont fait entendre les mêmes paroles que vous. Avons-nous abandonné nos idoles ? non ! Nous savons qu'elles ne nous sont pas de grande utilité ; mais la voix du monde, monsieur, la voix du monde ! » Les missionnaires reçoivent souvent des réclamations contre le gouvernement, dont on les considère comme des agents, chargés de surveiller le pays. Les Indous hors caste se font plus volontiers chrétiens que les autres indigènes ; quoiqu'ils perdent moins au changement que les classes supérieures, ils n'ont plus cependant à compter sur l'amitié ni sur le soutien de leurs anciens coréligionnaires, ils ne peuvent plus participer aux rites sacrés, ils n'ont plus le droit de se mêler aux fêtes ni aux amusements licencieux, si communs dans le culte brahmanique ; et pourquoi changer de religion ? pour un dieu inconnu, qui ordonne des pratiques austères et dont les ministres ne peuvent empêcher les maladies.

Ceux qui abjurent les erreurs du paganisme n'y consentent malheureusement que pour obtenir des récompenses ou une protection.

On a souvent parlé des conversions opérées par saint Thomas sur la côte de Coromandel ; l'histoire ne rapporte pas comme un fait certain la venue de l'apôtre du Christ dans l'Inde ; on a prétendu que la prédication attribuée jusqu'ici à saint Thomas était l'œuvre d'un certain négociant du nom de Knaï Thomas, qui vint chez les Tamouls au neuvième siècle, et obtint d'un des rois Pandyas des priviléges pour l'église chrétienne. D'autre part, il est avéré que les actes du concile de Nicée attestent l'existence d'un Johannes, évêque de l'Inde, dès l'an 325 ; et il est indubitable, que saint François Xavier, à son passage dans l'Inde, ne fit que raffermir dans notre foi des pêcheurs de perles déjà convertis.

C'est encore dans le sud de la côte de Coromandel qu'habitent aujourd'hui presque tous les Indous catholiques ; ils sont même relativement assez nombreux, beaucoup plus toutefois dans cette partie du pays que les anglicans et les wesleyens. Car, outre les missionnaires catholiques qui vivent modestement d'aumônes et de modiques dons envoyés par l'établissement des Missions étrangères de Paris, on rencontre aussi des ministres anglais que le gouvernement protége puissamment, et des wesleyens qui reçoivent de nombreux subsides des sociétés évangéliques, établies à Londres et aux États-Unis pour la propagation du christianisme ; ils travaillent l'Inde en tous sens, mais sans grand succès.

Je fus heureux de pouvoir visiter la petite église catholique où se rassemble journellement un certain nombre de fidèles. C'est un édifice bien simple, pauvre même d'aspect. Une clôture sépare l'espace réservé aux gens de caste de celui où s'entassent pêle-mêle les Parias ; car les missionnaires sont obligés de faire plus d'une concession aux préjugés indigènes, pour conserver leur autorité.

Le R. P. Cravan eut l'obligeance de m'accompagner dans ma visite au fort de Tanjore, et il me fournit beaucoup de renseignements intéressants sur le pays. Il me raconta, entre autres choses, avoir été récemment témoin, dans un voyage à Poudoucottah, d'un phénomène fort extraordinaire dont je m'empressai de prendre note. C'était vers le milieu du jour ; le ciel jusque là pur et serein s'était tout à coup obscurci, et des nuages noirs et épais le dérobaient presque entièrement aux regards. Le révérend père perdit, ainsi que les personnes de sa suite, la notion des couleurs ; feuilles, fleurs, troncs d'arbres, hommes, pierres, animaux, tout avait revêtu une teinte uniforme d'un beau jaune d'ambre. Le phénomène ne dura que quelques minutes ; une pluie de gros grêlons vint à tomber et aussitôt les nuages se dissipèrent. Ces grêlons, agissant sur la lumière solaire à la manière d'un prisme, la décomposaient et ne laissaient parvenir que les rayons jaunes du spectre solaire aux yeux des spectateurs. Il est vraisemblable que si ceux-ci se fussent trouvés dans une autre position, la coloration générale leur eût paru différente.

Dans le sud du Deccan, on assiste quelquefois à ces pluies, appelées pluies de feu et de sang, qui étonnaient ou plutôt effrayaient au plus haut degré les esprits superstitieux de nos ancêtres. L'illusion est complète : je puis raconter le fait à titre de témoin oculaire. Le soleil se couchait à l'horizon que de légers nuages voilaient à peine; à l'est, des nuées épaisses et sombres obscurcissaient le ciel, qui avait conservé au zénith toute sa pureté azurée. L'orage ayant tout à coup éclaté, je vis d'abord comme une pluie de feu; il me semblait que des étincelles allaient embraser la terre. Dès que le soleil eut disparu derrière l'horizon, cet éclat scintillant et igné des gouttes d'eau se transforma en un rouge intense ayant toute l'apparence du sang. Ce phénomène, considéré par les anciens comme le présage de malheurs terribles, est dû à la réflexion sous un certain angle d'incidence des rayons de la lumière solaire.

Il est encore un autre phénomène d'optique fréquent sur certaines routes sablonneuses de l'Inde. Les piétons paraissent enveloppés de flammes, tels qu'on représente les pauvres âmes du purgatoire. Le nuage de poussière jaune très-tenue qu'ils soulèvent en marchant produit aux rayons du soleil, par un singulier jeu de lumière, cette illusion bizarre. On pourrait se figurer alors que, compagnon du Dante dans son expédition téméraire, on est descendu au fond des enfers pour assister au supplice des malheureux condamnés au feu éternel.

Un chemin de fer reliait déjà en 1863, lors de mon passage, Négapatam à Tanjore et Trichinopoly, multipliant dans tous ces pays les communications, les échanges et la richesse. Négapatam est devenu aujourd'hui une rade importante : on y voit chaque jour arriver bon nombre de dhoneys ou bateaux indiens chargés des productions les plus diverses; ce port fait un commerce actif avec la côte de Coromandel et la côte de Malabar. Les Tamouls sont bons marins, différant sous ce rapport des autres peuples de la côte orientale de l'Inde et surtout des Çinghalais, leurs voisins. Lorsque j'ai assisté à la pêche aux perles à Ceylan, j'ai été surpris de ne trouver engagé dans cette spéculation lucrative aucun bateau du pays; hommes et dhoneys venaient des divers ports du continent opposé depuis Négapatam jusqu'au cap Comorin.

Il y a à Négapatam une caste de pêcheurs qui vit presque exclusivement de crabes et de riz. La manière dont ils prennent les crustacés est assez curieuse pour mériter une mention particulière. Armés d'un long bâton au bout duquel est attaché un chapelet de coquilles, ils secouent cet engin primitif à l'entrée des trous où ces animaux se tiennent cachés : le bruit les attire et ils s'empressent de sortir pour voir d'où il provient. Mal leur en prend; car les pêcheurs mettent à profit cette imprudente curiosité pour les piquer avec

un croc pointu, pourvu en même temps d'une sorte de pince.

La station de Tanjore est établie au delà de la ville anglaise, à plus d'un mille du fort indigène. Ce fort, dont la construction remonte à la dynastie nayakare des anciens rois de Tanjore, et qui postérieurement a été agrandi par les conquérants Mahrattes, se compose de deux enceintes de murailles : la première, exclusivement en pierre, est basse et crénelée; la seconde, revêtue intérieurement de remparts en terre, est percée d'ouvertures pour les canons. L'enceinte extérieure est entourée d'un large fossé plein d'eau dans lequel nagent quelques gros crocodiles jadis nourris avec soin par les rajahs, qui les regardaient comme les gardiens incorruptibles de la ville.

Dans un des bastions de la seconde enceinte un canon attira mon attention par ses proportions colossales; il ne mesure pas moins de sept mètres cinquante centimètres de long sur trois mètres de circonférence; le diamètre de la bouche est de soixante-trois centimètres. Il est formé de lames de fer soudées ensemble et consolidées par des anneaux de cuivre. Les Indous lui donnent le nom de Rajah Gopala (un des noms du dieu bleu ou Vichnou); à certaines époques de l'année, ils l'adorent comme le génie tutélaire du fort. Il est à craindre toutefois que ce dieu ne soit moins redoutable pour les ennemis que pour ceux qui, mettant en lui leur confiance, chercheraient à en faire usage. Une fois, dit-on, il a servi, mais l'expérience a démontré qu'il était prudent de ne pas renouveler cette tentative, et un énorme boulet de pierre abandonné près du canon témoigne de la nature des projectiles lancés par Rajah Gopala.

Plus de vingt mille habitants résident dans l'enceinte même du fort. On y distingue le palais du roi, immense assemblage de constructions diverses reliées entre elles par des couloirs étroits, et la pagode que le dernier souverain se plaisait à ensanglanter de sacrifices humains.

A côté du fort principal, dont il est isolé, un autre plus petit a été construit en 1777 par un ingénieur français; il renferme dans ses murs la grande pagode pyramidale si célèbre dans tout le Deccan. Ce second fort s'appelle Sevinguy Cottay : Sevinguy est le nom d'un des étangs intérieurs et Cottay signifie citadelle.

On pénètre par deux gopurams en briques dans la grande pagode qui est consacrée à Vrihatisvaran (le maître tout-puissant), un des noms de Çiva. Des boules couronnent le sommet de ces portes : elles sont au nombre de cinq comme les syllabes contenues dans la formule sacrée *Shaviya nama*, salut à Çiva. La seconde porte est flanquée de statues à tête grotesque, ayant quatre bras, dont deux semblent inviter les fidèles à entrer dans l'enceinte sacrée, tandis que les deux autres recommandent de prendre une attitude recueillie conforme à la sainteté du lieu; la pose et l'expression générale de ces gardiens du temple rappellent involontairement à l'Européen ces *pitres* ou saltimbanques qui, du haut de l'estrade donnant accès à leur théâtre forain, crient aux passants : « Entrez, entrez; venez admirer les merveilles incomparables »

Ces gopurams ont peu d'élévation; ils sont décorés de demi-cercles en forme d'éventail, ornementés de rosaces, de fleurs de lotus, de coquilles et de figures, mais, en somme, ils n'offrent rien de remarquable sous le rapport de la masse, de la matière, du dessin ou du travail.

A l'entrée, devant la grande pagode, se présente un petit mandapam dont les colonnes monolithes sont blanchies au chounam suivant la coutume absurde des Indous, qui croient embellir leurs monuments en dis-

simulant la pierre sous des enduits de couleurs diverses; sur ces colonnes sont sculptés en ronde bosse des monstres prêts à s'élancer de leur piédestal pour protéger leur dieu contre tout attouchement profane. Ce dieu est un taureau colossal, nonchalamment couché la tête tournée vers le saint des saints; c'est le plus grand et le plus beau spécimen de *Nandou* existant dans l'Inde : il est taillé dans un bloc de syénite. Cet animal, malgré les nombreuses controverses agitées à ce sujet, a réellement quatre pattes, comme est tenu d'en avoir tout honnête quadrupède; trois sont bien visibles, quant à la quatrième, on n'en distingue que le sabot qui apparaît sous le ventre. S'il

Palais des rajahs de Tanjore. — Dessin de H. Clerget d'après une photographie de l'album de M. Grandidier.

n'avait que trois pattes, comme je l'ai lu, je ne sais dans quel écrit, comment irait-il chaque soir paître dans les prairies plantureuses qui entourent Tanjore? Aucun Indou çivaïte ne met en doute les promenades nocturnes du Nandou, malgré la facilité avec laquelle ils pourraient vérifier l'exactitude ou la fausseté du fait. Ils aiment mieux croire que d'aller voir.

On ne rencontre aux environs de Tanjore, même dans un périmètre de cent lieues, aucune roche de la nature de celle employée pour sculpter le taureau sacré; aussi la tradition indoue, toujours avide de merveilles, rapporte que l'animal a été amené dans le temple, en bas âge, étant encore fort petit; mais il prit

un développement si rapide que les brahmanes, effrayés des dimensions colossales qu'il menaçait d'atteindre, lui enfoncèrent un clou dans la tête afin d'arrêter sa croissance. Ils craignaient d'avoir à construire un nouveau mandapam dans des proportions plus grandes; ce qui eût nécessité des dépenses auxquelles ils préféraient se soustraire. L'animal n'en jouit pas moins toujours d'une santé excellente, comme tout croyant peut s'en convaincre de ses propres yeux.

Ce Nandou est d'une belle exécution; il est malheureusement toujours oint d'une épaisse couche de ghie (beurre clarifié) ou d'huile de coco : car les images de pierres, les lingams et les autres fétiches, sont trai-

Le grand gopuram de la pagode Tanjore. — Dessin de E. Thérond d'après une photographie de l'album de M. Grandidier.

tés comme s'ils ressentaient les besoins de la vie ; or, il est bon de constater ici qu'entre tous les principes d'hygiène adoptés par les Indous il n'en est pas de plus généralement suivi ni peut-être de plus salutaire que celui de s'oindre le corps, après les ablutions, d'une matière grasse qui puisse suppléer aux sécrétions naturelles de l'épiderme.

Au mur d'enceinte de la pagode, du côté gauche et vers le fond, est adossée une petite galerie que supportent des colonnes et renfermant la plus nombreuse collection de lingams que j'ai jamais vue dans aucun temple ; c'est un vrai régiment de bornes rangé en ordre de bataille. D'espace en espace, cette galerie est coupée par de petits sanctuaires au fond desquels sont sculptés des bas-reliefs qui représentent quelque dieu couvert de l'huile dont l'arrose sans relâche la piété fervente de ses adorateurs.

Entre le petit mandapam qui abrite le Nandou et le sanctuaire, s'élève le mât garni de petites clochettes au son desquelles les brahmanes officiants appellent le peuple des dévots aux prières publiques et aux cérémonies.

La pagode, située au centre de l'enceinte, est précédée d'un couloir sombre dont la toiture plate est soutenue par des piliers ; sur une base cubique de pierre, dont l'architecture est plus simple et plus pure que dans le reste de l'édifice, s'élève l'immense pyramide composée de quatorze assises : le temple de Tanjore a un aspect particulier qui le distingue de toutes les pagodes du Deccan. Le soubassement mesure environ vingt-neuf mètres et demi de côté ; la tour atteint une hauteur de quatre-vingt-huit mètres : ces dimensions sont calculées de manière que l'ombre du sommet de la pyramide ne se projette jamais au delà de sa base, fait auquel les Indiens attachent, paraît-il, une grande importance. La clef de voûte est un énorme bloc de granit qui fut pris, dit-on, dans le jardin d'une bergère du village Vaellour Sarapollum à trois milles de Tanjore, sur la route de Combaconum ; il fut placé à la hauteur prodigieuse où il se trouve au moyen d'un plan incliné fait avec des bambous liés entre eux, de manière à former un tablier d'une solidité éprouvée sur lequel on fit glisser la roche ; les Indous prétendent que ce plan incliné avait sa base au lieu même où la pierre fut trouvée et aboutissait au sommet de la tour ; mais, sans nous arrêter à la légende fabuleuse, nous croyons plus vraisemblable de penser qu'elle fut transportée auprès du temple sur un de ces anciens chars aux roues massives que traînait la foule des fanatiques et qu'elle fut hissée ensuite à la place qu'elle occupe sur un plan d'une inclinaison convenable. Ce moyen d'élever les grosses pierres à une grande hauteur est encore en usage de nos jours dans l'Inde. (On sait par Hérodote que les anciens Égyptiens employaient une méthode semblable dans la construction de leurs monuments.) Sur le bloc de granit a été maçonnée une sphère de briques que surmonte une boule de cuivre.

Tous les ornements dont sont revêtues les faces de la pyramide sont en chounam[1] ; toutes les statues sont peintes ou plutôt bariolées des couleurs les plus vives, preuve manifeste du goût éclairé dont était doué le dernier roi qui les a fait exécuter ; les formes et la pose en sont du reste extravagantes, et elles n'ont rien de gracieux.

Malgré les végétations qui commencent à couvrir de taches noires la tour elle-même et à cacher les détails peu artistiques des sculptures[2], on aperçoit encore, çà et là, les teintes rouges des briques, ce qui produit un effet désagréable à l'œil.

Parmi les sculptures des portes d'entrée, je signalerai des gardiens semblables à ceux qui décorent la façade du second gopuram.

Autour du soubassement de pierre, sur une moulure arrondie, est gravée une inscription en ancien tamoul, dont les caractères ont assez d'analogie avec ceux de l'alphabet telougou ; quelques brahmanes érudits affirment qu'elle se rapporte à l'histoire de Tanjore et de ses rois.

S'il faut croire la tradition, cet édifice daterait du quatorzième siècle et aurait été bâti sous le règne de Kadu-vettiya-Soran, un des monarques de Kanchipouram (non tamoule de Condjeveram). C'était probablement au début un temple vichnouvite, qui a été subséquemment modifié pour satisfaire aux exigences du culte de Çiva.

Derrière la grande pyramide, sur la droite, se trouve un des plus jolis spécimens de temple tamoul que j'aie vus ; il est placé sous l'invocation du Soubramanya ou le dieu-paon, le dieu de la guerre des Indiens. Comme dans beaucoup de sanctuaires du Deccan, un couloir long et obscur, soutenu par des pilastres, donne accès au saint des saints que surmonte la tour pyramidale ordinaire. A l'entrée du vestibule, on voit deux piliers sur chacun desquels un artiste indou a sculpté un être humain à pieds onguiculés, portant barbiche et moustache.

Tout le soubassement du temple de Soubramanya, ou plutôt toute la partie qui est de niveau avec la toiture du vestibule, est formée de beau granit merveilleusement travaillé et orné avec soin. Les statues sont en pierre ; le paon caractéristique du dieu est prodigué partout, et ce bel oiseau aux formes élégantes contribue pour une large part à embellir les détails de l'ornementation. J'ajouterai que la pyramide est entièrement recouverte de chounam.

Ce temple est un chef-d'œuvre de grâce ; ses proportions sont élégantes, ses détails harmonieux, ses sculptures artistiques. La teinte rougeâtre des briques dont est formée la pyramide vient seule faire ombre à la beauté du tableau.

---

1. Ce chounam a souvent le brillant du plus beau stuc, surtout lorsqu'il est fait de madrépores calcinés, humectés de lait de coco au lieu d'eau.

2. On remarque surtout beaucoup de ces éventails, dont les Indous sont si prodigues dans l'ornementation des temples.

A droite, contre le mur du temple de Soubramanya, je signalerai un joli bassin de pierre, orné d'un cordon de danseuses, d'une exécution pleine de simplicité et de grâce. Ce bassin reçoit les eaux qui ont servi aux ablutions du dieu; aussi les fidèles recueillent-ils pieusement ce précieux liquide.

Deux chapelles consacrées à des divinités d'un ordre inférieur sont renfermées dans la même enceinte, mais elles n'offrent aucun intérêt.

Au sortir de la pagode, je vis deux petits éléphants occupés à dévorer du meilleur appétit une montagne de verdure accumulée devant eux; ce sont les gardiens de la porte d'entrée. Ils ont leur rôle marqué dans les processions solennelles, et les brahmanes ne dédaignent pas de les louer aux Indous aisés pour les cérémonies des mariages; c'est une branche de revenu assez lucrative pour eux.

Les Indous visitent aujourd'hui en petit nombre le grand temple de Tanjore. Çiva n'est pas pour le moment en faveur dans cette partie du Deccan, et les brahmanes avec lesquels j'ai eu occasion de converser, tout en se plaignant de l'inconstance des hommes, même en matière de religion, m'ont avoué la crainte qu'ils avaient d'être obligés, sous peu de fermer leur temple.

En quittant la pagode, je me rendis à un palais bâti au commencement de ce siècle par un riche Indou et devenu aujourd'hui la propriété des concubines du dernier roi. La distribution générale, qui est la même dans toutes les grandes maisons de l'Inde, est peu confortable : ce sont de vastes salles voûtées, enduites de chounam dont l'aspect rappelle le stuc, et soutenues par des colonnes massives ayant pour chapiteau un anneau peint à la détrempe. Il n'est pas jusqu'au plancher qui ne soit en chounam imitant parfaitement le marbre. La propreté y règne, mais l'ensemble est lourd et disgracieux. Quelques-unes des chambres ont des fenêtres dont les volets sont percés de petits trous, qui permettent de regarder dans la rue et de voir sans être vu. Les mêmes appartements servent à tous les usages physiques, au sommeil, aux repas et à la réception. Outre les fenêtres donnant sur la rue, ces salles ont encore des ouvertures sur une cour intérieure de forme carrée. En pénétrant vers le fond, on parvient dans une autre cour dont le centre est occupé par un autel destiné aux dévotions des habitants, et qui est entouré de galeries; là se tiennent les femmes : c'est tout à la fois un dortoir et un salon. Une troisième cour est affectée aux serviteurs. Comme toutes les demeures orientales, ce palais offre un curieux mélange de beaux appartements, meublés de coussins de soie et splendidement décorés de glaces, et de couloirs sombres et étroits, de chambres sales et mal entretenues, de huttes misérables, à peine couvertes de chaume. Du haut des terrasses, la vue est fort étendue et on jouit d'un coup d'œil magnifique.

Dans une des salles du rez de chaussée, j'ai remarqué un bas-relief représentant deux esprits ou anges ailés qui voltigent au-dessus d'un dieu indou. Un artiste chrétien a, sans aucun doute, passé dans le Deccan au dix-huitième siècle.

J'allai ensuite faire visite à Sakaran Sahib, prince mahratte, deux fois gendre de Sivadji, dernier roi de Tanjore; à la mort de sa première femme, il s'unit à la sœur cadette, aujourd'hui héritière légitime de la dynastie mahratte de Tanjore.

Ce prince, qui élève des prétentions au trône de son beau-père, témoigne hautement sa préférence pour les Français, dans l'espoir, peu fondé du reste, de recevoir des secours de notre gouvernement; la réception quasi royale que lui a faite un des gouverneurs de Pondichéry l'entretient dans cette illusion. Il m'accueillit avec grande affabilité, et m'appela son vieil ami, pour se conformer aux exigences de la politique. En voyant un touriste parcourir l'Inde au trot de ses deux zébus, il pensait, le pauvre prince, dans son ignorance des choses de l'Occident, avoir affaire à un des conseillers intimes de Napoléon III! Après m'avoir adressé en anglais quelques mots de bienvenue et m'avoir exprimé ses vifs regrets de ne pas connaître notre *belle* langue française, il s'étendit en éloges pompeux sur *son ami le grand Napoléon*: après mille détours, il finit par me charger d'une mission toute confidentielle pour S. M. l'empereur des Français. Je lui répondis par mille protestations de dévouement ; jusqu'ici son secret a été bien gardé et risque fort de ne jamais sortir de ma bouche.

Notre rusé politique, satisfait de cette conférence diplomatique, me congédia à la mode indoue. « Ma maison est la vôtre, me dit-il avec cette politesse raffinée des Orientaux, et toutes les fois que vous viendrez me voir, je serai votre obligé. » Tout en m'adressant ces paroles gracieuses, il me versait sur les doigts quelques gouttes d'attar (essence de rose) et me passait autour du cou une énorme guirlande de fleurs ornée de paillettes métalliques. Sous cet accoutrement grotesque, j'aurais assurément rappelé à un Parisien le bœuf gras ou au moins quelqu'un de ces personnages d'un jour qui font partie de son cortége. Plusieurs plateaux chargés de fruits de diverses sortes me furent offerts ; je les touchai du doigt et les serviteurs les portèrent aussitôt à ma voiture. Enfin un cornet de bétel et quelques morceaux de sucre candi m'ayant été donnés par le rajah, je pris congé. La visite était terminée.

Sur ma demande, quelques esclaves me promenèrent dans le fameux palais de Tanjore que j'avais le plus grand désir de visiter. On commença par me montrer avec orgueil quelques salles où se trouvaient entassés pêle-mêle, de la manière la plus ridicule, meubles d'acajou, porcelaines dorées, verreries communes, mannequins de grandeur naturelle affublés d'habits européens et tout au plus dignes de figurer chez Curtius. Je me crus transporté momentanément à l'hôtel des commissaires-priseurs où le hasard rassemble les objets les plus disparates. Il n'y eut pas jusqu'à la boîte à musique sur laquelle il fallut m'extasier pendant la durée du concert qu'un de mes guides, sur la recommandation expresse du rajah, ne manqua pas de me donner au grand complet. Après les cinq premières minutes de ce supplice, j'avais peine à me contenir et je me sentais une folle envie de mordre. Ne pouvant résister au plaisir d'écouter le morceau harmonieux que ses gens exécutaient en mon honneur à tour de bras, le prince vint gracieusement à moi; je me contentai de grincer des dents en forme de sourire. Est-ce ma faute si la mauvaise musique agit sur mon système nerveux comme sur celui de la gent canine? Un indigène, assez privilégié des cieux pour posséder un pareil trésor, se ferait pendre plutôt que de ne pas gratifier ses amis d'une petite sérénade. Alors recommencèrent les poignées de main à la mode anglaise, puis on se renouvela la promesse, la main sur le cœur, de ne jamais s'oublier; il serait trop long d'énumérer les preuves de tendresse qui sont dépensées dans ces occasions.

Ce jeune homme, d'un beau type mahratte, mène une vie efféminée dans la paresse et l'inaction; son corps est lourd et épais, et son esprit peu cultivé; il passe tout son temps à rêver une restauration impossible par des moyens absurdes, et ne sort que rarement de son sérail. Il portait un pantalon de soie étroit, à riches dessins, et un jamah ou robe de fine mousseline sur une autre de soie; un splendide turban de kinkab, d'un travail exquis, couvrait sa tête. Le kinkab est une étoffe brochée d'or et d'argent.

Je pus alors parcourir le palais ou du moins la partie du palais qu'habite Sakaran Sahib. Il couvre une vaste étendue de terrain et à l'inspection de l'architecture on peut reconnaître qu'il n'a pas été bâti en totalité à la même époque. Il offre, comme tous les édi-

Temple de Soubramanya, à Tanjore (voy. p. 58). — Dessin de E. Thérond d'après une photographie de l'album de M. Grandidier.

fices privés de l'Inde, les contrastes les plus bizarres d'une splendeur royale et d'une misère sordide. Ce fait, qui semble extraordinaire, a besoin d'une explication. Dans l'Inde en effet tout rajah est entouré de milliers de serviteurs qui partagent sa bonne comme sa mauvaise fortune, et aux besoins desquels il doit forcément subvenir; le maître ne peut pas plus abandonner ses gens que ceux-ci ne peuvent quitter leur maître. De là la nécessité de vastes logements et de grands revenus pour ces suites nombreuses. J'ai souvent entendu les plaintes amères des rajahs expropriés de leurs États par les Anglais qui les subventionnent; John Bull s'est aperçu un peu tard, sinon pour lui, au moins pour ces pauvres princes, de l'injustice de ses procédés et de l'insuffisance des compensations pécuniaires qu'il accorde à ces souverains déchus. A considérer le chiffre réellement énorme de la pension, ces plaintes au premier abord semblent mal fondées; mais elles paraissent justes à ceux qui connaissent la vie des seigneurs indous et les immenses charges qui pèsent sur eux. Avec des millions, le Grand Mogol en était réduit à la mendicité, il mourait de faim; et pour faire face à ses besoins, il lui fallait spéculer sur le désir naturel qu'éprouvaient les étrangers de lui être présentés; l'audience n'était accordée qu'après payement d'une certaine somme déguisée sous le nom de cadeau; l'usage en Orient est, il est vrai, de n'approcher son supérieur qu'un présent à la main, mais le pauvre Grand Mogol profitait de la coutume pour combler tant bien que mal le déficit toujours croissant de son budget.

Dans le palais de Tanjore, j'eus d'abord à traverser quelques corridors étroits et obscurs avant d'arriver aux appartements officiels du rajah; ce sont de petites chambres dont les murs sont couverts de peintures brillantes; çà et là quelques fresques représentent des

Durbar d'un prince indigène dans le sud du Deccan (voy. p. 67). — Dessin de Emile Bayard d'après une photographie de l'album de M. Grandidier.

scènes de danse, une chasse aux éléphants, un dieu, le tout selon le mode indien, avec une ignorance complète des formes et de la perspective. Au reste, ces pièces sont à peine meublées; tout le mobilier se compose de nattes et d'un lit garni d'un matelas fort mince. Le plancher est en chounam de couleur.

Extérieurement le palais n'a aucune apparence; deux portes, dont une très élevée, donnant entrée aux éléphants et une tour à sept étages, curieux spécimen d'architecture indo-musulmane, distinguent seules au dehors la demeure royale des huttes environnantes.

La tour, connue sous le nom persan de Sherza (lion), à cause des masques de lion en stuc qui décoraient autrefois le dessus des fenêtres, a été construite par Serfodji Ier qui, dans un pèlerinage à Kasi (Bénarès), en avait vu une à peu près semblable appartenant à une des bayadères du temple. Il ne fallut pas moins de trente-cinq ans pour la terminer. De loin, il semble qu'elle soit bien conservée, mais de près on s'aperçoit qu'elle tombe en ruine. Des sept étages, cinq sont ornés de balcons.

Quelques grossières figures de bayadères peintes en rouge, aussi grotesques que les croquis au charbon dont les gamins de Paris noircissent les murs de la capitale, sont d'un effet mesquin et peu dignes d'orner les côtés de la grande porte.

La cour principale est entourée, comme dans tous les édifices indigènes, de bâtiments malpropres et délabrés où pullule une foule d'individus employés au service du rajah. Je dois signaler comme un spectacle nouveau pour moi et qui excitera l'intérêt de tout Européen par son cachet oriental, la présence de beaux éléphants vivants qui se tiennent de chaque côté de la porte, sur une base en maçonnerie à laquelle ils sont enchaînés par le pied : colosses majestueux, gardiens incorruptibles du palais d'un roi.

Après avoir parcouru un nombre infini de cours et de passages, de l'aspect le plus triste et le plus pauvre, j'arrive enfin à de petits couloirs sombres où, çà et là, gisaient, à côté de pierres tombées, les images des dieux adorés par les princes. Au sortir de ce dédale, je me présentai chez Sorerao-Sahib, représentant de l'autre faction mahratte. Ce prince est le rival de Sakaran-Sahib : tous deux aspirent à la succession du trône et se disputent la peau de l'ours avant d'avoir tué l'animal.

Sorerao Sahib est le frère de la première reine; le dernier roi avait quatorze épouses légitimes et cinquante concubines, qui toutes vivent encore aujourd'hui renfermées dans le palais. Les Mahrattes sont stricts sur la réclusion des femmes. La seule fille légitime de Sivadji aujourd'hui existante n'est pas fille de la première reine ; or, suivant la loi du pays, sauf une certaine part faite aux autres femmes, c'est la première reine qui jouit seule jusqu'à sa mort des biens que les Anglais viennent de lui rendre, et elle met à profit son influence et ses richesses pour appuyer les prétentions de Sorerao-Sahib à la cou-

ronne. Ces petites discussions intestines sont sans résultat possible pour l'avenir; le pouvoir mahratte est bien mort à Tanjore. Sorerao Sahib est un mangeur d'opium qui ne sort guère de la léthargie où le plonge l'abus de ce narcotique; fidèle à ses habitudes, il dormait profondément lorsque je me présentai pour lui faire visite, et il ne put me recevoir.

La reine eut la gracieuseté de faire briser pour moi les scellés qui avaient été apposés durant son procès avec l'administration indo-anglaise sur la cour quadrangulaire où est placée la statue de Sivadji. La façade regardant l'ouest est malheureusement en briques et en chounam, matière peu durable, surtout chez un peuple insouciant; c'est du reste le plus pur et le plus beau spécimen de l'art indou sous la dynastie indigène des Nayakars. Les ornements sont remarquables par l'élégance et la variété de leur dessin. Du côté où se trouve la statue en marbre de Sivadji, les archivoltes, trop surchargées, et les colonnes un peu massives, ne produisent pas un effet aussi satisfaisant que les balcons et ogives, d'un style plus simple, qui décorent l'autre façade.

Quand les rois nayakars, entourés de leur cour et de leurs guerriers, trônaient sur le bloc de granit qui sert aujourd'hui de piédestal à la statue du dernier roi mahratte, ce devait être un bel et imposant spectacle. Le bloc mesure huit mètres de long environ sur six de largeur et un de hauteur; les côtés sont ornés de bas-reliefs représentant les guerres des démons. C'est là que sous l'ancienne monarchie se rendait la justice. La statue de Sivadji, due au ciseau de Chantrey, est fort belle : le rajah est représenté dans l'attitude de la prière et tourné vers le temple. Sur la muraille, derrière la statue, est un bas-relief en stuc qui se rapporte à l'intronisation de Rama.

On aperçoit sur le côté une tour pyramidale qui rappelle la forme de certaines pagodes; c'est l'arsenal où sont précieusement renfermées les armes de guerre que les Mahrattes adorent comme autant de divinités. Cette tour est d'un bon effet dans son ensemble, mais l'intérieur, un peu négligé, est aujourd'hui le repaire où singes, chauves-souris et autres bêtes malfaisantes tiennent leurs assemblées générales. S'il faut ajouter foi à la tradition, elle fut construite dans les conditions suivantes, dont je suis le fidèle interprète Un des rois nayakars, qui avait une dévotion toute particulière pour Vichnou, allait souvent faire ses prières à Sriringam, le plus fameux temple vishnouvite du Deccan. Le roi de Trichinopoly corrompit à force de présents le prêtre qui avait coutume de donner à boire au noble pèlerin l'eau sacrée déversée sur le dieu. Le brahmane consentit à empoisonner le breuvage qu'il offrirait, mais au dernier moment le courage lui manqua et il avoua son intention criminelle. Après avoir reçu l'assurance qu'elle avait servi aux ablutions de l'idole, le prince but cette eau et n'en ressentit aucun mauvais effet. Il ne voulut pas toutefois s'exposer à l'avenir au même danger, et pour l'éviter il fit édifier l'arsenal, d'où il pouvait, sans sortir de son palais, voir dans le lointain le temple de son dieu et faire ses dévotions en toute sécurité.

Il existe dans le même palais une autre cour carrée où les anciens rois aimaient à se tenir sous une galerie soutenue par des colonnes dorées et couverte de petits dômes gracieux. Ce qui frappe le plus l'archéologue dans l'analyse de cette architecture, c'est la haine que l'Indou semble avoir vouée à la symétrie; toutes les arches diffèrent entre elles de forme, et les ornements les plus divers se succèdent sans harmonie.

Le palais de Tanjore renferme une bibliothèque assez nombreuse, mais à peine visitée par quelques rares voyageurs; elle est riche en manuscrits tamouls, télougous et sanscrits; tous sont écrits sur feuille de latanier : elle contient en outre plusieurs ouvrages européens de nulle importance, vieux livres dépareillés et sans valeur.

Après cette longue visite aux anciens débris de la splendeur nayakare, je sortis du palais par la porte du Nord. Le roi ne passe jamais par cette porte durant sa vie; elle ne sert qu'après sa mort, et c'est par là que l'on conduit sa dépouille mortelle au lieu de la crémation. Il ne me restait plus à voir dans l'enceinte du grand fort, pour connaître toutes les curiosités de Tanjore, que la pagode consacrée à Rajah Gopala ou Vichnou; elle est célèbre surtout par la dévotion toute spéciale qu'avait pour elle le dernier roi, ainsi que nous l'avons déjà mentionné plus haut. Il avait coutume d'y aller la nuit dans le plus grand secret pour sacrifier à ses dieux favoris, Çiva et Vichnou, de jeunes vierges de dix à douze ans qu'il achetait et faisait conduire au temple sans leur apprendre la triste destinée qui leur était réservée. Ces horribles sacrifices trop souvent repétés ont servi de prétexte aux Anglais pour s'emparer de la personne du rajah, le juger et le condamner à une prison perpétuelle. Ce prince ne possédait déjà plus à cette époque que la seule ville de Tanjore.

Le *collector* du district, le jour de mon passage, faisait fondre un trône et un palanquin d'or massif qui avaient appartenu à la famille royale : butin qu'il s'était injustement approprié en compensation des biens, terres, palais et maisons de plaisance, que la loi anglaise l'avait obligé à restituer aux héritiers légitimes. Aussi ce haut fonctionnaire, tout occupé à surveiller ce travail important, ne put-il m'accorder quelques minutes d'audience.

En quittant Tanjore, je me rendis à la villa de plaisance des rajahs, Trivady, située sur le bord du fleuve sacré, le Kavery, à six milles environ du fort. C'est là que la famille royale venait prendre les bains de purification recommandés par les védas à tous les Indous.

Une route jadis fort belle, négligée aujourd'hui par l'administration anglaise, conduit à ce joli village; elle n'a pas coûté moins de 71 000 roupies (177 500 fr.). A l'entrée de Trivady, on admire deux tourelles ou petites pyramides hexagonales pleines d'originalité; elles ont plusieurs étages qui vont en diminuant de largeur de la base au sommet et sont percées de niches où on allume des lampions les jours de fête en signe de réjouissance; leur aspect est pittoresque; elles dominent de leur hauteur la verdure des cocotiers et des multipliants qui les entourent, mais de près l'œil est moins satisfait, parce qu'elles sont construites en chounam, matière friable trop employée par les Indous dans tous leurs monuments. Les blocs même des soubassements des pagodes et leurs colonnes monolithes ne peuvent échapper à un revêtement de cette espèce de stuc, qui a l'inconvénient de se crevasser et de s'écailler sous l'action de l'air et du temps.

Entre ces deux tours d'apparence chinoise, s'élève un petit bâtiment dont les deux ailes sont décorées de la tête quelque peu épouvantable et fantastique que les Indous attribuent au lion. Cette maison sert au rajah de lieu de repos après ses ablutions.

Plus loin, sur le bord du fleuve, et dans le même jardin, se trouve un second pavillon de plaisance; mais la plus importante de ces demeures royales est située au centre du village et entourée de ces huttes indiennes à auvents en feuilles de palmiers dont le voisinage nuit beaucoup au palais, peu grandiose lui-même. De vastes salles soutenues par deux ou trois rangées de colonnes rondes et massives, sans piédestal ni chapiteaux, et reliées entre elles par des arcades cintrées; de petites chambres donnant sur la rue pour permettre aux femmes de voir à l'extérieur par les trous des volets sans être vues elles-mêmes, le tout enduit de chounam; des couloirs longs et sombres conduisant à des cours intérieures, les unes destinées aux appartements des femmes, avec une ceinture de galeries appuyées sur des colonnes et fermées par des jalousies, les autres contenant les puits et dépendances diverses pour la cuisine et les serviteurs : telle est la disposition intérieure des résidences princières de l'Inde.

Il existe sur la rive du Kavery une place affectée aux ablutions des fidèles; c'est un quadrangle clos de trois côtés par une galerie sous laquelle se reposent les baigneurs, et ouvert du côté de la rivière, à laquelle on descend par un vaste escalier. A l'extrémité de chacune des galeries qui s'avancent vers le fleuve on a construit un petit pavillon polygone monté sur des roues en chounam et imitant la forme des anciens chars des rois de Tanjore. Deux chevaux sculptés de grandeur naturelle semblent s'élancer et entraîner la masse à laquelle le caprice de l'architecte les a attelés. Ce genre de construction est commun dans tout le royaume de Tanjore, où l'on remarque plusieurs palais ayant la forme d'un fer à cheval; vus de côté avec leurs roues imitées en chaux, ils présentent toute l'apparence d'un char colossal traîné par quatre coursiers de proportions gigantesques. Au centre du quadrangle s'élève un petit mandapam sous lequel, à certaines fêtes, le dieu vient prendre quelques instants de repos.

Trivady est, de tous les villages de l'Inde, le plus infesté de singes. De tous côtés on les aperçoit se promenant par troupes sur le toit des maisons et dans les jardins avec toute la gravité inhérente à leur caractère sacré. Ces animaux malicieux et malfaisants ne reculent devant aucune espièglerie ; un de leurs amusements favoris consiste à enlever les tuiles des couvertures, afin sans doute d'étudier, comme le diable boiteux, l'homme dans son intérieur et de surprendre les secrets des familles : pour se soustraire à ces mauvais tours, il a fallu construire des toits voûtés en briques reliées entre elles avec de la chaux. Ces charmantes bêtes, sûres de l'impunité et pénétrées du respect que leur témoignent les Indous, ont organisé le pillage à main armée dans toutes les villes saintes qu'elles daignent honorer de leur présence ; la police anglaise a dû renoncer à empêcher leurs vols quotidiens de fruits et de légumes. Quelle humiliation pour l'orgueilleuse Albion ! Avoir eu raison du thughisme, cette association d'étrangleurs dévots, et des

Cour intérieure du palais des rajahs de Tanjore. — Dessin de H. Clerget d'après une photographie de l'album de M. Grandidier.

dacoïts, ces chauffeurs de l'Inde, et s'avouer vaincue par la gent quadrumane et souffrir patiemment ses déprédations !...

Dans les environs de Trivady abonde un fruit gros comme une noisette assez commun dans le Deccan, qui a la curieuse propriété de purifier l'eau la plus boueuse et de la rendre claire comme du cristal. Vous exprimez dans une eau sale et terreuse, le jus de ce fruit en le frottant contre les parois du vase ; toutes les matières tenues en suspension dans le liquide s'en séparent immédiatement et se précipitent au fond sous forme de grumeaux, comme si on avait employé de l'alun. C'est un petit arbre, le *strychnos potatorum*, qui produit ce fruit précieux. Il ne faut pas toutefois s'imaginer qu'il transforme une eau saumâtre ou putride en eau potable ; il n'agit que sur les matières terreuses et végétales

Alfred GRANDIDIER.

Le Rajah-Gopuram de Sriringam. — Dessin de H. Clerget d'après l'album photographique de M. Grandidier.

VOYAGE DANS LES PROVINCES MÉRIDIONALES DE L'INDE,

PAR M. ALFRED GRANDIDIER[1].

1862-1864. — TEXTE ET DESSINS INÉDITS.

VII

Trichinopoly. — Sriringam. — Madoura. — Le pont d'Adam.

Le chemin de fer conduit de Tanjore à Trichinopoly en deux heures, le long d'un bras du Cavery. Après avoir traversé un pays fort bien cultivé, on entre dans une vaste plaine stérile où se dessine au loin le rocher de Trichinopoly. Ce chemin n'a qu'une seule voie et semble avoir été construit avec peu de soin, autant du moins que j'ai pu en juger par les cahots continuels résultant d'un tassement inégal qui se traduit pour le voyageur en brutales secousses.

Le cantonnement des troupes anglaises à Trichinopoly est à un mille de la gare. La ville, située un mille plus loin encore, est entourée d'un mur jadis fortifié, aujourd'hui en ruine; elle est dominée au centre par l'énorme rocher que couronnent une petite pagode dédiée à Çiva et deux mandapams. Cette masse abrupte produit un effet imposant; la partie la plus escarpée est bariolée de larges raies blanches.

En me dirigeant vers l'escalier qui conduit au sommet du roc, je passai devant un petit étang dont le centre est occupé par un mandapam en ruine et dont un des côtés est bordé par une galerie d'architecture nayakare; les arcades sont ogivales et offrent de charmantes broderies en stuc mêlées de figures mystiques; quant aux colonnes, elles sont lourdes et massives. Sur la porte à droite de la galerie, je signalerai un coussoir ovale où sont sculptées deux épées en sautoir

7

et une sphère semée d'étoiles en pointe ; une oriflamme triangulaire, ornée également de la sphère, flotte de chaque côté de l'écusson qui est surmonté d'une couronne royale dont il ne reste plus que des fragments. Je n'ai pu apprendre à quel monument appartiennent ces ruines ; mais l'architecture indique d'une manière évidente que ces constructions sont postérieures à celle du palais de Tanjore ; elles portent l'empreinte de l'influence chrétienne.

Continuant ma route à travers une large rue bordée de maisons petites et basses, j'arrive bientôt au pied de l'escalier qui conduit au sommet du rocher. Cet escalier est large ; les parois sont revêtues de grosses pierres qui servent à le consolider. Il était autrefois précédé d'une galerie couverte de larges dalles soutenues par des colonnes sculptées ; mais tout cela est en ruine aujourd'hui. Nous gravissons les trois cents marches qui ont été échafaudées dans une fissure de la roche,

et nous sommes récompensés de notre peine par la vue d'un panorama magnifique. Le Kavery qui se déploie au loin comme un ruban d'argent au milieu des rizières verdoyantes qu'il fertilise de ses irrigations, la ville avec ses maisons ombragées par des bois de cocotiers, et sa mosquée pittoresque, comme une fabrique de parc (voy. p. 77), enfin la plaine aride dont les pierres grises contrastent avec la riche verdure de la campagne de Tanjore, tel est le tableau enchanteur qui s'offre à nos regards éblouis.

De place en place, dans l'escalier, on trouve de petits sanctuaires ornés de bas-reliefs dégouttants d'huile et représentant quelques-unes des divinités du panthéon indou, ou bien de peintures bizarres. Plusieurs postes de soldats anglais gardent l'entrée de cette citadelle naturelle.

La roche a deux sommets ; sur le moins élevé, qui est entouré d'un mur, est bâti le sanctuaire consacré à

Rocher de Trichinopoly. — Dessin de A. de Bar d'après l'album photographique de M. Grandidier.

Çiva ; l'entablement du mur d'enceinte est décoré d'un grand nombre de statues de Nandou, Ganesa, etc. Sur le point culminant se dressent les deux mandapams, dont le second, à toit pyramidal, est surmonté du mât ordinaire aux temples indous avec tout son attirail de sonnettes. Je me suis longtemps diverti à regarder les singes qui habitent ce rocher, où ils mènent une vie toute aérienne.

Trichinopoly ne m'offrant plus aucun sujet de curiosité digne d'attirer mon attention, je traversai le beau pont jeté sur l'Agunda-Kavery, et je me rendis dans l'île du fleuve où se trouve le célèbre temple de Sriringam.

Six enceintes concentriques entourent le sanctuaire du dieu Vichnou. Le Rajah-Gopuram (porte royale), qui est encore inachevé [1], donne accès dans la première,

Andevalianjam, où demeurent les Indous de caste inférieure ; un second gopuram conduit au Sitrévidi, où ne résident que des brahmanes ; on entre par un troisième gopuram dans l'Outrévidi, où vivent certaines familles de prêtres vichnouvites. Cette troisième enceinte renferme un char en bois orné de sculptures diverses, feuillages et figures noircies par le temps ; ce char sert à promener le dieu aux jours de fête.

Le quatrième Gopuram mène à l'enceinte qui renferme divers petits temples et plusieurs mandapams. L'un d'eux, connu sous le nom de Mandapam aux mille colonnes, a seize colonnes en façade sur soixante-cinq en profondeur ; elles sont dépourvues de ces ornements innombrables qui surchargent d'ordinaire les monuments de l'Inde ; au centre est placé un char de pierre avec roues et chevaux de même matière ; le dieu, à certaines époques de l'année, est exposé dans ce véhicule à l'adoration des pèlerins. La galerie qu'on rencontre

1. Il n'existe du Rajah-Gopuram qu'un seul étage en pierre, lequel du reste est d'un beau travail.

tout d'abord a sur le premier rang des colonnes monolithes, ornées de bas-reliefs représentant des cavaliers
montés sur des monstres aux cornes formidables dont
la trompe s'enlace avec celle d'un petit éléphant sur lequel ils semblent se précipiter; cette galerie a quatorze
rangées de colonnes et on y remarque deux petits dais
dont le plus élevé est soutenu à chaque encoignure par
quatre colonnettes accouplées du plus gracieux effet,
ce qui est fort rare dans les monuments indous qui
sont plutôt lourds et massifs que légers et élégants; le
fût de la colonnette intérieure est alternativement carré
et polygone et ses faces diverses sont ornées de sculptures; les autres colonnettes sont plus fines, leur base
est cubique et leur fût polygone. Le plafond de ces dais
est couvert de peintures aujourd'hui à demi effacées
représentant des scènes de la vie des dieux.

A gauche du mandapam des milles colonnes, une
petite galerie conduit à un sanctuaire où quelques-uns

des piliers attirent l'attention par leurs sculptures. Ce
n'est qu'à Condjeveram, Sriringam et Madoura qu'on
retrouve ces monolithes dans lesquels des Indous ont
eu la patience de tailler une colonne ornée de sculptures gigantesques en ronde-bosse; tantôt c'est un monstre prêt à s'élancer sur le profane qui ose fouler de
son pied impur le sol sacré du temple, tantôt c'est un
cheval au galop monté par un guerrier dont la lance
transperce les malheureux qu'écrase sa monture. Ces
sculptures ont été exécutées avec soin; il y a de la vie
dans les figures, mais ce qui frappe surtout c'est la
saillie énorme des statues colossales le long du fût de
la colonne. Les bases sont surchargées de sculptures
peu décentes. Des quarante-neuf colonnes qui soutiennent cette galerie, les huit qui sont du côté du grand
mandapam et celles de l'avenue centrale sont seules
remarquables. Les colonnes grecques, de forme ronde,
ne sont ornementées que de cannelures, la forme car-

Le souerga de la pagode Pérounale, à Madoura (voy. p. 75). — Dessin de A. de Bar
d'après l'album photographique de M. Grandidier.

rée ou à pans coupés qui distingue les piliers indous
permet de les surcharger de sculptures, de bas-reliefs,
de feuillages; aussi sont-ce toujours des œuvres de
pure fantaisie.

Pendant que j'admirais les colonnes si laborieuse-
ment sculptées du Mandapam aux mille colonnes,
je vis passer deux éléphants de la pagode que leurs
mahaouts dirigeaient à travers la forêt de pierre que je
venais de quitter. Ces colosses noirs, imposants par
leur masse, qui s'avançaient d'un pas lent et majestueux au milieu de ces colonnades interminables, offraient un spectacle saisissant. Je croyais voir un de
ces monstres tirés de la pierre par le génie fantasque
des Indous, descendant tout à coup de sa base séculaire. Les troupes de singes qui gambadaient sur les
murs se suspendaient aux corniches, grimpaient aux
colonnes ou s'accroupissaient sur quelque statue sacrée
en faisant gravement leurs grimaces les plus variées,

les nuées de perruches qui s'abattaient sur les toits des
sanctuaires et dont le joli plumage vert se détachait
sur le rouge foncé de la brique, tous ces saints animaux donnaient un cachet d'originalité à la partie du
temple que je visitais. Je me rappelle encore aujour-
d'hui avec plaisir cette scène particulière à l'Orient.

Le grand gopuram de droite, le plus élevé de tous
ceux de Sriringam, n'est pas décoré de statues comme
les autres; il est simplement en briques, sans aucun
ornement.

L'enceinte centrale où dort de son sommeil éternel
le dieu bleu Vichnou, est interdite au commun des
mortels; on m'a toutefois assuré que les Européens
parvenus aux premiers grades de la franc-maçonnerie
obtiennent la permission de pénétrer jusque dans le
saint des saints. C'est cette enceinte inviolable qui renferme les cuisines où s'élaborent soigneusement les repas du dieu; la fumée qui s'échappait des fourneaux

en tourbillons blanchâtres fut tout ce que je pus apercevoir de ce laboratoire sacré ; j'ai vivement regretté, je l'avoue, de n'avoir pu, au moins une fois en ma vie, m'asseoir à la table d'un dieu.

Le sanctuaire où repose l'idole est, suivant l'usage, surmonté d'une sphère de cuivre doré ; il est petit et peu élevé.

Si nous comptons le Rajah-Gopuram qui est inachevé, il y a donc cinq portes pyramidales à traverser avant d'arriver au sanctuaire dont le dôme forme le centre de tout l'édifice. A droite, il y a trois autres gopurams : ce sont les plus élevés ; à gauche, il n'en existe que deux. Si le temple était terminé, il y en aurait vingt.

A six milles environ au sud-ouest de Trichinopoly, se trouve, m'a-t-on dit, au milieu de la jongle, une pagode entièrement abandonnée aujourd'hui et ignorée même de la plupart des habitants du pays ; elle porte le nom curieux de Sattan-Rowil (résidence royale de Satan). Il paraît que ce sanctuaire est bâti en pierre, au moins en partie, et que les sculptures y sont plus finies et plus belles que celles du temple de Soubramanya à Tanjore dont il a été question. Je regrette de n'avoir pu visiter cette ruine intéressante.

Madoura gît à quatre-vingt-deux milles dans le sud de Trichinopoly ; on y arrive par une belle route ombragée çà et là d'arbres séculaires. Au nord de la ville, on remarque une énorme masse de syénite, isolée des collines environnantes et qui, vue du sud, représente assez exactement un éléphant couché dont la trompe serait étendue sur le sol en avant de la tête. Les Indous racontent sérieusement qu'un certain jour, dont la date, pour des raisons qu'il est inutile de relater en détail, ne m'a pas été fixée, un éléphant colossal était miraculeusement sorti d'un puits sacré où le roi de Condjeveram avait coutume de jeter les restes des malheureuses victimes qu'il offrait en sa-

Mandapam devant la pagode, à Sriringham. — Dessin de H. Clerget d'après l'album de M. Grandidier

crifice à Vichnou. L'éléphant avait fait son apparition en ce monde au milieu de flammes et d'éclairs. Accompagné du colosse et escorté de huit milles Vichnouvites, le pieux monarque, trop confiant dans l'appui de son dieu favori, vint attaquer Madoura ; mais Çiva, protecteur naturel du roi pandyan, et de plus furieux de voir troublée la tranquillité dont il jouissait dans son temple splendide, détruisit l'éléphant de son souffle puissant. Le squelette de cette monstrueuse bête est aujourd'hui encore exposé à tous les regards dans la plaine de Madoura comme témoignage irrécusable de cette mémorable victoire.

La rivière Vaiga, qui coule au nord de la ville de Madoura, était desséchée au mois de février ; il paraît cependant qu'elle sort quelquefois de sa léthargie et que son réveil est terrible, si l'on en juge par les monolithes carrés plantés de distance en distance de chaque côté de la portion de route qui traverse le lit de la rivière. Ces piliers sont destinés à servir de point d'appui aux passants surpris par une crue extraordinaire des eaux jusqu'à l'arrivée d'un secours quelconque. Un petit mandapam, situé au centre de cette rivière et qui sert de reposoir à l'idole du temple lors des processions annuelles, produit le plus gracieux effet.

Les trois monuments dignes de l'intérêt du voyageur dans la ville de Madoura, sont le grand temple, le palais et la pagode Péroumal.

Le temple principal est sous l'invocation de Çiva qu'on désigne en ce lieu par le nom pompeux de Sundaveshouaram ou Chokalingam, le seigneur de toute beauté, et sous celle de son aimable épouse Kali, appelée par les Tamouls du doux nom de Minakshi ou mieux Ankayal Kannamaya, la déesse aux yeux de kayal (poisson des mers de l'Inde remarquable par ses gros yeux). Ce temple couvre une vaste étendue d

Vue d'ensemble de la pagode de Sriringham. — Dessin de H. Clerget d'après une photographie de l'album de M. Grandidier.

terrain et offre un de ces spectacles qu'il est impossible d'oublier.

Située au centre de la ville de Madoura, la pagode a la forme d'un rectangle et mesure à l'est deux cent vingt mètres, au sud deux cent soixante, à l'ouest deux cent vingt-deux, au nord deux cent cinquante-quatre ; elle est entourée d'un mur en pierre à chaperon de brique, haut de onze mètres et demi. Au milieu de chaque face, s'élève un gopuram ou porte pyramidale d'une hauteur de quarante-sept mètres et demi ; la base est de pierre, la superstructure est de brique et de chaux. Celle du nord est dépourvue des ornements et sculptures, dont sont surchargées les autres ; elle est désignée par les Indous sous le nom caractéristique de Mottai-Gopuram, porte chauve.

Entrons par l'est, nous trouverons d'abord le Rajah-Gopuram qui, comme celui de Sriringam, est inachevé ; il n'existe que le soubassement de pierre. Il est moins grand que celui du temple vichnouvite, mais les proportions semblent meilleures, le dessin plus correct, l'ornementation plus artistique et les bas-reliefs plus gracieux. La porte est soutenue par quatre beaux monolithes de dix-sept mètres de hauteur, couverts de gracieuses arabesques entre lesquelles figurent des personnages mystiques. Un enfoncement destiné aux gardiens du temple est ménagé de chaque côté dans la paroi du couloir, et est précédé de quatre colonnes à fût alternativement carré et polygone.

Le soubassement du Rajah-Gopuram de Madoura est le plus beau que j'aie vu en ce genre, entre tous ceux que j'ai étudiés en visitant les temples du Deccan. La tradition locale l'attribue à Tirumalaye-Nayakare. Il mesure cinquante-trois mètres de long sur trente-cinq mètres et demi de large (de l'est à l'ouest) ; sa hauteur actuelle est de neuf mètres et demi. La porte a une largeur de plus de six mètres et demi.

Du Rajah-Gopuram, nous pénétrons dans le Puthu Mandapam, plus connu dans le sud de l'Inde sous le nom de *Choultry de Tirumalaye Nayakar*, le plus beau de tout le Deccan ; il n'y a du reste qu'à Condjeveram et à Sriringam qu'on voit des édifices du même style, et ils ne peuvent se comparer à ceux de Madoura.

Le Puthu Mandapam est un portique qui précède le gopuram Est de l'enceinte sacrée. Élevé par le roi Tirumalaye dont il porte le nom, il sert d'entrée à la pagode, entrée grandiose qui peut rivaliser avec l'avenue des sphynx des temples égyptiens. On commença, dit-on, à l'édifier en 1623, dans la seconde année du règne du célèbre monarque Nayakar. Sa construction dura vingt-deux ans, et on évalue à plus de vingt-cinq millions de francs le chiffre de la dépense. Ce mandapam est entièrement en pierre ; il mesure plus de quatre-vingt-seize mètres de long sur vingt-quatre mètres cinquante de large ; des dalles au plafond, la hauteur est de six mètres. Il comprend une nef centrale et deux bas côtés avec une galerie transversale à chaque extrémité. Le plafond est formé de cent vingt-quatre grands blocs de granit qui reposent sur les piliers.

Les colonnes de la façade sont richement sculptées ; on ne rencontre pas dans toute l'Inde un travail plus parfait. Ce sont des cavaliers qui s'élancent du fût de la colonne, et transpercent de leur lance les malheureux foulés aux pieds par leur cheval. Sur le pilier de gauche, est sculpté en ronde-bosse le dieu à un seul pied des flancs duquel sortent Çiva et Brahma ; le pilier de droite représente Çiva se couvrant de la peau d'un éléphant qu'il vient de tuer et dont la tête gît à à ses pieds.

Les trois grandes galeries de ce mandapam, surtout celle du centre, sont réellement d'un effet grandiose, qui serait plus saisissant encore si on expulsait la foule des marchands indigènes qui y étalent des étoffes et mille autres objets. Tous les piliers du portique d'entrée sont ornés d'une statue ; les chapiteaux, ainsi que ceux de tout le choultry, représentent des monstres au regard sanguinaire qui, repliés sur eux-mêmes comme des animaux de race féline, semblent être les gardiens de l'enceinte sacrée et prêts à se précipiter sur le visiteur qui tenterait de violer la sainteté du lieu.

Dans la galerie centrale, outre les bas-reliefs et arabesques dont chaque colonne est surchargée, se détachent des piliers du centre les statues de plusieurs monarques, entre autres celle de Visouanatha, le chef de la dynastie Nayakare ; en face, à droite, est placée celle de Tirumalaye, vulgairement Trimal-Naïk, le fondateur de ce beau monument ; à ses côtés, sont deux de ses femmes et une servante.

Les Indous, si passionnés pour le merveilleux, racontent, à ce sujet, l'anecdote suivante : Tirumalaye, ayant épousé la fille du roi de Tanjore, amena cette princesse à son palais et se plut à lui en montrer lui-même toutes les splendeurs. La reine, prise de nostalgie, ne témoigna aucun étonnement de tant de richesses, et se contenta de répondre que les écuries de son père l'emportaient en luxe sur le palais du Nayakar. Ces paroles humiliantes exaspérèrent tellement le roi qu'il s'oublia jusqu'à frapper sa femme d'un coup de poignard. En expiation de son crime, il voulut placer la statue de cette reine infortunée dans son choultry ; le sang de la blessure apparut sur le marbre, et toutes les tentatives furent infructueuses pour effacer ce stigmate indélébile qui est resté comme un enseignement terrible pour les maris enclins à la colère.

A l'extrémité orientale, s'élève un trône en granit noir, le Simhasanum, dont le dais, supporté par des colonnes, est enveloppé d'une dentelle de pierre. A certains jours de l'année, l'idole est exposée sur ce trône.

Le portique situé au fond du mandapam, est décoré de statues de dieux, et la façade de ce côté est également fort belle ; l'ornementation des colonnes ressemble à celle de la façade principale ; les piliers des coins représentent, l'un Çiva et sa femme écrasant Ravana le géant aux cent têtes, l'autre le même dieu se querellant avec son épouse bien-aimée. Dans la vie privée des dieux indous, ces gracieuses scènes conjugales ne sont pas rares et, avouons-le, elles ont un certain charme pour les pauvres humains moins privilégiés de la nature que ces immortels vicieux.

Je quitte avec regret ce splendide spécimen de l'art indou, et j'entre par le gopuram oriental dans le temple sacré. A gauche de la porte se dresse le temple de Minakshi ou Kali, dont la façade est ornée d'un bas-relief rehaussé des couleurs éclatantes et bizarres dont les Indous sont si prodigues. On remarque sur les côtés des statues de Ganesa et de Soubramanya.

La pagode compte quatre enceintes concentriques. Le garbha griha ou enceinte intérieure sacrée renferme le lingam ainsi que plusieurs statues de dieux et déesses d'un ordre inférieur qui escortent Çiva dans les processions. A la porte du garbha griha est le douajastamba, pilier de pierre ou de bois recouvert de cuivre, auquel les dévots suspendent leurs offrandes d'étoffes. Aucun paria, par conséquent aucun Européen, n'est admis au delà de ce pilier; si les brahmanes ne nous laissent pas pénétrer dans les temples de petite dimension, c'est que ce douajastamba y est planté près de la porte d'entrée.

Le lingam de Madoura, comme celui de tous les grands temples çivaïtes, est, dans les cérémonies, entouré des replis d'une naja ou serpent à lunettes dont la tête s'épanouit au-dessus du dieu. Ces reptiles sont faits avec des métaux précieux et enrichis de diamants, de perles et de pierreries de toutes sortes.

Après avoir passé le gopuram, je traverse une longue galerie remplie de marchands qui est soutenue par des colonnes richement ornementées. A droite est placé le mandapam où le dieu et la déesse se marient chaque année; il est utile de renouveler fréquemment cette cérémonie chez les dieux de l'Inde, afin qu'ils n'oublient pas trop leurs devoirs d'époux. Un peu plus loin est un autre portique composé de seize colonnes : sur la face externe des premières on remarque, sculptés en ronde-bosse, des yalis ayant à la main une trompette de forme bizarre; le fût des autres est alternativement carré et polygone : les artistes indous ont définitivement la simplicité en horreur.

A l'est de la salle nuptiale, s'étend le portique des mille colonnes qui forme un joli quinconce le long du mur d'enceinte; l'intervalle entre les piliers est de un mètre vingt; la plupart ont le fût alternativement carré et polygone et sont ornés de festons et de feuillages. Lorsque cette forêt de pierre est éclairée à la lueur des torches, pendant les fêtes de nuit, l'effet doit être magique. Le chapiteau des colonnes est formé, comme dans beaucoup d'édifices indous, par une pierre transversale débordant le fût carré de deux et quelquefois de quatre côtés, ce qui permet de leur donner un espacement supérieur à la largeur des dalles auxquelles elles servent de support. J'ai compté vingt-neuf colonnes de façade sur trente-cinq de côté (quatorze de ces dernières sont réunies par un mur); quelques-unes ne sont qu'ébauchées et conservent encore les traces du

ciseau de l'ouvrier; mais la galerie centrale, qui est parallèle au mur de l'est et qui mène à un petit sanctuaire, est toute peuplée de monstres, de dieux, d'êtres humains. Un portique de colonnes sculptées en ronde-bosse précède cette galerie, à laquelle conduisent deux escaliers ayant pour rampe des éléphants en pierre. Quelques-unes des statues de ce portique sont couvertes du beurre clarifié et de l'huile dont les pieux Indous ont soin de les enduire chaque jour; elles sont toutes plus grandes que nature. Je signalerai, à l'entrée, une colonne centrale entourée de plusieurs colonnettes; je crois que le tout est sculpté dans un monolithe.

Revenu à la galerie aboutissant au gopuram de l'est, j'aperçus la colonnade qui entoure l'étang du Lotus d'or, si célèbre chez les Tamouls, le Pottamaraï, dont l'eau verte et croupissante est un poison redoutable, au dire des Indous. Je n'ai en effet jamais rien vu d'aussi sale ni d'aussi fétide. Il n'est donc pas très-étonnant qu'il ne soit habité par aucun des animaux sacrés dont les bassins des pagodes sont toujours largement approvisionnés. Demandez aux brahmanes le motif de cette exception, ils ne seront pas embarrassés pour vous répondre, et votre curiosité sera satisfaite à peu de frais, à moins cependant que vous ne soyez d'une exigeance incompatible avec le caractère d'un voyageur. Voici l'histoire :

Un héron au plumage blanc avait faim : planté sur une patte au bord de l'étang du Lotus d'or, qui avait alors l'eau la plus claire, la plus limpide de toute l'Inde, il songeait tristement aux souffrances de la vie. Un richi en pèlerinage à ce temple vint se baigner à ses côtés; ce saint personnage, en tordant ses cheveux pour les sécher, en laissait tomber de jolis poissons argentés qui se mettaient aussitôt à nager joyeusement. La faim poussait le héron à ouvrir son long bec et à engloutir quelqu'une de ces créatures. Un homme n'eût pas résisté à la tentation; le prudent volatile se garda bien d'insulter à la sainteté du lieu. Il fit, il est vrai, claquer de temps en temps ses mâchoires par un mouvement involontaire, mais tout en soupirant il s'abstint de rien manger.

Çiva, témoin du fait, et qui, contre son ordinaire, s'était levé en belle humeur, ne voulut pas laisser sans récompense une sobriété si remarquable. La terre n'était pas digne de posséder cet oiseau vertueux, il l'enleva pour en orner son olympe. « Que désires-tu, lui demanda le maître des cieux? parle, tes souhaits seront exaucés. » L'humble volatile fit la réflexion toute pratique qu'un autre pauvre héron pourrait être soumis à la même tentation si l'étang du Lotus d'or était toujours peuplé de poissons et qu'il n'aurait peut-être pas comme lui la force de résister aux tortures d'un estomac affamé; il demanda donc que l'eau sacrée de Madoura ne nourrît plus aucun être animé, et cela lui fut accordé après mûre délibération en conseil des dieux.

Le Pottamaraï, ou étang mort, mesure soixantemètres en longueur et quarante-quatre en largeur; il est orienté avec soin comme les murs de la pagode.

La galerie qui entoure ce bassin est couverte de fresques représentant des scènes indoues de tout genre; le dessin en est étrange, les poses disgracieuses et les figures sans expression; elles n'ont même pas cette naïveté qui rachète tant de défauts.

Aussi ces peintures n'ont-elles rien de curieux sous le rapport de l'art, mais on y trouve la fidèle reproduction des mœurs et des usages locaux, ce qui intéresse toujours un touriste.

Une partie de cette colonnade est formée par une cloison en pierre taillée à jour avec la délicatesse de la dentelle, ce qui permettait jadis aux épouses du roi, lorsque l'Inde avait encore des rois, d'assister aux

Une entrée du Puthu-Mandapam, à Madoura.. — Dessin de H. Clerget d'après l'album de M. Grandidier.

cérémonies religieuses sans craindre d'être souillées par le regard des hommes.

Suivons le côté nord de l'étang, nous arriverons dans une vaste galerie dont les colonnes sont ornées d'êtres fantastiques sculptés en ronde-bosse; elle est sombre; aussi est-ce là que les couleurs vives dont sont revêtus tant de bas-reliefs dans ce temple, font l'effet le plus saisissant.

Le gopuram ouest, par lequel je sortis de l'enceinte sacrée, est le plus beau de tous et le plus ornementé. On y remarque cette singulière statue que j'avais déjà eu l'occasion de voir en divers endroits du temple, entre autres sous le vestibule du Choultry de Tirumalaye Nayakar, et qui représente un dieu tenant son pied en l'air dans sa main; je me demandais, en présence de ce clown divin, si Auriol avec ses curieux

Étang sacré près de Trichinopoly (voy. p. 65). — Dessin de H. Clerget d'après une photographie de l'album de M. Grandidier.

exercices de dislocation n'aurait pas eu, lui aussi, droit à un petit sanctuaire dans une des vastes pagodes du Deccan.

Soubramanya, suivi de son paon, figure aussi parmi les ornements de la pyramide. La porte du nord est inachevée; elle n'est pas décorée de statues. Le gopuram du sud est peu ornementé.

Le temple de Madoura est sans contredit le plus admirable et le plus curieux monument que le génie indou ait jamais exécuté. Je ne sache pas, dans tous mes voyages, avoir jamais éprouvé une impression semblable à celle que je ressentis en me promenant au milieu des merveilles de ce chef-d'œuvre de l'architecture nationale. Dès qu'on pénètre dans l'enceinte sacrée, l'œil se trouve frappé de la quantité innombrable de colonnes surchargées de sculptures bizarres et originales qui se dressent de toutes parts; on passe de cour en cour, de galeries en galeries, de portiques en portiques, et partout on découvre des bas-reliefs et des peintures. Il n'est pas jusqu'à l'obscurité de certaines avenues de pierre qui n'ajoute à l'effet produit par cette multitude de monstres qui semblent sortir des colonnes d'où l'artiste indou les a tirés pour frapper de terreur l'esprit superstitieux des dévots.

L'aspect général est grandiose et produit une profonde impression sur l'esprit du visiteur. Ce n'est pas une étude spéciale de chaque statue que demande un temple de ce genre, il faut se contenter de jeter un coup d'œil sur l'ensemble, il faut avancer rapidement au milieu de ces yalis, de ces monstres de toutes sortes, de ces êtres aux formes bizarres, au regard cruel, aux poses étranges; on se croit alors sous l'empire d'un rêve fantastique. Car ces pagodes du Deccan sont une création de la fantaisie; les architectes indous ne se livrent pas à une étude raisonnée et approfondie du beau; ils ne s'occupent point des proportions; les rè-

La salle d'audience du palais de Trimal-Naïk, à Madoura. — Dessin de H. Clerget d'après l'album photographique de M. Grandidier.

gles de l'art, telles qu'elles sont établies dans nos contrées, sont par eux méconnues et foulées aux pieds. Qu'on ne recherche donc point dans chaque statue l'idéal de la forme, la simplicité et la vérité de l'expression qui est le triomphe des grands maîtres : les figures ne respirent que la cruauté, à moins qu'elles ne soient sans vie, dans une froide immobilité; le corps est torturé ou disloqué; les artistes indous n'ont point copié de modèles, cherchant le beau et tâchant d'approcher le plus possible de la perfection: c'est un rêve de malade en délire qu'ils ont sculpté en pierre; mais les images de ce rêve, si horribles qu'elles soient, ne sont pas sans grandeur.

A qui n'est-il pas arrivé de laisser son imagination errer follement à l'aventure et visiter des mondes étranges peuplés d'êtres fantastiques? Eh bien! ce sont ces conceptions incroyables, ces élucubrations insensées qu'ils ont réalisées dans le temple de Madoura et qui se déroulent, écrites dans le granit, sous les yeux du voyageur. Il n'est pas, ainsi que nous l'avons déjà fait remarquer, jusqu'aux couleurs grossières dont les brahmanes ont maladroitement barioulé la plupart des statues qui, dans la demi-obscurité de ces vastes galeries, ne leur donnent un aspect bizarre et même effrayant.

Quand on songe que les colonnes sculptées en ronde bosse et décorées sur les faces de mille ornements divers, figurines, feuillages, guirlandes, sont toutes monolithes, on ne peut s'empêcher de s'étonner du travail et du temps qu'ont dû coûter à des générations d'hommes ces œuvres gigantesques, des dépenses considérables qu'ont sans aucun doute entraînées ces monuments merveilleux. Les architectes indous semblent s'être proposé avant tout autre but celui de vaincre la difficulté.

Le palais de Tirumalaye Nayakar est, après le grand

temple de Çiva, le monument le plus important de Madoura et l'un des plus curieux de l'Inde, où l'on trouve peu d'édifices de ce genre. Il couvrait autrefois une immense étendue de terrain; aujourd'hui il tombe en ruine. Heureusement il reste encore la belle salle du Durbar ou salle du trône, qui, malgré son état de délabrement, conserve un aspect grandiose et permet au visiteur de se rendre compte de ce qu'a dû être le palais à l'époque de la splendeur des Nayakars de Madoura.

L'extérieur de cet édifice est des plus pittoresques grâce à la teinte noire que lui ont donnée les siècles et aux plantes qui poussent entre les fentes des pierres ou couronnent les pans des murailles à demi tombées; les dômes rectangulaires ou carrés, percés d'une foule d'ouvertures, ajoutent à l'effet de l'ensemble. Je ne crois pas cependant qu'il ait jamais eu ce caractère grandiose que représentent les grands édifices européens. Les artistes Indous n'ont jamais pu se plier aux exigences d'un plan uniforme; ils obéissent à la fantaisie du moment, sans se préoccuper de ce qui a été fait précédemment et de ce qu'il reste à faire; aussi l'aspect extérieur est-il le plus souvent mesquin; ils n'arrivent qu'à former un assemblage plus ou moins considérable de bâtiments. Les Indous sont des ouvriers de détail et non des architectes capables d'une conception d'ensemble; leurs mœurs, leurs habitudes, leur religion, tout repose sur des détails. Ils bâtissent par juxtaposition, aussi leurs constructions manquent de cette unité qui nécessite la largeur des vues et un plan arrêté à l'avance.

Palais de Trimal-Naïk, à Madoura : Entrée à la salle d'audience.
Dessin de H. Clerget d'après l'album photographique de M. Grandidier

Le palais de Madoura, élevé par Tirumalaye, le dixième rajah de la dynastie Nayakars, dont le règne dura de 1621 à 1660, renferme beaucoup de salles couvertes de terrasses et de dômes qui reposent sur des piliers massifs et dont le style rappelle l'architecture musulmane.

Les sessions de la cour se tiennent dans l'ancienne salle du trône des rois Nayakars; la porte qui y donne accès aujourd'hui est moderne.

Cette salle, comme celle de Tanjore, est entourée d'une colonnade à laquelle on arrive par des marches de pierre; on compte trois rangées de colonnes assez élevées, mais d'un aspect lourd faute d'un piédestal; elles sont revêtues, suivant la coutume invariable des Indous, d'un épais enduit de chounam. Dans le plafond sont pratiquées plusieurs voûtes, deux rectangulaires au centre des galeries latérales et quatre carrées aux extrémités; elles sont coupées de nombreuses fenêtres, ce qui leur donne un aspect particulier. L'influence musulmane est manifeste dans ce monument; les détails élégants de l'ornementation des archivoltes, les formes rondes des colonnes, l'absence presque totale de figures humaines ou de masques d'animaux, les dômes à coupe transversale ogivale, tout indique chez les artistes indous du dix-septième siècle la connaissance des monuments musulmans de Bidjanaggur et d'autres villes tombées sous la domination mongole. Si le défaut de symétrie, si cher aux Indous, existe encore dans l'espacement des colonnes, il a disparu dans l'ornementation et dans les dômes.

Le plafond des galeries est à peine cintré, souvent même il est plat et formé, à la mode indoue, de briques posées de champ les unes à côté des autres et liées par du mortier. Nous avons déjà vu que ce mode de construction était usité à Tanjore.

Des deux côtés de l'arcade centrale, en face de laquelle était jadis placé le trône royal, j'ai remarqué non sans étonnement un bas-relief représentant un ange avec des ailes, semblable à ceux que figurent les peintres chrétiens, tenant l'extrémité d'une guirlande sculptée au-dessus de l'archivolte. Entre chaque arcade, se projette en avant des colonnes un monstre qui n'a pas les traits horribles si ordinaires chez les statues indoues; ici on ne voit ni Hanouman, le dieu singe, ni ces autres figures de divinités plus ou moins grotesques prodiguées sur les bas-reliefs du palais de Tanjore ou de la galerie de Trichinopoly; ces derniers édifices ont un cachet plus éminemment indou que le palais de Tirumalaye et datent probablement d'une époque antérieure.

Au-dessus de la grande dalle de marbre noir sur laquelle on étendait les coussins du roi, s'élève un beau dôme, le *souerga vitasam* ou voûte céleste, qui mesure plus de dix-huit mètres de diamètre ; la hauteur de la coupole au-dessus du trône est d'environ une vingtaine de mètres.

L'ensemble de cette salle péristyle est grandiose, et quand le rajah, revêtu de ses splendides vêtements de soie et d'or, siégeait majestueusement sur son trône enrichi de pierreries et entouré d'une balustrade d'ivoire, au milieu de nombreux courtisans et de milliers de soldats, le spectacle, sous le beau ciel des tropiques, devait être des plus saisissants.

Je ferai remarquer que tous les palais dont nous avons parlé sont en pierre, mais qu'on ne s'en aperçoit guère par suite du recrépissage en chounam dont les Indous font abus dans tous leurs édifices nationaux ou privés. Les pierres ne sont à leurs yeux que des matériaux plus durables que le bois ou la brique dans leur climat humide ; ils préfèrent le stuc qui se prête facilement à toutes les sortes d'ornements.

Avant de quitter la ville de Madoura, j'allai visiter la pagode péroumale qui est de petite dimension, mais qui n'en mérite pas moins d'être mentionnée. Elle sert, comme le dit fort bien M. Fergusson, de trait d'union entre l'ancienne architecture bouddhiste ou

La nef du l'uthu-Mandapam, à Madoura (voy. p. 70). — Dessin de H. Clerget d'après l'album photographique de M. Grandidier.

plutôt l'architecture vichnouvite des premiers temps et celle des temples du sud de l'Inde que nous venons d'étudier ; elle offre quelque ressemblance avec les pagodes monolithes de Mahabalipouram. Le sanctuaire, plus grand que dans la plupart des temples du Deccan, est surmonté de la sphère ordinaire qui semble empruntée aux dagobas bouddhistes.

L'Indou qui m'avait promené à travers toutes les merveilles de Madoura, ne fut content qu'après m'avoir conduit à l'hôpital, et à l'ancienne porte du fort, aujourd'hui la maison du juge. C'est là que les anciens rajahs se donnaient le plaisir de combats de bêtes fauves et de luttes.

Les Indous, comme tous les peuples orientaux, ont toujours aimé à mettre en présence dans un espace restreint des animaux féroces, tels que tigres et buffles, éléphants, etc. Aux combats de taureaux qu'applaudissent avec tant d'enthousiasme les Espagnols, aux luttes entre hommes que les Anglais humanitaires encouragent de leurs hourras et de leurs guinées, les princes de l'Orient préfèrent la guerre acharnée du tigre contre le buffle ou de l'éléphant contre l'éléphant ; il n'est en effet rien de plus terrible que de voir ces monstres arrachés aux jongles des tropiques se ruer l'un contre l'autre et jouer devant les hommes les scènes émouvantes qui se passent or-

Mosquée de Nuthur près de Trichinopoly. — Dessin de E. Tournois d'après l'album photographique de M. Grandidier.

dinairement loin de nos regards dans la sombre épaisseur des forêts. Le tigre, malgré sa souplesse et sa ruse féline, est en général vaincu par le buffle dont la force brutale, puissamment secondée par des cornes terribles, triomphe souvent de son ennemi. Il est des rajahs qui se donnent le plaisir royal de lancer deux ou trois tigres contre un ou deux buffles dans une enceinte où toutes les péripéties émouvantes du drame sanglant se déroulent sous leurs yeux dans leurs moindres détails. Les tigres ne l'emportent sur les buffles qu'à nombre supérieur; disons-le toutefois, et nos lecteurs n'auront pas de peine à nous croire, qu'après le combat le vainqueur n'est guère dans un meilleur état que le vaincu.

Le buffle sauvage est du reste, à mon avis, l'animal le plus dangereux qu'un chasseur puisse rencontrer. Les bêtes féroces, telles que le lion, le tigre, la panthère, ne sont pas si redoutables qu'on s'est plu à le répéter. L'homme, par sa stature verticale et sa hauteur au-dessus du sol, inspire un sentiment de frayeur à tous les animaux; les plus redoutés d'entre eux ressentent au moins autant de terreur à notre vue que nous pouvons en éprouver nous-mêmes quand nous les rencontrons à l'improviste, non toutefois que, poussés par la faim ou sûrs de n'avoir pas été aperçus, ils ne se jettent parfois sur l'homme, mais c'est là l'exception. Le buffle sauvage est de tous celui sur lequel la peur semble avoir le moins d'effet; lorsque dans les jongles on voit une troupe de buffles lever paisiblement la tête au-dessus des marais où ils aiment à se cacher durant les chaleurs du jour et suivre le chasseur de leur regard fixe et farouche, on ne peut se défendre d'une certaine émotion. Ce sont en effet de terribles animaux, et je ne puis en parler sans me rappeler l'histoire que me raconta au sujet de leur férocité un des plus célèbres chasseurs de l'Inde. Mon ami était à la chasse de la panthère dans une jongle du Deccan; quelques officiers anglais l'accompagnaient dans cette partie de plaisir. Un d'eux voyant des buffles sauvages paître au milieu d'une clairière ajuste le plus bel animal du troupeau et réussit à le blesser; c'était un vieux taureau qui, apercevant son agresseur, se précipite tête baissée contre lui en faisant résonner le sol de la prairie de son lourd galop. Le chasseur était près d'un arbre; il abandonne précipitamment sa carabine, et, s'accrochant aux branches, il s'installe hors de la portée de son terrible ennemi. Le buffle, tout sanglant et poussant d'affreux mugissements où la colère se mêlait à la douleur, se met à frapper le tronc de ses cornes puissantes, puis à tenter de déraciner à l'aide de ses sabots l'arbre sur lequel l'Anglais effrayé avait cherché un refuge. Après mille efforts superflus, il part tout à coup d'un trait et s'enfonce dans les profondeurs de la jongle. Rassuré par cette fuite, l'officier descend de son arbre; il se baissait pour ramasser l'arme que dans sa frayeur il avait abandonnée, lorsqu'il entend le galop précipité et le souffle bruyant du buffle qui revenait à la charge; il se retourne, il veut

fuir..., il est trop tard, hélas! il est renversé, foulé aux pieds, son corps est déchiré en tous sens par les cornes de l'animal en fureur. Mon ami, le major Gipps, eut la triste consolation de tuer de sa balle infaillible, sur le cadavre du pauvre officier, l'animal que rien ne pouvait détourner de sa vengeance. Ce buffle avait simulé une fuite pour surprendre son meurtrier.

Ramnad est situé au sud de Madoura, à une distance de soixante-huit milles; rien d'intéressant entre deux; route mauvaise, contrée inculte. Depuis Tanjore, du reste, à l'exception des environs immédiats de Trichinopoly et de Madoura, les villages sont rares et le pays peu cultivé.

A vingt-trois milles à l'ouest de Ramnad, par un chemin difficile, après avoir traversé des sables et des marais, j'arrivai au petit village de Mandapam, qu'un bras de mer de trois milles sépare de Ramisouéram, la plus occidentale des nombreuses îles qui relient le continent indien à Ceylan et forment le *pont d'Adam* : nom donné à ce chapelet d'îlots par les musulmans de l'Inde qui regardent Ceylan comme le paradis terrestre de la Bible, et par conséquent comme la demeure du premier homme; les Anglais ont adopté la même dénomination.

Un petit bateau me conduisit au port de Pamben. C'est là que réside l'officier chargé de l'administration du district de Ramisouéram, entre une prison où sont entassés les criminels de l'endroit et un phare destiné à guider à travers les bancs du golfe de Manaar les nombreux bateaux indigènes qui vont de la côte de Coromandel, surtout de Negapatam, à Colombo ou à Cochin, *et vice versa*. Ils traversent le pont d'Adam à l'endroit du chenal que les Anglais creusent depuis vingt-cinq ans. La largeur actuelle du passage de Pamben est de trente mètres, la profondeur de quatre mètres et demi : on doit continuer le travail jusqu'à ce qu'on ait atteint cinq mètres. Un peu plus à l'est se trouve un second chenal moins profond. On ne peut exécuter ces travaux sous-marins qu'aux mois de février, mars, avril, et quelquefois de mai; il faut les interrompre durant le reste de l'année à cause des vents violents qui règnent dans ces parages et qui soulèvent les flots avec trop de fureur.

Des plongeurs qui restent sous l'eau environ quarante-quatre secondes pratiquent des trous dans lesquels on introduit une charge de poudre d'un poids de vingt kilogrammes. Lorsqu'on met le feu à cette poudre, il s'élève une trombe d'eau de plusieurs mètres de hauteur, qui est à craindre pour les dhoneys. Des navires de trois cents tonneaux peuvent passer par le chenal de Pamben. Le nombre de boutres et bateaux qui mouillent mensuellement dans ce port n'est pas inférieur à six cents en moyenne.

La chaîne d'îles et de bancs qui sont disséminés dans le golfe de Manaar, entre le sud de l'Inde et la pointe nord de Ceylan, est remarquable au point de vue géologique. Ces bancs en effet se sont successivement formés, ainsi que les provinces septentrionales de Ceylan en avant de la base du groupe central des montagnes granitiques par l'accumulation d'une immense quantité de petits polypiers dont les sécrétions calcaires produisent si fréquemment dans les mers de l'Inde les récifs connus sous le nom de bancs de corail.

Sur cette base de madrépores se sont amassés le sable et le gravier que les courants violents de la baie du Bengale enlèvent dans leur cours rapide à la côte de Coromandel dont l'abaissement est journalier et qu'ils déposent, lorsque, déviés de leur direction par l'île de Ceylan, et obligés de s'infléchir pour en contourner les côtes nord et est, ils diminuent de vitesse et laissent par conséquent tomber les matières tenues en suspension dans leurs eaux.

Les seuls fossiles, mollusques et madrépores que l'on trouve dans ces dépôts modernes appartiennent à des espèces vivant encore de nos jours dans les mers tropicales; beaucoup même ont conservé leur éclat nacré.

Bien loin que l'île de Ceylan ait jadis fait partie du continent indien, et qu'elle en ait été détachée par des commotions violentes, comme on l'a souvent écrit, elle tend au contraire à s'en rapprocher chaque jour, et le temps n'est probablement pas éloigné, géologiquement parlant, où les deux pays seront réunis.

Dans le golfe de Manaar, les Indous pêchent beaucoup de conques marines, sorte de coquille qui se vend pour les temples, où les jours de fête elle est employée comme trompette sacrée; c'est un monopole du gouvernement de Ceylan, dont le produit s'élève annuellement à six mille francs environ. On recueille aussi dans le même golfe des tripangs ou holothuries qu'on ramasse sur la plage à basse mer; ces tripangs ressemblent à de gros vers. Après les avoir fait sécher, on les expédie en Chine où les gourmets les achètent fort cher, moins toutefois que les nids d'hirondelle. Le goût de ce mets inconnu à tort sur nos tables d'Europe rappelle le pied de veau; si la cuisson est très-prolongée, selon l'habitude chinoise, le tripang se dissout entièrement et on obtient alors un potage excellent.

Le village de Ramisouéram est à huit milles de Pamben; j'allai y visiter le temple qui attire chaque année des milliers de pèlerins de toutes les parties de l'Inde. Monté sur un poney du pays, je suivis une route couverte de dalles taillées en polygones plus ou moins irréguliers; ce pavage, utile dans un pays aussi sablonneux, a été fait aux frais de personnes pieuses, dans l'intention de faciliter les pèlerinages. Des fondations de même nature ont bordé cette voie de fontaines, où des hommes, spécialement chargés de ce soin, déversent continuellement de l'eau, ce qui permet aux passants de se désaltérer. Je rencontrai en chemin une vingtaine de pèlerins, hommes et femmes, qui venaient

de Kasi (Benarès), avec un bagage bien léger sur le dos.

Une large rue, bordée de belles maisons blanchies à la chaux, précède le temple dont le mur d'enceinte est percé de quatre portes. A chacune d'elles, correspond une galerie qui se dirige vers le sanctuaire central; la colonnade concentrique au mur d'enceinte qui entoure le Vimana, l'étang sacré et divers petits temples, coupe par le milieu ces galeries, soutenues en certains endroits par deux rangs de colonnes; il y en a même parfois trois ou quatre.

Beaucoup de ces colonnes sont monolithes, et projettent, sculptées en ronde-bosse, les figures des bienfaiteurs du temple, Rajahs et Reines, qui sont représentés les mains jointes, dans l'attitude de la prière. Malheureusement la plupart de ces fûts énormes et de ces statues de grandeur naturelle sont recouverts d'une couche de chaumam si épaisse, que la matière première, les lignes et les formes disparaissent sous cet enduit grossier; on croirait voir des statuettes de plâtre fabriquées à vil prix. Ce n'est pas tout, les Brahmanes n'ont pas manqué de couvrir les colonnes d'absurdes enluminures rouges, semblables à celles dont sont revêtues toutes les maisons indoues. L'effet général est détruit, et il faut un effort vigoureux de l'esprit pour retrouver dans cet ignoble badigeon le caractère grandiose que devait avoir autrefois cet édifice; mieux vaudrait, à mon avis, voir la pagode en ruine que déshonorée par la truelle des maçons indigènes.

Cette pagode jouit dans toute l'Inde d'une haute réputation de sainteté; toutefois aucune de ses galeries ne peut être comparée, sous le rapport des idées fantastiques qu'elles font naître, à celles de Madoura, où le voyageur peut se croire momentanément transporté dans un autre monde; ici surtout l'œil chercherait en vain les dessins gracieux et élégants dont on peut trouver des exemples sur les bords de la Tumboudra, dans les vénérables ruines de l'ancienne cité de Vijayanagar, ainsi que dans le sanctuaire le plus vénéré du Deccan méridional, le beau temple de Tripetty, qui se cache à quatre-vingts milles nord-ouest de Madras, dans une gorge des Ghauts, à peu près interdite aux regards profanes des Musulmans et des Européens.

L'île de Ramisouéram est plantée d'énormes baobabs (*Adansonia digitata*). Ces arbres qu'on peut surnommer les éléphants de la végétation à cause de leurs formes massives, sont essentiellement africains; comment ont-ils été importés en Asie? Ils semblent trop vieux pour avoir été plantés par les Portugais. Peut-être ont-ils été introduits par les marchands arabes, qui déjà avant notre ère entretenaient des relations commerciales avec les habitants de Ceylan.

Alfred Grandidier.

Ruines d'un Mandapam, à Hompy, l'ancienne cité de Vijayanagar (voy. p. 79). — Dessin de E. Thérond d'après l'album photographique de M. Grandidier.

Vue prise dans la vallée de Colombo. — Dessin de A. de Bar d'après l'album des frères Schlagintweit.

VOYAGE DANS LES PROVINCES MÉRIDIONALES DE L'INDE,

PAR M. ALFRED GRANDIDIER [1].

1862-1864. — TEXTE ET DESSINS INÉDITS.

VIII

De Colombo à Kandy et dans le nord de l'île de Ceylan.

Colombo, sur la côte occidentale de Ceylan, est le siége actuel du gouvernement de l'île. Son nom primitif Kalamotta, ou lac du Kalany, rivière qui débouche dans la mer au nord de la ville, a pris successivement, dans les idiomes européens, sa forme actuelle, en passant par la transformation intermédiaire *Kalambon*.

Antérieurement à l'occupation européenne, cette ville était déjà fort importante et fort peuplée : parmi les habitants on comptait beaucoup de Maures. Elle comprend aujourd'hui trois parties distinctes : au centre, est situé le fort qui renferme dans son enceinte tous les édifices du gouvernement et les bureaux des maisons de commerce; au nord de l'esplanade qui entoure le fort, s'étend la ville avec les bazars indigènes; enfin, au sud sont disséminés, sans ordre, au milieu de jardins, les bungalows occupés par les Européens.

L'aspect de ces trois quartiers est très-différent; le fort, dont les murailles ont été élevées par les Hollandais, renferme un vaste espace de terrain couvert de maisons à plusieurs étages, qui datent de la même époque que les fortifications. Celle-ci étaient destinées lors de la prise de possession à protéger la vie et les biens des premiers colons contre les attaques et les pillages incessants des indigènes. Aujourd'hui que l'île entière soumise aux Anglais jouit d'une tranquillité non interrompue depuis de nombreuses années, il n'est plus besoin de prendre les mêmes précautions, et presque aucun Européen ne vit parqué dans l'enceinte des murailles fortifiées. Les anciennes maisons hollandaises servent de bureaux et de magasins, où chaque négociant vient le matin pour ses affaires, mais qu'il quitte le soir pour se rendre à son bungalow construit à la campagne dans un but de confort et mieux adapté au climat.

L'intérieur du fort n'a rien de remarquable. Sur la place principale, couverte d'un gazon qui n'est vert qu'à la saison des pluies, est construit le palais du gouverneur, édifice de la plus grande simplicité. A gauche, est un immense bâtiment destiné aux bureaux officiels. De l'angle nord, partent deux rues qui traversent la ville; le phare est au milieu de l'une d'elles

Le style général des bâtiments n'est nullement dans le goût anglais. Par suite de l'espace restreint, dans lequel devait vivre et se mouvoir une population nombreuse, on avait construit des maisons à plusieurs étages, disposition peu convenable dans un climat chaud ; bâties en briques et en mortier, elles n'ont aucune prétention à l'architecture ; elles sont massives ; les chambres sont basses et peu spacieuses, mais dans l'intérêt du commerce on leur a fait subir des modifications, et les locaux ont été appropriés aux entreprises industrielles. Quant à l'ameublement, nous nous abstiendrons d'en parler ; tout le monde sait que le luxe n'est pas et ne doit pas être dans les habitudes des négociants.

L'éclairage de la ville laisse beaucoup à désirer, et l'on s'étonne à bon droit que le riche gouvernement de cette belle île n'y ait pas encore introduit le gaz, qui donne tant de sécurité et de gaieté le soir à nos cités d'Europe !

La ville noire ou quartier indigène est plutôt une réunion de huttes que de maisons ; située sur le bord de la rivière Kalany, elle est traversée par une large rue bordée de boutiques de toute sorte. Nous avons déjà parlé ailleurs du mobilier qui garnit d'ordinaire les maisons indigènes, nous n'y reviendrons donc pas ; nous devons remarquer toutefois que contrairement à l'usage des autres Indous, les Çinghalais, dès avant l'ère chrétienne se servaient de siéges, de lits, de tapis de laine, et ornaient leurs meubles d'incrustations d'ivoire. — Ils fabriquaient même des rasoirs et des aiguilles d'acier. Ces divers objets sont toujours en usage, mais la plupart sont aujourd'hui d'importation anglaise.

Colombo était fort bien placée comme siége du gouvernement, lorsque les Européens ne possédaient d'établissements que sur les côtes ouest et sud, et que la cannelle faisait l'objet d'un commerce étendu ; il ne se trouve plus aujourd'hui dans une position aussi favorable. La seule raison qu'on puisse invoquer pour le maintien du gouvernement dans cette ville est sa position centrale par rapport à la partie la plus peuplée de l'île, mais elle ne l'est point par rapport au pays en général, et sa rade, qui offre peu de sécurité à l'époque des moussons de sud-ouest, ne justifie nullement le choix qu'en a fait le commerce pour être l'entrepôt des cafés. La belle rade de Trincomaly présenterait plus d'avantages, surtout si une route carrossable la faisait communiquer avec Kandy. Colombo est une ville saine, mais je ne doute pas que si Trincomaly était plus peuplée et que les jongles environnantes fussent défrichées, elle ne fût très-salubre, surtout si les Européens établissaient leurs bungalows sur des collines au lieu de résider dans la plaine ou dans des bas-fonds.

La population de Ceylan a un caractère tout particulier, qui la distingue des habitants du continent indien et qui me frappa dès mon arrivée. Je sentais l'intérêt croître à mesure que je l'étudiais avec soin.

Les Çinghalais sont de taille moyenne, et leurs membres grêles, quoique bien proportionnés, n'indiquent pas une grande force physique. Ils ont le visage ovale, les traits fins et efféminés, le teint d'un brun cuivré, moins foncé toutefois que celui des peuples tamouls, les cheveux lisses et d'un beau noir. Les femmes ont une taille élancée et svelte, dont la souplesse est pleine de charmes ; leur tête est gracieuse, mais l'expression de leur regard dénote de la timidité et de l'inquiétude, résultat des coutumes oppressives de l'Orient.

La douceur est le trait caractéristique des Çinghalais. On est étonné de voir chez eux une imagination vive s'allier à une grande gravité ; ils n'ont rien de cette pétulance qui se remarque chez les Européens. L'énergie leur manque, et on n'a jamais pu vaincre chez eux la mollesse produite par le climat ; insouciants et paresseux, ils sont pusillanimes et rusés. Il ne faut attendre d'eux ni franchise, ni bienveillance, ni générosité.

Ces qualités et ces défauts ne doivent pas être attribués seulement à l'influence du sol et du climat qui ont déterminé la nourriture et la constitution physique des habitants, elles résultent également de la topographie de l'île qui leur a longtemps permis de se soustraire à tout contact avec les étrangers, et avant tout elles sont la conséquence naturelle de la tyrannie séculaire de gouvernements qui ont pesé sur eux.

Leur intelligence s'est développée par la fréquentation des Européens ; mais leur bassesse s'est accrue à mesure qu'ils ont reconnu leur impuissance, et au lieu de secouer leur indolence naturelle, ils ont appliqué cette intelligence à devenir plus rusés.

Leur imagination mobile, qui s'égare facilement sur une foule d'objets divers, les habitue à se soumettre sans résistance aux événements ; et leur manière d'apprécier les choses tient moins du raisonnement que des impressions du moment. Il y a toujours dans leurs idées quelque chose de vague et d'indécis.

Les Çinghalais professent le bouddhisme ; ils n'ont pas cependant d'opinion très-arrêtée en matière religieuse et ils changent de foi avec une facilité incroyable. Cette versatilité si opposée à la ténacité extraordinaire des Indous pour les superstitions de leurs pères vient de ce que les théories du bouddhisme sont à peu près incompréhensibles et aussi de ce que cette religion est d'une grande tolérance.

Le costume léger des Çinghalais est en rapport avec la chaleur de leur climat, mais à sa forme on peut juger du caractère indolent, des habitudes sédentaires et paresseuses de ce peuple. C'est un simple morceau d'étoffe blanche ou de couleur (comboye) qu'ils roulent autour des reins et qui tombe jusqu'à la cheville, enfermant les jambes dans un fourreau étroit ; une petite veste blanche qui s'ouvre sur la poitrine nue complète l'habillement. Les nobles portent une jaquette boutonnée jusqu'au cou. La tête est toujours découverte ; les cheveux, qu'ils conservent dans toute leur longueur, sont relevés en arrière en forme de chignon et retenus par un peigne d'écaille dont la partie supérieure, ar-

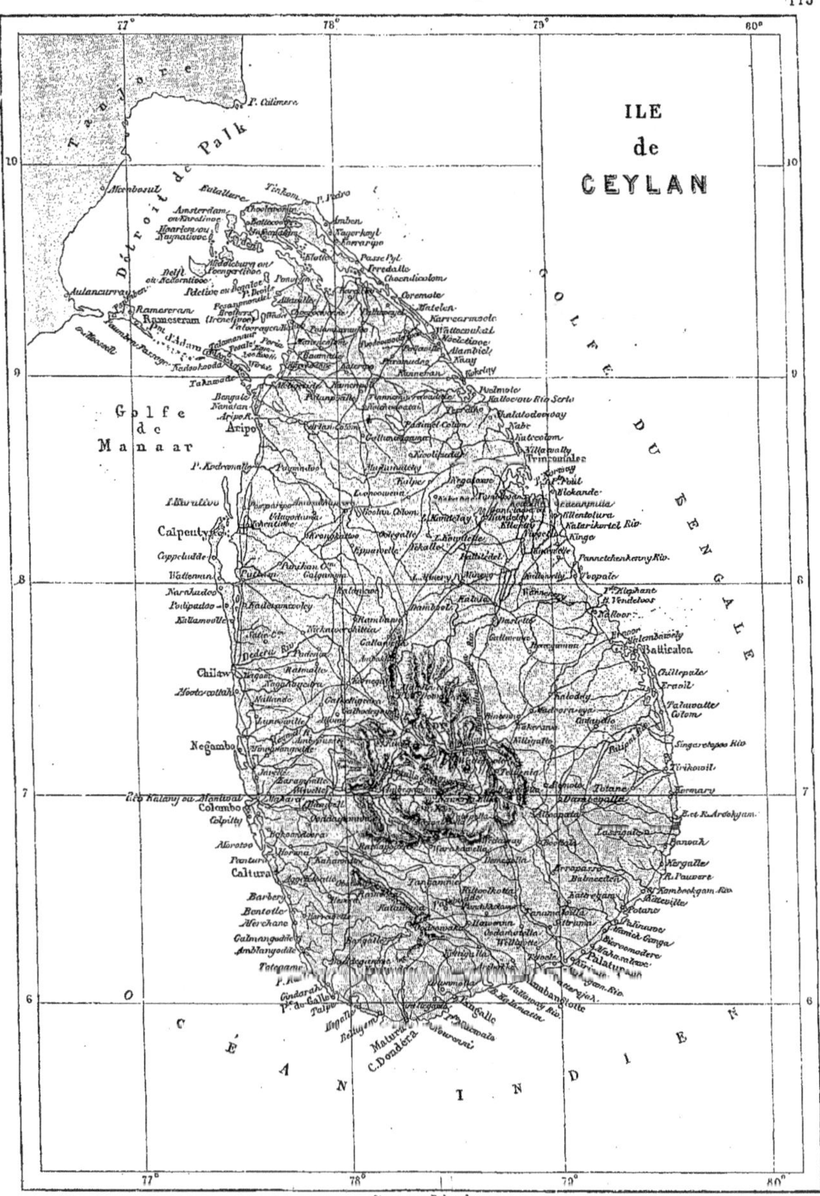

ILE
de
CEYLAN
Détroit de Palk
Golfe de Manaar
GOLFE DU BENGALE
OCÉAN INDIEN
P. Calimere
Manbosul
Batallare
Tirkom ou P. Pedro
Amsterdam ou Karadivo
Ilaaricou ou Naymatioo
Imben
Nagerkoyl
Karrarigo
Delft ou Nedorntivoo
Passe Pyl
Irredallo
Middelburg ou Poengartivoo
Pdetivo ou Bonrites
Caendicolom
Aulancurray
Ramoreram
Rameseram
Coromoto
Untelen
Pon J'Adam
Karvearmoolo
Wattacvukal
Nedictimoo
Alambiol
Paramudag
Knay
Nadoolooda
Rainehan
Takanadoo
Polmolo
Kallocvan Rio Sorlo
Bangalo
Nanian
Valalatodenyay
Aripo
Nahr
Natrcolom
Tillawally
P. Kvdronallo
Trincomales
L. Maralivo
Nigalowo
Blokande
Cleauanmita
Tillentolura
Calpenty
Natarikortel Riv
Kinge
Cappeludde
Pannetchenkenny Riv
Watternan
Voopale
Narhadoo
Povlipadoo
Katlamoollo
Nalloor
Chilaw
Benor
Solembavinly
Batticalon
Moteseottah
Chillepale
Eranil
Talawatte
Calom
Negambo
Singarotopoo Rio
Tirikowil
Rio Kelany ou Manlwal
Colombo
Ternary
Colpitty
Est R. Ardoryam
Aloroto
Banoak
Pontura
Nergalle
Caltura
R. Pauvere
Kambeekgam Riv
Barbery
Batteville
Bentolle
Potano
Merchane
Kinono
Galmangodde
Niervomodere
Amblangodite
Wahamtree
Totegame
Palatur
Gindara
P. du Galloo
Talpe
Galle
Ungato
Boluyam
Matura
C.Dondera
Debarenni

tistement travaillée, s'élève de deux mains au moins au-dessus de la tête ; un autre peigne plus petit, semi-circulaire, ramène les cheveux en arrière du front. Ptolémée, il y a plus de dix-sept siècles, désignait les habitants de Ceylan sous le nom d'*hommes aux cheveux de femmes*. Ils marchent nu-pieds ; toutefois, parmi les personnages de distinction, les bas et les chaussures sont aujourd'hui d'un usage général. Les hommes portent des boucles d'oreilles comme les femmes.

La seule différence dans le costume, qui distingue les sexes, c'est que les femmes n'emploient pas comme

Groupe de cocotiers. — Dessin de E. Tournois d'après une photographie de l'album de M. Grandidier.

les hommes les deux peignes dont nous venons de parler et qu'elles mettent un petit canezou fermé sur le devant, mais pas assez court pour laisser à nu la ceinture.

Les voyageurs sont souvent exposés à commettre des erreurs étranges ; que de fois à la vue d'une belle et longue chevelure ornée de peignes richement ouvragés un Européen récemment débarqué a pressé le pas dans l'espoir de contempler un joli visage féminin : il ne voyait, hélas ! en se retournant qu'une paire de moustaches et une barbe noire.

Si les femmes ne dédaignent pas les bijoux d'or e

Portique d'un temple à Trinetty (voy. p. 79). — Dessin de E. Thérond d'après une photographie de l'album de M. Grandidier.

d'argent, elles ne montent point sous ce rapport autant de vanité que les Indoues du continent.

La langue çinghalaise paraît être aussi ancienne que le sanscrit et le pâli ; elle peut s'écrire sans aucun mot dérivé de ces deux langues. De ce que la plupart des idées fondamentales y sont exprimées par des monosyllabes et que beaucoup de noms sont descriptifs des objets qu'ils représentent, de ce que ce nombre de mots ont une racine commune, on peut tirer la conclusion que cette langue est née dans le pays même de Ceylan. Elle devait déjà avoir atteint un certain degré de perfection, lorsque les colons du Maghada (provinces gangétiques) abordèrent dans l'île ; car il n'est pas probable que ceux-ci eussent créé ou perfectionné une langue dont la base n'était pas le pali qu'ils parlaient, tandis qu'ils étaient obligés de donner tous leurs soins et toute leur attention aux travaux agricoles et à l'affermissement de leur influence. Trois siècles avant Jésus-Christ, Mihindo prêchait déjà en langue çinghalaise les doctrines bouddhistes, doctrines métaphysiques et abstraites.

Dans la langue élou, qui se parle de nos jours à Ceylan, tout ce qui a rapport aux besoins quotidiens n'est exprimé qu'avec des mots çinghalais, ce qui touche à la religion avec des mots pali, ce qui se rattache aux sciences avec des mots sanscrits ; quelques mots tamouls ou telougous s'y sont glissés durant la monarchie malabare. Par une étude attentive de cette langue, on arrive à la conclusion qu'avant l'arrivée de Wijayo, les Çinghalais étaient déjà parvenus à une civilisation avancée.

Bien que les sons soient gutturaux, la langue élou n'est pas aussi dure que celles du sud de l'Inde ; elle est riche, élégante, simple dans sa construction grammaticale. Dans la conversation, et surtout dans les écrits, les tropes et les métaphores abondent.

La langue écrite semble, ainsi que la langue parlée, avoir précédé la conquête de Wijayo ; et comme l'écriture phonétique implique toujours l'idée d'une haute civilisation dans le peuple qui en fait usage, on tirerait encore de l'état de Ceylan avant la période historique des conclusions identiques à celles que nous avons précédemment indiquées. Les colons qui ont greffé sur la langue préexistante nombre de mots pali et sanscrits eussent fait adopter leur alphabet, ou tout au moins une modification de cet alphabet à une nation privée de tout signe conventionnel pour représenter ses idées. L'alphabet çinghalais ne se rapproche de l'alphabet nagari (alphabet du sanscrit) que pour l'arrangement des lettres ; dans les manuscrits comme dans les anciennes inscriptions, on trouve des caractères différents de ceux en usage aujourd'hui, mais tous assez semblables à ceux des Tamouls.

Ainsi la langue çinghalaise, qui par son génie se rattache au groupe des langues de l'Inde septentrionale, se rapproche par l'écriture des langues du sud. Il est donc probable que les Çinghalais ont eu, dès les âges les plus reculés, des rapports fréquents avec les Tamouls et qu'ils leur ont emprunté quelques-uns des signes conventionnels dont l'arrangement à une époque postérieure aura été établi d'une manière plus rationnelle et plus méthodique.

Une diligence fait deux fois par jour un service régulier entre Colombo et la ville de Kandy. Le trajet est d'une dizaine d'heures. La route est belle, quoique montueuse, et fort bien entretenue. Je fus heureux de profiter de ce mode de transport, peu oriental, mais rapide et commode, pour me rendre à l'ancienne capitale de l'île.

Les fonds nécessaires à l'entretien dispendieux de ces routes sont levés sous forme d'impôts à des barrières établies en divers points ; les voitures, charrettes et animaux payent tous un droit d'après un tarif fort élevé.

S'il est juste que les routes soient entretenues aux frais du commerce qui les utilise, il faudrait cependant que l'impôt fût proportionnel à la somme nécessaire aux dépenses annuelles et qu'il ne fût pas plus lourd qu'il n'est strictement utile pour l'entretien sous peine de porter préjudice aux intéressés. Les sommes reçues ne devraient jamais être détournées de leur destination. On perçoit à Ceylan, aux barrières des routes, aux ponts, aux bacs, des droits fort élevés : ainsi, sur la route de Kandy à Colombo, le montant des recettes n'a pas été inférieur à huit cent mille francs en 1855, et à un million deux cent cinquante mille francs en 1860. Il est certain que non-seulement ce revenu total n'a pas été dépensé sur la route de Kandy, mais n'a même pas été appliqué à améliorer les moyens de communication de l'île. La perception des taxes est affermée à des particuliers.

La route de Colombo à Kandy est fort pittoresque ; on traverse d'abord un pays plat couvert de jacquiers, d'arbres à pain, de palmiers d'espèces diverses, de manguiers et autres arbres fruitiers ; on arrive ensuite à la région des collines, puis on gravit le Kataganava, d'où l'on jouit d'une fort belle vue. Au sommet de la montagne se trouve une colonne érigée à la mémoire de l'ingénieur Dawson qui a construit la route. A chaque pas, je rencontrais des chariots, des bêtes de somme, des coulis, les uns se rendant au bord de la mer, les autres se dirigeant vers la région des caféries. Plus de vingt mille zébus sont employés sur la route de Kandy à transporter le café et le riz.

A peu de distance de la colonne Dawson je trouvai un kuppayam ou hameau de Rodias, parias çinghalais qui habitent le district de Kandy. La réprobation générale qui pèse sur cette race maudite remonte à une époque très-reculée ; suivant les traditions les plus accréditées, ils doivent leur origine à une princesse, Navaratna Valli, qui, ayant eu des relations avec un homme de basse caste, échappa à la mort dont la loi punissait ce crime ; expulsée de la société avec son enfant, elle se retira dans la jongle, où vinrent la rejoindre tous les nobles qui, soit pour crime de haute trahison, soit pour sacrilége, étaient condamnés à la dégradation et au bannissement.

Le nombre des Rodias est peu considérable; ils se divisent en Tirringas et Halpagay. Ces deux familles, tout en vivant ensemble, ne s'unissent pas entre elles par mariage dans la crainte de se mésallier, car elles prétendent toutes deux à la descendance royale, et il est possible que ces prétentions rivales soient aussi peu fondées l'une que l'autre.

On ne peut s'imaginer une condition plus vile et plus misérable que celle des malheureux Rodias sous les rois de Kandy. Incapables de posséder des terres ou de se livrer au commerce et contraints de vivre à l'écart, loin de toute habitation çinghalaise,

ils n'avaient pas même le droit de s'abriter sous un toit soutenu par deux murs et d'appeler village l'assemblage de leurs huttes. Il leur était interdit de puiser de l'eau aux puits et aux rivières près des villes; ils étaient forcés pour se nourrir d'avoir recours aux aliments les plus repoussants ou au produit de leur chasse. A eux incombait l'obligation de débarrasser la voie publique des cadavres d'animaux, et ils devaient au roi un tribut annuel de cordes en cuir destinées à attacher les éléphants sauvages nouvellement capturés. C'était leur seule industrie reconnue. Ces malheureux êtres ne pouvaient se couvrir ni la poitrine ni les jambes; un simple lambeau de toile ceignait leurs reins. Lors de mon passage dans ce

Çinghalais des côtes.

Femmes çinghalaises.

Dessins de Émile Bayard d'après l'album photographique de M. Grandidier.

Kuppayam, cette ancienne coutume était encore en vigueur. En quittant leurs huttes, ils devaient porter autour de la ceinture, tombant à mi-jambe, une feuille sèche de palmier dont le bruit prévient les passants de leur approche. Il leur était enjoint, en outre, de pousser des cris afin d'avertir ceux qu'ils rencontraient de s'arrêter et de leur donner le temps de s'enfoncer dans les jongles.

Une des punitions les plus redoutées sous les rois de Kandy, pour les femmes de haut rang, était d'être livrées à un Rodia qui leur mettait dans la bouche le bétel qu'il venait de mâcher : c'était une tache indélébile.

Les lois anglaises ont établi une égalité absolue entre tous les habitants du pays. Les Rodias ne sont

donc plus soumis aux humiliations édictées par les règlements de l'ancienne monarchie. Les cruelles prohibitions dont nous venons de parler ont cependant encore une telle influence, que ceux qui vivent en dehors du contact journalier des Européens ne cherchent point à sortir de leur abjecte condition. J'ai lu, je sais où, le récit d'une vengeance exercée, il y a peu d'années, par un Rodia contre un de ses concitoyens. Voici le fait qui montre combien les anciens préjugés sont encore vivaces. Un de ces malheureux êtres, poussé par la faim, s'approche pour mendier de la demeure d'un noble kandien occupé à surveiller le battage de son grain. Celui-ci lui jette de loin une poignée de riz et lui intime l'ordre de ne pas souiller plus longtemps l'air de sa présence. Le pauvre Rodia supplie à plusieurs reprises le Çinghalais, au nom de ce qu'il a de plus cher au monde, de lui donner encore un peu de riz pour son père et sa mère. Après plusieurs injonctions inutiles, le mauvais riche lance une pierre au pauvre indigent et l'atteint à la tête. Jetant aussitôt au milieu de l'aire le grain qu'il avait reçu et qu'il tenait dans ses mains, le Rodia s'enfuit dans la jongle. Tout le riz contenu dans cette aire se trouvait ainsi souillé et perdu pour son propriétaire. Le Kandien demanda vengeance au gouvernement anglais, le priant d'envoyer des soldats pour tuer à coups de fusil le misérable qui l'avait offensé. Grand fut son étonnement en apprenant que s'il commettait un pareil acte, il encourrait la peine de mort.

Les Rodias m'ont paru robustes; leur figure est expressive; mais une vie d'humiliations et de paresse leur a enlevé toute énergie; ils ont de la répugnance pour le travail et ils aiment mieux mendier, voler, dire la bonne aventure que cultiver la terre ou exercer une profession honnête. Ils laissent même leurs femmes et leurs filles, qui se font remarquer par une grande beauté, s'abandonner ouvertement au vice. Les plus industrieux font des fouets ou tressent des cordes de cuir; quelques-uns à peine cultivent de petits champs qu'ils louent moyennant une redevance annuelle consistant en lanières de cuir. Les hommes ont toujours la tête découverte et les deux sexes ont la poitrine et les jambes nues. Ils conservent à leurs cheveux toute leur longueur et les attachent derrière la tête. Les femmes portent des bracelets de cuivre aux poignets et un au-

Noble çinghalais de Kandy.

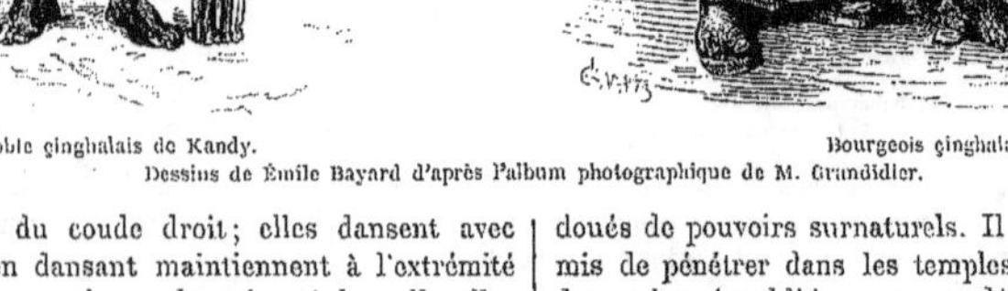

Bourgeois çinghalais.

Dessins de Émile Bayard d'après l'album photographique de M. Grandidier.

tre au-dessous du coude droit; elles dansent avec grâce, et tout en dansant maintiennent à l'extrémité de chaque index une plaque de cuivre à laquelle elles impriment un mouvement rapide de rotation.

Chez les Rodias, l'apparence physique l'emporte sur le caractère moral.

Leur chef, qui jadis devait être confirmé dans ses fonctions par le geôlier de Kandy, est nommé aujourd'hui par l'administration anglaise.

Les Rodias parlent un idiome ou jargon qui se rapporte à la langue çinghalaise.

Leur religion est un bouddhisme corrompu par des superstitions grossières, auquel ils joignent, comme les autres Çinghalais, l'adoration des yakkhos, esprits doués de pouvoirs surnaturels. Il ne leur est pas permis de pénétrer dans les temples; cependant on a vu des moines bouddhistes ne pas dédaigner de se rendre au milieu d'eux pour leur exposer les doctrines de leur religion; aux princes qui leur adressaient des reproches à ce sujet, ils répondirent que le bouddhisme n'admettait aucune distinction entre les grands de la terre et les êtres issus de cette race méprisée.

Les mariages s'accomplissent sans cérémonies chez les Rodias; les parents eux-mêmes ne sont pas prévenus. Les funérailles sont simples; on enveloppe le corps dans une natte, et l'enterrement n'a lieu que le septième jour. Les amis du défunt se réunissent dans son ancienne demeure pour prendre un repas préparé

Détails de sculptures d'un péristyle à Tripetty (voy. p. 77). — Dessin de E. Thérond d'après une photographie de l'album de M. Grandidier.

par les plus proches parents. Ces pauvres créatures ne trouvent même pas parmi les médecins de la plus basse classe des hommes qui consentent à franchir le seuil de leurs huttes; les prescriptions sont faites sur la simple description de la maladie. Il n'est pas jusqu'au bétail des Rodias qui ne participe à l'horreur que les Çinghalais éprouvent pour leurs maîtres. Les bœufs doivent avoir un fragment de noix de coco autour du cou, comme marque distinctive.

Peu après, la diligence me déposait à Kandy. Cette ville, située au centre de l'île, a été longtemps la capitale de l'ancienne monarchie çinghalaise. C'est là que les derniers rois s'étaient réfugiés pour éviter les attaques incessantes à des Malabars et plus tard celles des Portugais. Aujourd'hui, c'est un simple chef-lieu de province. Kandy occupe un bassin formé par l'élargissement de la vallée du Mahavella-Ganga et des montagnes boisées et verdoyantes dont le cadre offre un aspect des plus pittoresques. Un endiguement pratiqué en travers de la vallée a formé le lac artificiel de deux milles de circonférence qui alimente la ville d'eau excellente et ajoute à la beauté du site. Au centre de ce lac se trouve la poudrière, jadis maison de plaisance et harem des rajahs.

L'altitude de la ville au-dessus du niveau de la mer est de cinq cent cinq mètres; le climat y est fort agréable et les pluies y sont abondantes, sans présenter toutefois cette régularité qu'on trouve en d'autres parties de l'île. Tandis qu'en effet les moussons sud-ouest amènent des pluies sur la côte en avril et en mai et les moussons nord-est en novembre et décembre, la région des montagnes n'éprouve pas les effets de ces vents, et il y pleut indistinctement toute l'année.

Peu d'édifices méritent d'être cités; le palais d'été du gouverneur est bâti au milieu d'un parc sur le versant de la Muttna-Patna, colline conique au pied de laquelle s'étend la ville. Sur cette colline, en pleine jongle, on a tracé une promenade d'où l'on jouit d'une vue étendue sur le pays environnant, promenade appelée du nom de sa fondatrice lady Hornton.

Le temple bouddhique est sur la place principale, au bord du lac; c'est tout ce qui reste aujourd'hui de l'ancien Kandy. La ville a été prise deux fois par les Portugais et une fois par les Hollandais qui ne trouvèrent que ruines et décombres lorsqu'ils y entrèrent. En 1803, lors de l'attaque par les Anglais, le roi y mit le feu et elle devint la proie des flammes, d'autant plus facilement que les lois somptuaires des Çinghalais en interdisaient aux particuliers d'employer la pierre dans la construction de leurs demeures, de les élever au-dessus d'un simple rez-de-chaussée et d'y pratiquer des fenêtres. Le palais du roi lui-même a été détruit à cette époque, et les seuls débris que le temps et le feu aient respectés sont le temple et le pavillon octogonal d'où le monarque nouvellement élu se montrait à son peuple. Je mentionnerai également quelques colonnes en bois sculpté qu'on a placées dans la salle du tribunal.

Le temple bouddhique ne présente rien de remarquable. Un fossé large et profond entoure l'édifice du côté de l'entrée à laquelle donne accès un escalier de plusieurs marches. Au centre de la cour intérieure s'élève le sanctuaire que recommande aux bouddhistes de toute l'Asie la relique sainte entre toutes qu'il contient. C'est là, en effet, que derrière un épais grillage de fer sont renfermés sous de nombreux cadenas les caranduas (reliquaires d'argent doré en forme de cloche), où sur une fleur de lotus est déposée la dent canine gauche du Bouddha, dent apportée à Ceylan vers le quatrième siècle de notre ère. Les Çinghalais prétendent qu'elle a été conservée par miracle à l'abri des atteintes des profanes étrangers; mais nous savons que c'est simplement la dent d'un animal. Sa forme et sa dimension (cinq centimètres de long sur deux centimètres et demi de diamètre) indiquent assez qu'elle n'a jamais fait partie d'une mâchoire humaine. C'est une adroite substitution faite par les prêtres à la véritable relique qui, prise en 1560 à Jaffna par les Portugais, fut détruite à Goa devant le vice-roi. Les divers caranduas au nombre de six, enchâssés les uns sur les autres, sont ornés de chaînes d'or, de bijoux, de pierres précieuses de toutes sortes dont on estime la valeur plus de trois cent mille francs; ce sont autant d'offrandes faites par les fidèles à la relique vénérée que attire annuellement un grand nombre de pèlerins. Le sanctuaire est petit; il est entouré extérieurement d'une colonnade, et un escalier un peu roide conduit à la chapelle, exhaussée au-dessus du sol. Tous les murs, plafonds, piliers sont couverts de bas-reliefs représentant alternativement le soleil et la lune entourés de lions : ce sont les emblèmes de la royauté, qui ne se voyaient jamais que dans les temples et les palais des rajahs.

Quand les Anglais prirent le palais de Kandy, ils eurent bien soin de s'emparer de la célèbre relique, palladium qui assure à ses détenteurs la souveraineté de l'île. Jusqu'à ces derniers temps, l'agent du gouvernement conservait l'une des clefs du reliquaire et le grand-prêtre l'autre, afin que personne ne pût le dérober. Chaque année, il y a exposition solennelle de la fameuse dent; des milliers de bouddhistes affluent à cette cérémonie; chacun apporte son offrande, qui est pour les prêtres une bonne source de revenus. Aujourd'hui, les castes élevées reçoivent seules l'ordination qui n'est plus conférée, comme jadis, par un chapitre ou sangha de dix prêtres, mais toujours à Kandy, à la pleine lune du mois de wesak (avril-mai) dans l'un des deux monastères bouddhistes, l'Asghiri, qui a la surintendance du nord de l'île, et le Malouatté, qui a celle du sud. Les goiwansés ou laboureurs, qui composent actuellement la plus haute caste à Ceylan, sont admis aux fonctions du sacerdoce. Aussi les chalias ou tisserands de la côte ouest se sont-ils révoltés contre cette exclusion injuste et contraire aux principes du bouddhisme; quelques-uns d'entre eux se sont rendus en Birmanie pour y recevoir l'ordination. De là pris naissance une lutte entre les deux classes, lutte qui force les prêtres chalias à étudier les anciens livres, et par conséquent la langue pali, dans laquelle ils sont presque tous rédigés. Il s'ensuit que leur instruction est plus complète que celle des prêtres de caste élevée, qui sont pour la plupart ignorants des vrais principes de leur religion et s'abandonnent à de grossières superstitions. Les novices ordonnés reçoivent à Ceylan le nom de gannounnansés ou membres d'une congrégation, et les prêtres ordonnés celui de théronnansés ou vieillards vénérables.

La ville de Kandy prend chaque année plus de développement et d'importance par suite des nombreuses plantations de café que les Anglais ont faites dans les environs. C'est dans la province centrale qu'on trouve aujourd'hui le plus d'Européens. Ces plantations de café ont sans doute une influence sur la richesse et la prospérité de l'île; cependant ce n'est pas le pays lui-même qui profite le plus de ce développement commercial. Les travailleurs sont des Tamouls immigrants qui, après avoir amassé un petit pécule, regagnent au plus vite leur pays; les planteurs sont des Anglais qui viennent passer à Ceylan quelques années et retournent ensuite dans leur patrie; de sorte que non-seulement les produits du sol sont consommés hors de l'île, mais encore l'argent provenant de la vente enrichit des étrangers qui n'emploient dans le pays que des objets d'importation étrangère.

Il y a plus de deux siècles que les Hollandais ont planté les premiers pieds de café; mais avec les idées de monopole qui caractérisent leur politique commerciale ils n'ont jamais cherché à en propager la culture de peur de nuire à leur colonie de Java. Ils avaient du reste choisi pour leurs expériences la côte occidentale, qui ne remplit aucune des conditions nécessaires à ces plantations. Disons cependant qu'avant l'arrivée des Hollandais le caféier existait déjà dans l'île de Ceylan, où il avait été importé par les Arabes; mais l'usage du grain qui était connu de temps immémorial dans l'Abyssinie, d'où le café est originaire, y était ignoré. Il avait été introduit en Perse (875), en Syrie, en Égypte, en Arabie, à Constantinople, à Venise (1615), à Marseille (1644), à Londres (1652) et à Paris (1675).

Ce fut en 1825, à Gampola, qu'eut lieu le premier essai d'une plantation régulière; depuis cette époque, l'habileté des planteurs a doublé la valeur réelle du café en en perfectionnant la qualité.

Lors de mon voyage à Ceylan, on comptait six cent quarante-quatre plantations couvrant une étendue de cent trois mille hectares environ, plus douze mille hectares produisant du café sauvage. Le café ne croît bien que sur les pentes abruptes et à une certaine altitude (de cinq cents à douze cents mètres au dessus du niveau de la mer). Certaines plantations sont pourtant situées à plus de seize cents mètres et les indigènes cultivent le caféier jusque dans les plaines du bord de la mer.

Dans les plantations, les pieds de café sont disposés régulièrement à deux mètres de distance, et on les maintient à une hauteur de un mètre à un mètre vingt; tous les rejetons qui dépassent sont émondés à certaines saisons; on arrose fréquemment les plants dans la sécheresse et on arrache toutes les mauvaises herbes.

L'engrais employé le plus fréquemment est un mélange de fumier de vache et de cendres pulvérisés; la chaux et le guano ont aussi donné de bons résultats, comme il était facile de le prévoir, puisque le phosphate de chaux et la potasse entrent pour une forte proportion dans le grain du café. Les grains obtenus de cette façon sont connus dans le commerce sous le nom de café de plantation; celui qu'on récolte sur les arbustes abandonnés à eux-mêmes et dont la hauteur ordinaire n'est pas moindre de trois à quatre mètres s'appelle café sauvage; il est beaucoup moins estimé et se paye moins cher.

Malgré tous les soins donnés par les Anglais à leurs plantations, le climat humide de Ceylan ne permettra jamais d'obtenir un produit d'aussi bonne qualité que celui du climat plus sec de Wynaad dans l'Inde.

Les dépenses pour établir et faire valoir une plantation sont considérables. Le prix d'achat des terrains domaniaux est réellement trop élevé, ce qu'il faut attribuer à la fièvre de spéculation qui a gagné beaucoup d'Anglais. Ainsi, de 1833 à 1861, il a été vendu au prix de 12 053 050 francs, en 17 341 lots, 187 028 hectares dont un peu plus de la moitié était en culture lors de mon passage à Kandy. Pour défricher un hectare de terre couvert de jongle, il faut compter sur une dépense de 100 à 140 francs. Les Çinghalais se refusent au travail des champs; n'ayant aucun moyen de les y forcer, on est contraint de recourir aux bras des immigrants qu'on amène du Deccan et dont trop souvent même le nombre est insuffisant. Cependant, en 1863, on m'a assuré qu'il n'y avait pas moins de cent mille Tamouls occupés aux plantations. Je crois ce chiffre exagéré. Depuis dix-huit ans, il a été introduit à Ceylan 950 000 immigrants; il n'en est pas sorti plus de 480 000. La moyenne annuelle semblerait être de 40 à 55 000 travailleurs, dont un tiers environ est victime du climat humide et relativement froid du pays montagneux, où l'appât du gain plutôt que la misère les a entraînés. Les fièvres font en effet de terribles ravages parmi eux. La journée de ces hommes ne revient pas à moins de soixante quinze centimes en moyenne, et il faut de plus les nourrir avec du riz importé de l'Inde; ils peuvent en outre quitter les plantations au moment où on a le plus besoin de leurs services. Aussi les planteurs sont-ils loin de réussir tous; beaucoup se ruinent, surtout ceux qui, cédant à la fièvre de la spéculation, ont acheté à des prix très-élevés ces terrains pierreux situés au sud-ouest des montagnes, terrains qui ne sont propres à aucune culture et dont le déboisement exerce une fâcheuse influence, et sur la température qui devient ainsi plus chaude et sur le sol que fécondent moins les pluies

Le grain de café est séché dans sa pulpe au soleil et envoyé ainsi à Colombo où, dans des usines spéciales, après avoir été tiré de son enveloppe, il est soumis à une nouvelle dessiccation. Le manque de bras n'est pas pour les planteurs la seule cause des pertes qu'ils éprouvent; les singes, les écureuils, les rats, et des insectes de toutes sortes ravagent souvent des plantations entières, et rendent la culture du café un peu aléatoire. En outre, dans le trajet de Kandy à Colombo, il peut arriver que la récolte soit avariée par les pluies.

On estime qu'un hectare doit produire quinze quintaux de café.

La quantité de café indigène varie peu d'une année à l'autre; d'ordinaire elle est de trente mille quintaux, mais le café de plantation subit de grandes fluctuations. Ainsi, en prenant les productions des vingt-cinq dernières années et les partageant par périodes quinquennales, nous trouverons 274 360 quintaux pour la première; 701 104 pour la seconde; 1 575 254 pour la troisième; 2 056 330 pour la quatrième, et 2 965 655 pour la cinquième; la quantité de café produite a donc, durant cet espace de vingt-cinq ans, plus que décuplé; en outre, comme il a été dit plus haut, par les soins judicieux donnés à leurs cultures, les planteurs ont obtenu un café de qualité meilleure et par conséquent d'une valeur plus grande. Aussi le prix du café

Prêtre et novices.

Marins des Maldives.

Dessins de Émile Bayard d'après l'album photographique de M. Grandidier.

de plantation a monté de 40 fr. 75 c. en 1849; à 67 fr. 50 c. en 1860 et 1861 les 50 kilos. Le café indigène a varié durant la même période de 22 fr. 25 c. à 41 fr. 85 c. et 50 fr.

Avant de quitter la région centrale, disons quelques mots de ses habitants.

Les Kandiens ont une constitution plus robuste; les membres moins délicats, les traits moins efféminés que leurs compatriotes du littoral; leurs épaules vigoureuses, leur poitrine large, leurs jambes courtes, mais musculeuses, sont une preuve de l'effet que peut produire le climat sur le développement du corps.

Les mœurs de ces montagnards n'ont point été altérées par les influences étrangères qui ont imprimé un caractère complexe à celles des habitants des côtes; on retrouve chez eux ces usages primitifs qui puisent leur origine dans les nécessités impérieuses de la vie. Ils n'ont point la timidité et la servilité que nous avons constatées chez les individus des districts maritimes. L'état féodal dans lequel ils ont vécu longtemps a entretenu en eux une énergie et une indépendance rares chez les peuples de l'Inde. La configuration du sol leur a en effet permis plus aisément qu'à leurs frères des plaines du nord de conserver leur liberté, que l'agression vînt de leur propre souverain ou d'usurpateurs étrangers. Il règne encore chez eux cependant cette indolence naturelle à tout peuple qui n'a à lutter contre aucun obstacle matériel pour se procurer les nécessités de la vie. Il est triste de dire que la tyrannie de leurs maîtres, chefs ou rois, les a façonnés à l'hypocrisie et les a rendus vindicatifs.

Tandis que les Çinghalais de la côte se sont adonnés au commerce et à l'industrie, ceux des hautes régions ont toujours montré de la répulsion pour ce genre d'occupation. Ils ont de tout temps évité tout rapport avec l'étranger, et aujourd'hui encore, pour se soustraire, autant que possible à des relations avec les colons anglais, ils cachent leurs villages au milieu de la jongle, à quelques centaines de mètres des sentiers même les moins fréquentés. La présence d'une rizière au milieu des forêts, l'aspect de cimes de cocotiers dénotent seuls l'existence d'êtres humains dans des lieux qu'autrement on croirait inhabités. Dans ces contrées où la nature a rassemblé tant de richesses, les rapports d'homme à homme qui seraient assurément utiles au bonheur de tous, ne sont point cependant indispensables, et les indigènes aiment leur solitude où ils jouissent à profusion de toutes sortes de biens.

Les Çinghalais des montagnes ont pour leurs chefs un respect traditionnel, et sont très-attachés à leurs anciens usages. Leur costume diffère de celui des Çinghalais des plaines, en ce qu'ils ne portent point habituellement de veste; ce vêtement est en effet exclusivement réservé aux nobles qui s'en parent dans les

Chef de village.   Maures marchands d'étoffes.

Dessins de Émile Bayard d'après l'album photographique de M. Grandidier.

cérémonies; ils laissent à leur chevelure toute sa longueur, sans la retenir par un peigne. Des lois somptuaires et des injonctions religieuses déterminent au reste le vêtement particulier à chaque classe; la plupart sont encore en usage de nos jours chez les Kandiens, malgré l'abolition des castes prononcée par le gouvernement anglais.

La longueur des jupons en forme de fourreaux qu'hommes et femmes portent indistinctement dans les montagnes comme dans la plaine et qui semble la partie du costume national à laquelle ils attachent la plus grande importance, était jadis proportionnelle à la position sociale de l'individu.

Pour les parias, ce fourreau ne pouvait dépasser le genou. Les hommes et les femmes de caste inférieure avaient la poitrine nue. Entre les chefs eux-mêmes, il y avait, et il y a encore, une différence dans la manière de porter le comboye; après l'avoir roulé deux ou trois fois autour des hanches et des jambes, ils forment autour des reins une ceinture plus ou moins volumineuse, dont la dimension dépend du rang. Les nobles se distinguent, en outre, du peuple par leur coiffure extraordinaire. C'est une sorte de béret en toile blanche. Les classes inférieures s'entourent simplement la tête d'un foulard, en ne laissant à nu que le sommet. Le roi avait seul le privilége de porter des sandales. Les prohibitions, telles que celle de porter des chaînes et ornements en or et en argent, sont encore scrupuleusement observées par les Kandiens qui s'opposent de tout leur pouvoir aux empiétements des castes inférieures.

Le cheval est le seul moyen de transport dont on puisse faire usage dans le nord de l'île de Ceylan où les sentiers sont étroits et en fort mauvais état. Je m'étais donc procuré une monture et je l'envoyai m'attendre à Matella où je préférai me rendre par la diligence qui fait le service postal entre les deux villes.

De Matella, je poussai rapidement jusqu'à Damboul, village, situé à quarante-cinq milles de Kandy et célèbre par les temples bouddhiques établis dans les grottes naturelles de la Colline-Rocheuse qui se trouve dans son voisinage. Isolée au milieu de la plaine, cette colline semble un îlot détaché de la région où s'élève la masse centrale des montagnes.

Les grottes bouddhiques sont formées par des voûtes de rochers que le ciseau de l'ouvrier n'a pas touchés; ce n'est que dans les murs de façade et de séparation qu'on voit le travail de l'homme.

Les collines sont semées, çà et là, de quelques arbrisseaux, mais elles ont surtout sur le versant nord un aspect particulier de désolation; leur altitude totale est d'environ cent soixante mètres.

Chassé du trône par des usurpateurs malabars et obligé de se réfugier durant quelques années dans ces grottes naturelles, Walagam Bahou les transforma en temples, lorsqu'il revint au pouvoir quatre-vingt-six ans avant Jésus-Christ. Ces grottes s'ouvrent sur le versant sud de la colline qui est coupé à pic; on y arrive péniblement par un sentier très-abrupt. Devant les temples s'élèvent quelques cocotiers et des *messua ferrea* dont les fleurs blanches odoriférantes sont chaque jour déposées aux pieds des statues du Bouddha. On voit encore les ruines d'un dagoba, le Sama, qui date de Walagam Bahou.

Un simple toit de chaume couvre la galerie qui précède les grottes. J'ai compté cinq sanctuaires établis sous la saillie du rocher, et séparés les uns des autres par des murs de brique. On reconnaît aisément à l'inclinaison et aux inégalités du plafond, malgré toutes les peintures dont il est recouvert, que le ciseau n'a jamais touché cette partie du temple. Le premier sanctuaire est connu sous le nom de Maha-Dewa-Wiharé ou temple du Grand-Dieu; il mesure dix-sept mètres cinquante centimètres.

Le fond est occupé par un autel de onze mètres cinquante de long, sur lequel est couchée une colossale statue du Bouddha dans l'état du Nirvana, c'est-à-dire de mort complète; on assure qu'autel et statue sont taillés dans le roc, ce dont je n'ai pu m'assurer à cause de l'enduit épais de chounam dont ils sont revêtus. En face de la tête du Bouddha est placée l'image de Vichnou représenté avec la figure noire dans la position où il se trouvait à la mort de Gotama, lorsqu'il reçut la recommandation de veiller sur Lanka et sur la dynastie de Wijayo.

Je signalerai en outre dans le même sanctuaire trois autres statues du Bouddha et celles de deux de ses disciples bien-aimés.

Le second temple ou Maha-Raja-Wiharé a cinquante-deux mètres de long sur trente-trois mètres cinquante centimètres de profondeur; à l'entrée, le plafond mesure sept mètres de haut, mais cette hauteur va en diminuant graduellement jusqu'au fond; le sol est couvert de nombreux médaillons représentant tous le Bouddha assis dans l'attitude d'une profonde méditation; cette répétition à l'infini d'un même objet dans l'ornementation des édifices est un des traits particuliers à l'architecture asiatique, et montre la grande pauvreté d'imagination des artistes indigènes.

On a peint aussi quelques scènes intéressantes de l'histoire çinghalaise, mêlées, çà et là, de figures de saints bouddhiques. J'ai surtout admiré l'arrivée à Ceylan de Wijayo et de ses sept cents compagnons que l'enchanteresse Kuveny enferme dans un souterrain; la cérémonie dans laquelle un roi çinghalais laboure un champ de riz avec une charrue d'or traînée par ses éléphants favoris; la plantation à Anouradhapoura d'une branche de l'arbre sacré, sous lequel Gotama a obtenu la haute dignité de Bouddha; la construction du Thouparamo; le combat de Douttagamini et de l'usurpateur Elala.

Toutes ces fresques sont intéressantes non-seulement comme spécimen de la peinture çinghalaise, mais aussi au point de vue de l'étude des anciens usages; le dessin ne supporte pas l'examen; il n'y a ni perspective, ni proportions, et il en est des personnages peints comme des statues; ils ont une roideur toute conventionnelle. Ce sanctuaire contient en outre un petit dagoba, cinquante-trois statues du Bouddha, la plupart assises et plus grandes que nature, une de Wa.agam Bahou [1] le fondateur, et une autre de Kirti-Nissanga, le restaurateur de ces temples. Je mentionnerai encore les statues de Vichnou, de Rama et de la déesse Patini dont les bouddhistes ont mêlé le culte à leurs croyances plus pures.

A l'extrémité de la grotte, des fissures du roc donnent passage à des infiltrations d'eau, qu'on recueille dévotement pour l'employer à des usages religieux; aucun bouddhiste n'oserait boire de cette eau, malgré sa limpidité, de peur d'encourir la colère du Bouddha.

Le troisième sanctuaire mesure vingt-deux mètres cinquante centimètres sur quinze mètres de large, les murs sont couverts de fresques; il contient vingt et une statues du Bouddha, dont une ne mesure pas moins de neuf mètres cinquante centimètres et celle de Kirtisri, qui durant son règne (1747 à 1761) construisit ce temple.

Les deux autres sanctuaires sont petits et ne méritent pas de fixer l'attention.

En résumé, il y a à Damboul cent vingt-sept statues dont cent vingt du seul Bouddha, presque toutes plus

1. Walagam Bahou porte un comboye çinghalais de fine mousseline, enroulé autour de la ceinture et retenu par une écharpe. Les trous de ses oreilles m'ont frappé par leur dimension anormale.

grandes que nature. Ces dernières ont toutes la tête entourée d'une auréole à anneaux concentriques de diverses couleurs en imitation de ces beaux halos que l'on voit autour du soleil lorsque l'air est très-chargé d'humidité. On explique l'origine de ces auréoles en disant que le culte du soleil, ayant été jadis répandu dans toute l'Inde, les couronnes lumineuses qui entourent quelquefois ce dieu ont été de tout temps regardées comme un emblème de la divinité. Au début, l'auréole enveloppait le corps entier; plus tard, on s'est contenté de la placer sur la tête que les artistes bouddhistes ont surmonté en outre d'un Tiraspatha, sorte de flamme qui manque dans les statues des provinces occidentales de l'Inde; il est vraisemblable que cette flamme a été empruntée aux statues du Bengale où la religion bouddhique a adopté bien des parties du rituel védique primitif[1].

Quelques moines bouddhistes regardent le tiraspatha comme un symbole indiquant l'annihilation des cinq sens, l'état de Nirvana ; je ne saurais partager cette opinion, car il est évident pour moi que s'il en était ainsi, on ne la mettrait pas sur la tête des Bouddhas assis en méditation sous l'ombre du figuier d'Ourouwelu, ou prêchant la vérité aux hommes. Le Bouddha est toujours représenté vêtu de la robe sacerdotale.

A l'entrée de ces temples est sculptée dans le roc une inscription en çinghalais qui constate que Kirti Nissanga a restauré les temples de Damboul saccagés par les Malabars et qu'il a fait dorer toutes les statues; à ce titre, il ordonne de substituer à l'ancien nom de Damboul Galla celui non moins harmonieux, mais plus long, de Souarna Ghirighuhaya qui signifie montagne dorée. Cette inscription commence ainsi (c'est le rajah lui-même qui parle) : Je suis le souverain Seigneur, descendant des rois illustres de Kalinga, je suis le monarque plein de munificence qu'on a surnommé le grand guerrier, le héros invincible. Je suis le roi que la majesté environne d'une brillante auréole, je suis celui qui est plein de sagesse et de bonté, etc.

Les moines, aux soins desquels sont confiés ces temples, ont leurs habitations sur le versant sud de la colline ; ils sont possesseurs de nombreux villages et de terres étendues, donations des anciens rois.

J'eus la satisfaction, tout en visitant ces grottes, d'assister à une cérémonie qui m'impressionna par sa simplicité et sa grandeur; les pratiques extérieures du Bouddhisme rappellent quelques unes des offices de nos églises catholiques.

Le mode d'adoration bouddhiste est simple; dans tous les pays orientaux, il est d'usage qu'un inférieur n'approche jamais de son supérieur sans lui offrir des présents ; aussi les Çinghalais n'entrent-ils dans leurs temples, qu'avec des offrandes de fleurs, de riz, d'étoffe ou de quelque menue pièce de monnaie. Les mains jointes et élevées à la hauteur du front, les fidèles déposent leur offrande sur l'autel aux pieds du Boudha en invoquant le Sadhu, le bon, l'excellent maître, et après s'être placés sous sa protection, ils confessent le bana [1] (la doctrine par excellence), et se recommandent au clergé. Les offrandes terminées, le peuple s'agenouille et le prêtre debout au milieu des assistants récite d'une voix claire les obligations communes de la religion, que l'assemblée répète après lui sentence par sentence. On voit que le culte bouddhiste se réduit à des exhortations publiques et à des offrandes; il n'y a donc pas adoration réelle dans le culte extérieur, c'est l'ignorance qui a fait considérer le Bouddha comme Dieu, et les cérémonies symboliques et propitiatoires qui ont lieu annuellement doivent leur origine au mélange du Bouddhisme avec les superstitions brahmaniques. C'est aux jours poya et orepasatha, c'est-à dire à la nouvelle et à la pleine lune, que les Bouddhistes vont au temple porter leurs présents et écouter la lecture des discours du Bouddha ou l'explication de ses doctrines; une partie de la journée doit être consacrée à des méditations religieuses. Les moines ont la tête rasée et découverte ; cette obligation leur est imposée pour mettre un frein à leur vanité, la chevelure étant pour les Çinghalais un ornement qui contribue à rehausser la beauté de la figure humaine. Ils ont trois robes de couleur jaune (couleur sacrée à Ceylan), le sanghati, l'outtavasangha, et le antarawasako; ces robes sont de simples morceaux d'étoffe dont ils entourent leur corps, laissant nus l'épaule et le bras droit. Bien que la règle veuille que le vêtement du prêtre soit comme le linceul qui couvre un squelette, et satisfasse à la décence sans attirer l'attention, c'est un vêtement digne et élégant. Les robes doivent être confectionnées et teintes dans l'espace d'une journée. Il est même des parties de Ceylan où le matin on récolte et file le coton, et où l'on tisse et teint l'étoffe avant le coucher du soleil.

Du sommet de la colline de Damboul, on domine tout le pays environnant, la vue est fort belle surtout lorsqu'une atmosphère claire et limpide permet d'apercevoir les montagnes et les vallées de Matella et les plaines boisées de Nioura Kalawa.

Continuant ma route vers le nord-est, je trouvai à quinze milles le roc de Sighiri qui se dresse au milieu de la plaine et dont les faces à pic produisent un effet des plus curieux ; c'est là qu'en 478, se réfugia, pour échapper à la vengeance de son frère, Sighiri Kasoumbou, surnommé Kaçyapa le parricide, qui avait eu l'atroce cruauté d'ensevelir dans un mur son père, encore vivant, afin de s'emparer du trône. Les ruines de l'ancienne forteresse existent encore, elles n'ont qu'un intérêt historique. On ne peut atteindre le sommet de ce rocher qu'au moyen d'échelles de corde.

Avant d'arriver à Sighiri, je fus témoin d'une de

---

1. Les hymnes védiques sont consacrées, non aux innombrables idoles du brahmanisme moderne, mais aux forces, aux phénomènes de la nature. Au premier rang, par la date et l'importance, figure Agny, — le feu personnifié et divinisé.

1. Bana, parole.

ces curieuses migrations de poissons hors de leur élément naturel et dont beaucoup d'auteurs ont déjà parlé : le soleil venait de se lever, et une épaisse rosée mouillait encore les herbes de la jongle ; à un détour de la route, je me trouvai tout à coup au milieu d'une troupe de petites perches (*anabas scandens*), qui émigrait d'un marais près de se dessécher vers un autre bassin encore rempli. Ces perches ont une longueur de dix à quinze centimètres. Avec les nageoires pectorales étendues horizontalement, elles se maintiennent en équilibre ; les opercules des branchies, qui sont fortement dentés, tour à tour ouverts et fermés, donnaient à leur corps un mouvement de progression lent, mais fort sensible.

Ces migrations ne sont possibles qu'aux poissons à qui une organisation particulière permet de conserver quelque temps leurs branchies humides, tout en étant hors de l'eau ; ces poissons sont connus des naturalistes sous le nom de pharyngiens labyrinthiformes ; ils ont dans la tête des cellules aquifères, vrai réservoir où ils peuvent conserver longtemps de l'eau pour humecter leurs organes respiratoires.

On assure avoir vu quelquefois ces mêmes poissons grimpant sur les arbres à l'aide des opercules dentés de leurs branchies et de leur nageoire caudale ; ce fait toutefois n'est qu'accidentel. Les auteurs grecs avaient déjà connaissance de ces migrations de poissons ; Hérodote, Aristote, Théophraste en parlent dans leurs écrits.

Un autre phénomène non moins digne d'attention est l'apparition du jour au lendemain, dans les étangs qui sont tout à coup inondés par des pluies torrentiel-

Acacias platiformes. — Dessin de A. de Bar d'après une photographie de l'album de M. Grandidier.

les, d'une foule de ces poissons adultes et à leur taille naturelle. Les perches çinghalaises ont la faculté de s'ensevelir pendant les mois de grande sécheresse dans l'argile qui forme le fond des lacs, et à la chute des pluies de sortir de leur léthargie.

Les Çinghalais, qui sont au fait de ces mœurs souterraines, n'ont pas recours aux engins de pêche lorsqu'ils veulent avoir du poisson pendant la saison sèche ; ils prennent une bêche et labourent le fond des étangs desséchés jusqu'à une profondeur de vingt-cinq à cinquante centimètres ; souvent, dans une seule pelletée de terre, ils prennent plusieurs poissons qui, réveillés de leur sommeil, se mettent à frétiller. Ces poissons ont leurs fonctions vitales momentanément suspendues par privation d'eau.

Il en est de même de certains mollusques (*Ampullaria* et *Melania*) et de certains coléoptères aquatiques qu'on trouve ensevelis dans l'argile.

Mais si les poissons des étangs çinghalais offrent au touriste un sujet d'études intéressant, ils ne sont pas une ressource pour les voyageurs. Leur chair est peu délicate. On les prend à l'hameçon ou au moyen de paniers coniques percés aux deux extrémités, dont la base la plus large est posée au fond de l'étang ; quelque poisson se trouve pris, ses mouvements l'indiquent au pêcheur, qui s'en empare en introduisant la main par l'angle supérieur de l'engin.

Alfred GRANDIDIER.

(La suite à la prochaine livraison.)

L'arbre de Bouddha. — Dessin de E. Tournois d'après une photographie de l'album de M. Grandidier.

VOYAGE DANS LES PROVINCES MÉRIDIONALES DE L'INDE,

PAR M. ALFRED GRANDIDIER [1].

1862-1864. — TEXTE ET DESSINS INÉDITS.

IX

Aripo. — La pêche des perles à Ceylan. — Excursion aux ruines de la cité sainte d'Anaradhapoura.

La pêche des perles, qui me ramenait sur la côte du golfe de Manaar, a lieu dans le mois de mars, époque des plus grands calmes dans l'atmosphère et dans les flots de ces parages, où en d'autres saisons la violence des courants sous-marins ne permettrait pas de plonger facilement.

Sélavatorré ou Aripo, à trois milles au sud de la rivière qui porte ce dernier nom, est une ville de chaume et de branchages, qui s'élève à l'époque des pêches pendant un ou deux mois pour donner abri à trente mille Indiens. Les huttes ont à peine une hauteur de quatre à cinq pieds. Durant les vingt-huit dernières années (de 1834 à 1862), il n'y a eu que quinze pêches aux perles. En 1863, il y avait dix-sept ans que l'exploitation était momentanément abandonnée à cause de la mauvaise direction donnée. Ces quinze années

ont produit au gouvernement dix millions cinq cent mille francs pour une dépense de un million cinq cent mille francs.

Quelques mois avant l'ouverture de la pêche, les inspecteurs font prendre et ouvrir de dix à douze mille huîtres; ils publient les dimensions, la qualité et le poids des perles qu'elles contiennent ainsi que leur valeur marchande, pour donner aux spéculateurs une base sur laquelle ils puissent établir leurs calculs.

En novembre 1862, on pêcha ainsi douze mille huîtres d'une valeur totale de treize cent cinquante-cinq francs.

On fixe ensuite la date de la pêche et le nombre de bateaux jugé nécessaire pour le travail, durant un laps de temps déterminé; en 1863, le surintendant avait estimé que la partie du banc en état d'être exploitée contenait assez d'huîtres pour occuper deux cents bateaux durant douze jours; le nombre des bateaux venus à Sélavatorré de la côte de Deccan ayant dépassé deux cents, le sort décida entre les compétiteurs. Les boutres choisis furent divisés en deux flottilles de cent chacune, ayant pour marque distinctive des flammes rouges ou bleues attachées à leurs mâts, et pêchant à tour de rôle, de deux jours l'un ; chaque bateau est monté par vingt-trois hommes, dix plongeurs, dix moundaks ou aides, le sindal ou capitaine, le todaï ou paria chargé de la propreté du navire, et le propriétaire du bateau ou son remplaçant ; il y a par chaque paire de plongeurs une pierre à plonger, pierre cylindrique du poids de quinze kilogrammes qui est attachée à une corde.

Les bancs d'huîtres sont à douze milles de la côte d'Aripo ; les bateaux de la flottille quittent tous le port, où ils sont rangés en file le long du rivage, à un coup de canon tiré à minuit ; la pêche commence à six heures du matin, sur le point précis fixé par l'inspecteur, au signal donné par le brick du gouvernement, qui est ancré sur le banc même pour surveiller l'opération ; elle dure jusqu'à midi précis.

J'étais à six heures sur le lieu de la pêche où m'avait transporté le brick mis gracieusement à ma disposition par le gouvernement anglais ; de tous les bateaux groupés côte à côte, je vis, au signal donné par le canon, cinq plongeurs mettre le pied sur la pierre, et, tenant la corde d'une main, se laisser couler au fond avec un panier qu'ils s'empressent de remplir pendant les quarante-cinq ou cinquante secondes qu'ils peuvent passer sous l'eau ; ils reviennent alors à la surface, et leur aide remonte d'abord la pierre, puis le panier ; le plongeur qui a, durant ce temps, repris haleine, plonge de nouveau. Quand il est fatigué, il regagne le bateau, et son compagnon le remplace. Ainsi travaille chaque paire de plongeurs pendant six heures consécutives ; c'est un métier très-pénible. A midi, ils plongent une dernière fois et la pêche du jour est close.

La profondeur des bancs d'huîtres qui reposent sur du corail et du sable, varie de douze à vingt mètres. Les Tamouls sont d'excellents plongeurs, quoique d'ordinaire ils ne restent sous l'eau que quarante à cinquante secondes ; ils peuvent plonger jusqu'à quatre-vingts et même quatre-vingt-quatre fois de suite ; mais ce séjour prolongé les fatigue beaucoup, et ils ne sont plus capables de recommencer aussi promptement. A chaque excursion sous-marine, ils rapportent de trente-cinq à quarante-cinq huîtres, mais, dans le nombre, il s'en trouve souvent de mortes, et qui par conséquent sont ouvertes et sans valeur. Chaque paire de plongeurs met le produit de sa pêche à part, de sorte que le travail, comme le hasard, préside au gain de chacun. On a vu des bateaux rapporter jusqu'à trente-six mille huîtres, mais c'est un cas tout à fait exceptionnel, et la moyenne est de quatre à huit mille. Au retour, chacun porte son butin au Kotou, ou dépôt du gouvernement, et en forme quatre parts égales, dont une, au choix de l'inspecteur, revient au plongeur comme salaire de son travail. Celui-ci doit prendre sur son

lot le cinquième qui revient au tindal, et puis le tiers du reste qui est le payement des deux aides. Un jour sur sept de pêche le produit est abandonné par les plongeurs et le capitaine au maître du dhoney. Ces divers lots sont détaillés aux spéculateurs qui n'ont pas le moyen d'acheter un millier d'huîtres au gouvernement ; le gain des plongeurs varie de six à treize francs par jour. Si le métier est dur, il est donc du moins rémunérateur. Cet abandon du quart des huîtres aux plongeurs est le moyen le plus sûr de se procurer des bras, d'obtenir des Indiens, en peu de temps, un travail considérable, et de n'avoir pas l'ennui de réclamations ultérieures. L'appât d'un gain élevé, quoique éventuel, plaît à leur cupidité plus qu'un salaire fixe, mais moindre. Comme bateaux et plongeurs ont tous leur numéro d'ordre et que le kotou est divisé en compartiments numérotés, chaque équipage et chaque matelot connaît la place exacte où il doit déposer ses huîtres ; il n'y a jamais de difficultés.

La vente des huîtres à perles appartenant au gouvernement a lieu au Katcherry, où l'inspecteur les adjuge par lots de mille au plus haut enchérisseur, qui a le droit de prendre un certain nombre de lots au même prix, pourvu qu'il exprime son intention immédiatement. Les achats sont au comptant, et l'inspecteur délivre un bon sur le kotou, pour le nombre convenu. Le prix est très-variable, non-seulement dans la même saison, mais aussi dans le même jour ; la moyenne est d'environ cent cinquante francs le mille. Les huîtres une fois livrées aux acheteurs sont mises en sacs et exposées au soleil ; les vers ont en trois ou quatre jours consommé toute la chair. Au début de la pêche cependant la corruption n'est totale qu'après huit ou dix jours, le nombre de mouches et de larves n'étant pas suffisant pour la besogne qu'on confie à leur activité ; on lave ensuite soigneusement le résidu, et on jette les valves débarrassées de leurs impuretés ; le restant, qui est composé de sable, de fragments de coquille, de corail et de perles, est séché au soleil et tamisé ; des hommes examinent poignée par poignée cette matière pulvérulente, et y récoltent les perles qu'ils mettent précieusement de côté ; chaque poignée passe sous l'inspection successive de trois hommes.

Il n'est pas besoin de dire que ce n'est pas au milieu des kotous particuliers où se manipulent ces matières animales que j'allais me promener pour respirer l'air frais de la mer.

Les pêches sont très-souvent interrompues par les maladies épidémiques qu'ont engendrées les kotous, vrai foyer de corruption, et il devient impossible de continuer l'exploitation.

Un plongeur anglais est attaché à l'inspection des bancs d'huîtres de Sélavatorré ; muni du scaphandre, il descend sous l'eau afin de se rendre compte du nombre et de l'âge des huîtres. Je devais profiter de l'occasion pour aller faire une promenade sous-marine, lorsque les fièvres me forcèrent à ajourner mon projet. Cet appareil, du reste, est impropre à la pêche, à cause de la gêne qu'on éprouve à se baisser avec un vêtement de cuir aussi épais.

Lorsque la pêche est trop tardive, on trouve les sept huitièmes des huîtres mortes, par conséquent ouvertes et sans perles. A l'expiration des douze jours fixés par l'exploitation, si le banc n'est pas épuisé, comme cela est arrivé lors de mon passage, on permet indistinctement à tous les bateaux de prendre part à l'opération.

Ma curiosité satisfaite à l'égard de ces pêcheries célèbres, je revins sur mes pas vers Anouradhapoura. La route de Sélévatorré à l'ancienne capitale de l'île passe sur la digue de l'étang du Géant, un de ces magnifiques lacs de création humaine comme les creusait autrefois l'industrie indienne; il en existe partout dans le Deccan et dans les provinces nord de Ceylan. Les indigènes savaient conquérir des terrains fertiles

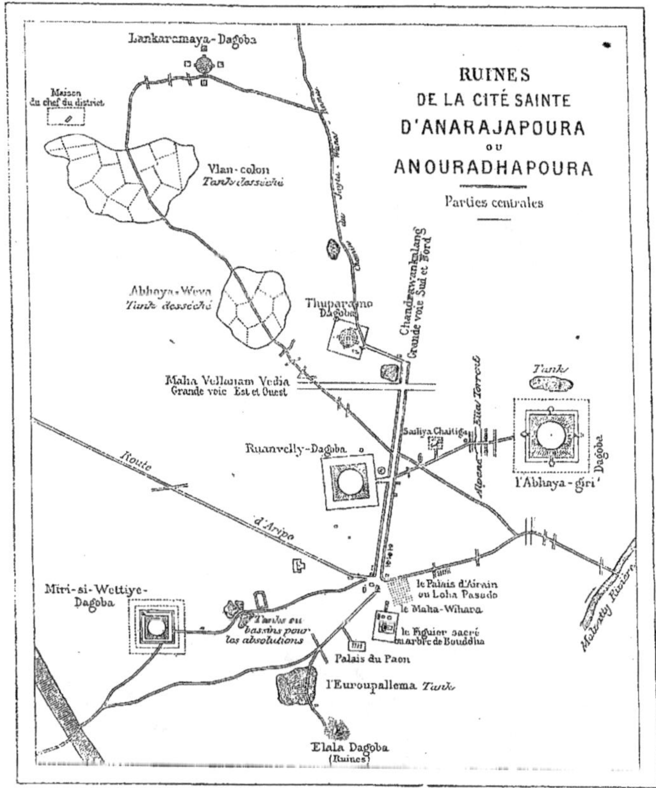

Gravé chez Erhard.

sur des sables arides; ils les sillonnaient de canaux et d'étangs qui y entretenaient la verdure et la vie; ils les défrichaient et les plantaient.

Ce que l'homme avait créé, la nature l'a détruit. Aujourd'hui, on ne retrouve que les restes de ces œuvres gigantesques : œuvres d'autant plus dignes de notre admiration qu'elles témoignent de la part des princes le désir d'être utiles à leurs sujets et de contribuer à leur bonheur.

Le mode de construction consistait à élever une digue en travers d'une vallée dans laquelle se déverse un cours d'eau; l'endiguement se composait d'un talus en terre revêtu souvent intérieurement de pierres. En voyant l'étang du Géant, qui cependant n'a jamais été terminé, on ne peut qu'être étonné de la puissance que possédait la nation capable d'entreprendre un travail hydraulique d'une telle étendue. La digue a plusieurs milles de longueur, et sa largeur dépasse cent mètres

Il devait faire partie d'un vaste système d'irrigation qui aurait fonctionné au moyen du Chit Aar, canal alimenté par la rivière Aripo; mais comme ces travaux datent de la fin de la monarchie çinghalaise, époque où les arts étaient tombés en décadence, les niveaux furent mal pris, et on s'aperçut trop tard que le lit du canal était plus bas que l'étang; il ne fut donc jamais d'aucune utilité.

Anouradhapoura (ville d'Anouradha)[1], située en pleine jongle sur la rive gauche de l'Aripo et à une

Moropadoué ou porte menant à l'arbre de Bouddha. — Dessin de A. de Bar d'après une photographie de l'album de M. Grandidier.

vingtaine de lieues de l'embouchure de cette rivière, fut fondée en 504 avant Jésus-Christ par Anouradha, ministre de Wijayo et beau-frère du roi Pandouwasa; elle devint le siége du gouvernement des rois de Lanka (ancien nom de Ceylan) sous Pandou Kabhaya, cinquième roi de la dynastie Wijayenne, en 370 avant Jésus-Christ; elle resta la capitale du royaume çinghalais jusqu'en 769, époque à laquelle Aggrabodhi IV

Palais de Bronze. — Dessin de A. de Bar d'après une photographie de l'album de M. Grandidier.

chercha un refuge à Pollanarroua contre les incursions incessantes des Malabars.

Revenons maintenant à l'ancienne capitale de la monarchie çinghalaise. Nous lisons dans une des anciens chroniques la description suivante de la ville avant l'ère chrétienne : « Anouradhapoura est plein de temples; si l'on compte les usurpateurs, on aurait un nombre de quatre-vingt-dix-huit monarques.

1. Ou Anarajapoura, la ville des quatre-vingt-dix rajahs. Il n'a régné cependant dans cette capitale que quatre-vingt-deux rois indigènes;

ples et de palais dont les flèches dorées étincellent au soleil ; les rues sont semées au centre de sable blanc, sur les côtés de sable noir, et de distance en distance, s'élèvent des arches, formées de bambous, que décorent des fleurs et des drapeaux. Des milliers d'habitants, des éléphants, des chevaux, des zébus, des palanquins, des voitures et des chariots encombrent sans cesse ces rues. Au milieu de la foule des passants qu'appellent leurs affaires, on trouve des hommes dont le métier est d'amuser les autres, tels que danseurs, sorciers, musiciens.

« Il y a deux rues principales : Chandrawan Kalang (du nord au sud) et Mahavellanam Vadia (de l'est à l'ouest) ; elles ne contiennent chacune pas moins de dix mille maisons, la plupart grandes et richement ornementées. Les petites rues sont innombrables.

« Le palais du roi est un édifice remarquable et construit dans de vastes proportions. Quelques-uns des bâtiments ont deux et même trois étages. Qui pourrait dire l'étendue de terrain occupée par cette ville ? »

Où s'élevait jadis une cité riche et populeuse, je n'ai rencontré que de misérables huttes servant de demeure à un petit nombre d'indigènes. Les ruines attestent seules l'antique splendeur d'Anouradhapoura.

Le tracé des deux rues principales dont parle la

Dagoba Ruanvelly. — Dessin de A. de Bar d'après une photographie de l'album de M. Grandidier.

pompeuse description que nous venons de citer se distingue encore dans le fourré. C'est le long de ces grandes rues que s'élevaient les plus beaux monuments de la cité sainte.

Les principales de ces ruines sont : le Loha-Pasado et les Thoupos. Le Loha Pasado ou Lowa Mahapaya (palais de bronze) fut construit en 164 avant J. C. par Douttagamini, prince qui aux vertus d'un roi joignait la piété d'un religieux. C'était un monastère à mille cellules, qui, élevé sur une base de seize cents colonnes, était tout couvert de sculptures dorées. Il fut souvent restauré et même réédifié par les successeurs de Dottagamini. Pour donner une idée de ce palais, nous citerons le passage suivant du Mahawanso, écrit au cinquième siècle de notre ère[1].

« Le souverain seigneur de Lanka, le généreux rajah Douttagamini, ayant formé le projet de créer le Loha Pasado, fit déposer à chacune des portes huit lacks (deux millions de francs), mille vêtements et des vases remplis, les uns de sucre, les autres de beurre ou de miel pour payer les ouvriers, car il ne voulut pas, en cette occasion, avoir recours au travail forcé, et il décida que les ouvriers recevraient un juste salaire. Le palais, de forme carrée, mesurait cent coudées

---

1. Ce passage est extrait de la traduction anglaise par Turnour.

de chaque côté, et ses neuf étages s'élevaient à une hauteur égale. .

« A chaque étage, existaient cent chambres, toutes ornées avec la plus grande magnificence. Les murs étaient rehaussés d'ornements en perles de verre, étincelantes comme des pierres précieuses, et de guirlandes d'or que reliaient entre elles des fleurs incrustées de gemmes.

« Au centre du palais, était une salle toute dorée que supportaient des piliers ornés de Dewatas (dieux), de lions et animaux divers. Au fond de cette salle, couraient sur les murs des rinceaux de perles fines ; les côtés étaient décorés de perles de verre. Des encoignures pendaient des bouquets de fleurs, formés de pierres précieuses. Au milieu, s'élevait un trône en ivoire, orné d'emblèmes du soleil (en or), de la lune (en argent) et des étoiles (en perles). Auprès de ce magnifique trône, que recouvrait une étoffe d'une valeur inestimable, était déposé un éventail d'ivoire de la plus grande beauté (insigne du grand prêtre) et était étendu le parasol blanc, emblème du pouvoir royal.

« Tout était de la plus grande magnificence, la salle centrale, le trône et le parasol.

« Le rajah fit placer dans les chambres des lits, des chaises, des tapis de laine d'une grande valeur. La cuillère employée à la cuisine du riz était d'or. Il serait difficile de décrire toutes les recherches de ce palais.

« Cet édifice, auquel quatre portes donnaient entrée, était entouré d'un mur de stuc et couvert de plaques de bronze ; de là vint le nom de Loha Pasado ou monastère de bronze. Il resplendissait comme les palais célestes. »

Du Loha Pasado, ce palais-monastère, il ne reste aujourd'hui que les seize cents piliers sur lesquels s'élevaient jadis les neuf étages si richement ornementés. Ces piliers, tous de forme carrée, occupent un

Pierre demi-circulaire. — Dessin de A. de Bar d'après une photographie de l'album de M. Grandidier.

espace quadrangulaire, quarante sur chaque face, qui mesure soixante-un mètres cinquante centimètres.

A l'exception de quelques piliers taillés avec soin et même ornés de sculptures au sommet, ils conservent presque tous les marques des coins employés par les ouvriers pour les extraire des blocs de la carrière. Ils sont disposés sans ordre régulier, et, provenant de quelque édifice en ruine, ils ont dû être apportés lors de la restauration partielle du Loha Pasado par Dhatou-Sena. Ils étaient autrefois recouverts de stuc. — Quelques architraves de pierre indiquent qu'il existait au centre une salle carrée de huit colonnes de côté, peut-être la salle dorée où était le trône d'ivoire.

En parcourant cette forêt de pierre qu'a envahie la jongle, j'ai été frappé de l'irrégularité qui existe dans la hauteur, la circonférence et l'espacement des colonnes des diverses rangées. De l'extérieur du palais au centre, la circonférence augmente graduellement et l'espacement diminue ; la hauteur des colonnes centrales est supérieure d'environ un mètre à celle des autres colonnes. De cette disposition particulière, j'ai naturellement conclu que tout le poids de l'édifice reposait sur le centre et que le palais avait la forme pyramidale ; la surface de chaque étage diminuait en raison de l'élévation.

Cette forme de construction, qui se retrouve dans beaucoup de pays orientaux, a pris son origine dans la difficulté d'élever en bois un palais de plusieurs étages, avec une façade perpendiculaire. Les architectes, peu accoutumés à construire de semblables édifices, dans un pays où le roi seul pouvait posséder une maison à étages, ont dû, dans leur inexpérience, préférer le mode de construction le plus facile et le plus solide.

A l'extrémité de la place dont le Loha Pasado occupe un côté, s'élevait le Mahaviharé, temple qui ne présente aujourd'hui d'autre intérêt que le caractère sacré dont il est revêtu aux yeux des bouddhistes de toutes les nations : car son enceinte renferme le bogaha, ou arbre vénéré, rejeton du figuier d'Ourouwela (*Urostigma religiosum*), sous lequel Gotama atteignit la dignité du Bouddha. Un rameau de ce végétal a jamais béni fut apporté par Sanghamitta, fille de l'empereur Açoka, et planté sous le règne de Devananpiyatissa, deux cent cinquante ans avant Jésus-Christ. Le Mahawanso donne un long récit des miracles qui se sont accomplis en cette circonstance mémorable : on y lit comment la branche du figuier d'Ourouwela s'est spontanément séparée du tronc, comment elle a été transportée par mer et puis plantée à Anouradhapoura. Depuis cette plantation jusqu'à nos jours, l'arbre *victorieux*, *illustre*, *suprême*, *sacré*, *vénérable*, n'a cessé d'attirer les hommages et l'adoration des pèlerins bouddhistes venus de toutes les parties de l'Asie. Il n'existe peut-être aucun autre fétiche, comme le fait remarquer M. Emerson Tennent, qui ait été l'objet de l'adoration des hommes pendant vingt et un siècles consécutifs.

L'antiquité incontestée de cet arbre m'avait fait supposer que le tronc avait atteint des proportions gigantesques, aussi n'est-ce pas sans surprise, qu'après avoir successivement gravi cinq terrasses rectangulaires, élevées de sept mètres au-dessus du sol environnant, j'ai aperçu trois troncs dont le plus grand avait tout au plus une circonférence de deux mètres vingt centimètres. Après avoir étudié la distance qui sépare ces troncs et leur inclinaison, j'ai acquis la conviction que j'avais simplement sous les yeux les branches d'un arbre aujourd'hui enseveli sous la terre qui remplit les cinq terrasses. Les prêtres, profitant de la facilité avec laquelle l'*Urostigma religiosum* pousse des racines à l'instar de ses congénères, construisent une terrasse dès que le tronc prin-

Support de table à offrande. — Dessin de A. de Bar d'après une photographie de l'album de M. Grandidier.

cipal vient à se pourrir et ne laissent sortir de terre que les branches vivaces qui prennent bientôt racine. On a déjà eu recours cinq fois à ce procédé, il n'est donc pas étonnant que l'arbre sacré, planté par Devananpiyâtissa, vive toujours. La porte par laquelle on se rend à la seconde terrasse est ornementée, ainsi que celles de tous les vihàrés bouddhistes ; au centre, on aperçoit un masque de lion (sans mâchoire inférieure), et de chaque côté, des Makares, animaux fabuleux au corps de poisson et à trompe d'éléphant dont l'image se trouvait parmi les cent huit marques que portent les plantes des pieds de tous les Bouddhas. Au bas des escaliers existent comme toujours des stèles semblables à celles dont j'ai parlé ailleurs.

Ces terrasses d'où s'élance le bogaha, sont situées au milieu d'une vaste enceinte qui renferme deux bustes colossaux du Bouddha ; mais ce qui est le plus digne d'attention, ce sont les deux pierres demi-circu-laires placées au bas des escaliers du moromadoué ou porte d'entrée. Couvertes de sculptures d'animaux et de rameaux de feuillage, elles sont d'une exécution et d'un dessin très-remarquables. En dehors du Mahaviharé, j'ai heurté, çà et là, sur le sol quelques taureaux sculptés dont la présence indique le passage à Anouradhapoura des envahisseurs malabars, adorateurs de Çiva, et plus loin des lions accroupis, qui jadis ornaient le fût de colonnes auxquelles ils ont survécu.

Anouradhapoura possédait de nombreuses salles d'Ouposatha, salles d'assemblée où les prêtres se réunissaient deux fois par mois pour la lecture des commandements du Bouddha et pour la confession générale qu'a ordonnée leur maître. J'en ai vu des restes dans la jongle. Les ruines de l'une d'elles, peu distantes du Ruanwelli, à droite de la route d'Aripo, consistent en quatre rangées de huit colonnes monolithes taillées avec soin ; des chapiteaux carrés les couronnent ; la sculpture de l'abaque représente des Yakkhos dans l'attitude des cariatides qui semblent soutenir le toit comme pour honorer le caractère sacré des prêtres. La partie extérieure des colonnes, à l'exception des quatre placées aux coins, sont sans sculpture; la salle était entourée d'un mur récrépi à la chaux.

On ne peut s'éloigner de ces antiques lieux de pèlerinage, sans citer deux cuves monolithes en granit, dont les parois extérieures sont décorées de pilastres attiques simples; l'une d'elles mesure plus de trois mètres de longueur et a une capacité de quatre mille quatre cent cinquante-deux litres, elle servait à recevoir le riz ou cangy qu'envoyaient les rajahs pour la nourriture des moines du Viharé-Thouparama; la dimension de ce plat de pierre n'étonnera pas quand on saura que dans certains monuments d'Anouradhapoura

Statue de Bouddha dans l'enceinte de l'arbre sacré. — Dessin de A. de Bar d'après une photographie de l'album de M. Grandidier.

on comptait jusqu'à cinq mille prêtres, tous doués d'un vigoureux appétit, comme il convient à des gens exempts de peine et de soucis. Aujourd'hui encore, à la pleine lune de juin, lorsque les pèlerins viennent visiter le figuier sacré et les dagobas, ils jettent en passant devant la plus grande de ces cuves une poignée de riz grillé.

En m'enfonçant dans la jongle, j'ai pu voir aussi les deux auges, deux monolithes : l'un, de quinze mètres, et l'autre, de dix-huit mètres cinquante centimètres de longueur, qui servaient de mangeoire aux éléphants des rajahs.

Mais les ruines qui donnent au sol de la vieille cité l'apparence d'une plaine boisée, hérissée çà et là de collines coniques, sont celles des Dagobas ou *thoupos*. On appelle ainsi du mot sanscrit Sthoupa, *amas*, des mo-

Le Torparama Dagoba. — Dessin de A. de Bar d'après une photographie de l'album de M. Grandidier.

numents hémisphériques ou hémi-ellipsoïdaux élevés en l'honneur du Bouddha. Il faut distinguer les thoupos proprement dits ou topes commémoratifs, et les dagobas (de *dhatou*, reliques, et *gabhan*, sanctuaire) ou topes bâtis sur des reliques. Il y a à Anouradhapoura deux dagobas et cinq thoupos principaux : ce sont, de tous les monuments, les plus intéressants. On sait, en effet, que la religion bouddhiste à son origine n'admet-mettait aucun temple, et que l'introduction du culte des images du Bouddha a été postérieure au commencement de notre ère. Dans les premiers siècles, les thoupos étaient les seuls édifices religieux.

Ces monuments s'élèvent au milieu de deux enceintes ou plate-formes concentriques : le *Gajammaloué* ou grande esplanade, toujours quadrangulaire, et le *Salapatalé*, terrasse carrée ou circulaire, élevée de deux à trois mètres au-dessus du niveau général. Les murs sont en pierre et surmontés d'une corniche ornée d'une moulure arrondie. Quatre moromadoués ou portes précédées d'un escalier, à la rampe sculptée, donnant accès dans le Gajammaloué, bâti sur un soubassement de pierre, sont aujourd'hui tous en ruines. Aux deux côtés de ces portes était l'emplacement réservé aux gardiens. La première marche de l'escalier était toujours flanquée de deux stèles de granit portant en haut relief l'image d'un Dewata ou Dieu escorté d'un Yakkho et surmonté du Naga ou cobra capella.

Les Çinghalais donnent à ces figures le nom de *dorotouparés*, gardiens de portes.

Au centre du Salapatalé s'élève le thoupo.

Le thoupo comprend quatre parties distinctes :

1° Le soubassement circulaire ;

2° Le dôme hémi-ellipsoïdal ou le corps du tope ;

3° Le tié ayant la forme d'un parallélipipède ;

4° La flèche.

Le soubassement qui donne à l'édifice de l'élégance

Ruines d'un temple à gauche du Thouparama. — Dessin de A. de Bar d'après une photographie de M. Grandidier.

est le plus souvent en briques, quelquefois en pierre ou en marbre blanc (dolomie).

Le dôme est la partie la plus considérable et la plus importante du monument. Dans les dagobas primitifs c'était le support du tié ou reliquaire.

Le tié était primitivement le sanctuaire où on renfermait les reliques ; le Mahawanso dit en effet qu'on les déposait au sommet du thoupo, dans des reliquaires de forme carrée. Plus tard, dans les monuments purement commémoratifs, le tié n'a plus été considéré que comme le couronnement de l'édifice.

La flèche terminale, aujourd'hui simple ornement, se terminait autrefois par de petits reliquaires ou Cavanduas ayant la forme de cloche, où on renfermait des pierreries et des objets d'offrande.

Tous les thoupos sont construits en briques, et ces matériaux, tout désagrégés qu'ils sont, conservent après vingt siècles leur forme primitive. Dans l'intérieur du thoupo, elles sont liées par un ciment de terre argileuse ; extérieurement l'édifice était recouvert de stuc blanc poli comme le marbre.

En énumérant ces monuments du sud au nord, on rencontre d'abord une solitaire colonne, encore debout au pied d'un tertre couvert d'une épaisse végétation. Ce sont les restes d'un Dagoba, érigé en 161 avant Jésus-Christ, par Doutougaïmounu, descendant légitime de Visajo, sur la place même où un usurpateur du nom d'Elala avait été vaincu et tué. Comme beaucoup d'autres usurpateurs Elala a laissé après lui une mémoire légendaire et vénérée, et même dans les jours actuels les Çinghalais n'approchent pas de la tombe du chef vaincu sans une crainte respectueuse et n'aiment pas à la voir profanée par les regards des étrangers.

Un peu au nord-ouest de la tombe d'Elala sont les débris de Miri-si-Vettiye-Dagoba, élevé par le même Doutougaïmounu, en mémoire de sa restauration ; ce

'est plus aujourd'hui qu'un monticule de bri-
ues dé agrégées et couvertes d'un manteau de
'erdure.

En traversant la route d'Aripo pour regagner la voie
ord et sud de la cité, on ne tarde pas à apercevoir le Ruanwelli construit pour recevoir le dépôt de
plusieurs reliques apocryphes du Bouddha ; il est au-
ourd'hui en ruines. De loin ce monument se présente
sous l'aspect d'une colline couverte de jongles ; ce n'est
qu'en approchant du Dagoba qu'on peut reconnaître la
main de l'homme dans l'immense amas de briques,
presque entièrement caché par la verdure des arbustes
et des plantes. En regardant avec soin les contours
actuels du Ruanwelli, on peut encore déterminer la
place du tie, et se rendre compte de la forme hémi-
sphérique qu'a dû avoir le Dagoba. La hauteur, attribuée par les chroniques çinghalaises du Ruanwelli-
Saï, est de cent vingt coudées ou quatre-vingt-trois

mètres ; mais il est probable qu'il n'est question que
de la ligne tirée obliquement de la base au sommet.
La hauteur actuelle est de cinquante-six mètres et son
diamètre de cent seize mètres soixante centimètres. Le
Salapatalé mesure deux cent trois mètres de côté ; le
principal portique est le seul dans Anouradhapoura
dont le soubassement soit décoré de deux cordons, l'un
formé de bossages carrés, l'autre représentant des têtes
de lions. Le Salapatalé est carré et bien dallé ; un petit
sanctuaire a été récemment construit en face de l'escalier, il renferme quelques statues du Bouddha et quelques fresques ayant trait à sa vie ; mais son principal
intérêt vient de ce qu'il a été bâti sur les supports
sculptés de deux tables d'offrandes. Une troisième est
au sud du Dagoba ; c'est une sorte d'autel sur lequel
les dévots déposent des fleurs ou d'autres présents.
Les sculptures, dont elle est ornée, représentent alternativement un éléphant et un yakko dansant ou jouant

Cuve en pierre. — Dessin de A. de Bar d'après une photographie de l'album de M. Grandidier.

des cymbales ou de la flûte en l'honneur du Bouddha ;
elles sont gracieuses et les têtes sont expressives.

Ces autels datent, dit-on, de l'an 109 avant Jésus-
Christ. Le mur d'enceinte du Salapatalé a été orné de
têtes d'éléphants ; on croirait que les corps de ces animaux sont cachés sous l'amas de pierres et portent le
thoupo sur leurs épaules massives

A un kilomètre à l'orient du Ruanvelly-Dagoba, s'é-
lèvent les restes de l'Abhayagiri, érigé l'an 87 avant
notre ère en commémoration de l'expulsion des souverains malabars. Dans l'origine il fut sans doute le plus
remarquable des dagobas de Ceylan par sa hauteur.
Il ne comptait pas moins de quatre cent cinq pieds du
niveau du sol à son sommet. Après deux mille ans
écoulés, des mutilations et des restaurations nombreuses, il mesure encore deux cent quarante pieds d'é-
lévation perpendiculaire. Comme le Ruanvelly il est
revêtu d'une épaisse végétation d'arbres et d'arbustes

qui ont pris racine dans les fissures de la maçonnerie,
au grand détriment des briques réduites en poussière
ou précipitées en amas, entassées à la base du monument.

A l'angle nord-ouest du carrefour formé par la rencontre des deux grandes rues de la vieille et sainte
métropole s'élève le Thouparama, le plus vénéré des
dagobas de Ceylan ; il fut construit par Dewanaphiza-
tissa, le premier roi bouddhiste de l'île, environ deux
cent cinquante ans avant l'ère chrétienne, pour recevoir le dépôt sacré de la clavicule du Bouddha, relique
échappée, dit-on, aux flammes du bûcher qui avait
consumé le corps du saint Gotamide. Il s'élève au
centre d'une plate-forme circulaire ; le soubassement
est en dolomie, pierre calcaire blanche que les lois
somptuaires de Langka ne permettent d'employer qu'à
la construction des palais royaux et des édifices religieux. Le dôme hémi-ellipsoïdal, en retraite de deux

mètres trente-cinq centimètres, a sa partie inférieure décorée de moulures lisses et a été récemment recouvert de stuc. Sur les faces est et ouest du tie, est sculptée l'image du soleil; la flèche, ornée de moulures simples, est surmontée d'une boule de cuivre doré.

Quatre rangées concentriques de colonnes monolithes entourent la Dagobé. Ces colonnes à base carrée et à fût octogone sont couronnées par un chapiteau en corbeille à huit pans; sur l'abaque sont sculptées des cariatides représentant des Yakkhos. Au-dessus des chapiteaux sont sculptés huit masques de lions que relient entre eux des cordons de perles. Le lion, emblème de la force, de la noblesse, du pouvoir, n'était sculpté que sur les palais et les édifices sacrés; les colliers de perles étaient spécialement réservés à l'usage des rois; chaque ornement avait sa signification.

Ces colonnes du Thouparama sont d'un style simple et gracieux. Elles donnent à la Dagobé l'aspect élégant qui fait de cet antique monument un des spécimens les plus intéressants et les plus précieux de l'architecture bouddhiste.

Le Mahawanso rapporte que la clavicule du Bouddha, après avoir opéré de nombreux miracles, fut déposée au sommet du Thouparama, probablement dans le tie; le dôme du Dagoba fut agrandi deux cent quarante ans après Jésus-Christ.

Dans l'enceinte du Thouparama, au sud du Dagoba, se trouvent les ruines d'un petit édifice où fut déposé, en 400 après Jésus-Christ, le Dalada, ou dent canine droite du Bouddha, lorsque la fille de Gouhasewa, prince de Kalïnga, l'apporta de Dantapoura à Ceylan par ordre du roi son père, qui craignait de voir cette relique sacrée tomber entre les mains d'un infidèle, dont les armées menaçaient ses États. Il ne reste aujourd'hui du Dalada *Maligawé* que les colonnes : quelques-unes attirent l'attention par la curieuse forme de

Jayta-Wana-Rama. — Dessin de A. de Bar d'après une photographie de l'album de M. Grandidier.

leurs chapiteaux, dont les côtés sont profondément évidés et les arêtes en arc de cercle.

Au bas de l'escalier, je signalerai une pierre demi-circulaire, divisée en anneaux concentriques qu'ornent des bas-reliefs remarquables; sur l'un sont sculptés des lions, éléphants, chevaux, zébus; sur un autre court une guirlande de fleurs de lotus; puis des oies sacrées portant dans leur bec des graines et des racines de la même plante, et divers autres ornements. Ces sculptures sont d'un dessin pur et élégant, les animaux sont imités avec une rare perfection, ils semblent pleins de vie et la pose est naturelle. Ce qui m'a le plus frappé, mérite bien rare dans les œuvres d'art asiatiques; c'est la simplicité de ce bas-relief, qui ne conviendrait guère aujourd'hui au goût et à l'esprit des nations indiennes.

En suivant les vestiges de la grande rue sud-nord l'espace de trois kilomètres au moins de Thouparama,

on arrive au pied du Jayta-Wana-Rama, érigé par un souverain du nom de Maha-Sen, l'an 330 de notre ère. La hauteur de cet édifice est encore de deux cent quarante-neuf pieds, sans compter celle des futaies de haute taille qui couronnent son sommet. On prétend que cet édifice fut destiné dans l'origine par son fondateur à des prêtres hérétiques, et on base cette opinion sur le caractère des gardiens de la principale porte d'entrée, bas-reliefs qui, au lieu des traits consacrés des dieux du panthéon védique, représentent des nains sakkhas, aux jambes torses, au buste démesuré, aux regards sarcastiques.

Peut-être l'hérésie nouvelle provenait-elle de l'admission des Yakkos parmi les dieux bouddhistes, et faut-il attribuer à cette époque seulement toutes les figures de nains dont sont ornés les autels et les colonnes.

Au Moromadoué du Jayta-Wana-Rama, on retrouve en

place les Kalas ou vases de pierre dont nous avons parlé plus haut ; partout ailleurs ils gisent parmi les décombres. Traversant la première enceinte, large de quatorze mètres, on arrive au Salapatalé, qui est bien dallé et ne mesure pas moins de deux cent trente-neuf mètres de côté. On a calculé que la partie solide de cette terrasse et de la sphère ou thoupo proprement dit renferme cinq cent quarante-quatre mille deux cents mètres cubes ; il y est entré plus de un milliard neuf cent mille milliers de briques, quantité suffisante pour construire un mur de deux cent vingt lieues de longueur, ayant une hauteur de trois mètres et une épaisseur de vingt-cinq centimètres. En revenant à tra-

vers jongles, dans la direction du sud-ouest, on voit encore le Lanka - Ramaya, au centre d'une terrasse circulaire ; des quatre rangées concentriques de colonnes qui l'entouraient, il ne reste que quelques-unes de la première et de la deuxième rangée. La différence de hauteur de ces colonnes prouve qu'elles devaient supporter un toit. Le thoupo a dix mètres de diamètre et onze mètres cinquante centimètres de hauteur.

Lorsque ces monuments, surtout ceux dont la masse rivalise avec les montagnes, étaient recouverts d'un stuc poli et d'une blancheur éclatante, ils présentaient certainement au milieu de la verdure des forêts un aspect imposant ; ils devaient plaire tout à la fois, et par l'en-

Jayla-Wana-Rama. — Dessin de A. de Bar d'après une photographie de l'album de M. Grandidier.

semble gracieux de leurs principales lignes et par la disposition des diverses parties dont l'œil pouvait embrasser les contours dans tout leur développement, du sommet à la base.

Ces monuments, simples et grandioses, élégants et hardis, marquent une époque dans l'histoire asiatique ; ce sont, en effet, les premiers édifices religieux construits par les peuples de l'extrême Orient et, comme nous avons eu occasion de le voir, ce sont eux qui ont servi de modèles à toute leur architecture des temps postérieurs ; c'est le germe qui plus tard se développe et produit l'arbre dont les branches multiples puisent leur existence dans un tronc

commun, et cependant ces branches sont bien distinctes.

Une ruine vivante au sein de ces ruines mortes, m'attendait un peu à l'ouest du Lanka-Ramaya. Là, au centre d'un petit enclos cultivé, modeste défrichement de ce sol sacré qui retourne à la forêt vierge, vit, avec la qualification de prince et le titre de Suriya-Kournera-Singha (fils du soleil et du lion), le chef héréditaire du district actuel d'Anouradhapoura. Son arbre généalogique remonte authentiquement à un ancêtre qui accompagna le rejeton sacré de l'arbre de Bouddha dans son voyage de Magadha à Ceylan en l'an 289 avant Jésus-Christ. Comparées à une telle antiquité que sont les prétentions nobiliaires de nos plus vieilles familles d'Europe? Je vis entre ses mains un *carandua* qui jusqu'à la fin du siècle dernier a orné, dit-on, la flèche du Ruanvelly. Il est en vermeil ciselé, s'ouvre au moyen d'un système particulier de serrure, et a dû contenir plusieurs reliques et riches offrandes. Il serait intéressant de connaître d'une manière exacte l'ancienneté de cet objet, dont le travail et la curieuse serrure annoncent un état fort avancé dans l'art de l'orfévrerie et de la mécanique.

Pendant mon séjour à Anouradhapoura, le grand prêtre de ces ruines tomba malade; il mourut en quelques jours. J'assistai à ses funérailles. Lorsqu'un bouddhiste est en danger de mort, on envoie chercher un prêtre pour réciter au chevet de son lit le bana (parole sainte). Si le ton du récitatif est favorable à la réflexion, les paroles étant incompréhensibles pour le moribond ne lui sont assurément pas d'un grand secours religieux. Le corps des prêtres et les personnes de haute caste ont seuls les honneurs de la crémation; les autres sont enterrés dans les jardins de leur demeure, ou en quelque endroit choisi par les parents. Qu'on brûle ou qu'on ensevelisse les corps, la face est placée contre terre et la tête tournée vers l'ouest, car les Çinghalais ont coutume de dormir la tête vers l'est, de manière à regarder le continent indien d'où est venu le Bouddha, et il ne sied pas de donner aux morts la position que prennent les vivants. Comme, dans leurs idées, un cadavre souille les habitations, autant que possible ils transportent le moribond sous un autre toit que celui où ils demeurent. Après le décès d'un individu, ses parents, les cheveux au vent, pleurent en se frappant la poitrine et se livrent à de longues lamentations.

Le corps du grand prêtre couvert de sa robe jaune fut transporté au bûcher funéraire sur un palanquin

Ruines d'une Ouposatha (salle d'assemblée). — Dessin de A. de Bar d'après une photographie de l'album de M. Grandidier.

découvert, que portaient les parents et amis, revêtus d'habits bleu foncé qui est la couleur de deuil usitée à Ceylan; les pieds étaient liés et les mains croisées sur la poitrine; devant le convoi s'avançait un homme battant du tamtam[1], et suivi des serviteurs avec drapeaux et insignes divers, les prêtres et les parents marchaient derrière le cercueil. Le bûcher avait été préparé dans la jongle même, il était formé de plusieurs couches de bois sec et s'élevait d'un mètre à un mètre vingt centimètres; aux quatre coins étaient plantés des pieux à l'extrémité desquels flottait un morceau d'étoffe blanche; de petits cierges brûlaient dans des vases de terre; une légère construction en bambous faisant voûte et ornée de feuilles de cocotier protégeait le tout; le corps placé sur le bûcher fut recouvert d'une étoffe blanche, et le premier prêtre, tout en imposant les mains, récita une prière; le drap fut ensuite enlevé et on accumula sur le corps plusieurs couches de bois. Des étoffes et des pièces de monnaie furent distribuées en l'honneur du défunt, on jeta sur le bûcher du riz grillé, et les prêtres pour honorer leur chef firent le tour du bûcher en s'agenouillant et frappant la terre avec leur front; un des parents, une hache à la main, fit également trois fois le tour du bûcher, et, s'arrêtant à chacune des faces, il frappa avec le fer. « Que fais-tu, lui fut-il demandé! — Je détruis le corps du grand prêtre. » Prenant alors deux torches, et le dos tourné vers le bûcher, il y mit le feu, en laissant l'une des torches sous les pieds, l'autre sous la tête du défunt; à ce moment, des sanglots violents se firent entendre; c'est à cette partie de la cérémonie que les Çinghalais attachent la plus grande importance. « Rendez-moi, après ma mort, les honneurs qui me sont dus, » disent toujours les moribonds. Quand le corps est consumé, on

1. On ne se sert du tamtam qu'aux funérailles

place tout autour de petites branches de cocotier, de manière à indiquer que ce lieu est sacré. Le septième jour, les prêtres et les parents recueillent les cendres qu'on enfouit sous le sol même consacré par le bûcher, ou qu'on met dans un vase pour les déposer dans un mausolée. Avant de recueillir les cendres, un des prêtres dans une allocution où il retrace toutes les vicissitudes de la vie, exhorte les assistants à pratiquer les vertus, surtout la charité et à fréquenter les temples pour atteindre au bonheur suprème.

Dans la monarchie Kandienne, à la mort du roi, il se faisait une cérémonie particulière qu'il est intéressant de relater. Le corps, revêtu des insignes royaux, était transporté en grande pompe au bûcher fait de bois de sandal. Quand le feu, entretenu durant onze jours par les moines, avait consumé le cadavre, on l'éteignait avec du lait de buffle mêlé à de l'eau de coco. Une partie des cendres était renfermée dans une urne qu'un homme, monté sur un des éléphants royaux et une épée à la main, portait au bord d'un fleuve, où il plongeait avec son précieux fardeau et reparaissait les mains vides ; il regagnait la rive opposée et disparaissait dans les profondeurs des forêts ; l'éléphant était abandonné et retournait à l'état sauvage ; les porteurs et les jeunes filles qui avaient fait partie du cortége traversaient la rivière, et une loi sévère punissait de mort ceux d'entre eux qui la repassaient. Toutes les formalités remplies, les chefs et les nobles venaient à la capitale, annonçaient au nouveau roi que tout était terminé ; et puis ils se purifiaient par un bain.

Le bouddhisme est tellement entaché de superstitions qu'il n'est pas jusqu'aux grands prêtres qui ne mettent leur confiance dans les incantations adressées aux Dewas et aux Yakkhos. Ainsi, à côté des cérémonies simples et dignes du bouddhisme, apparaissent les jongleries par lesquelles les Anomattias et Yakkhodoureas prétendent guérir les maladies infligées aux hommes par les Dewas et les Yakkhos, en punition de leurs vices et de leur impiété ; nous avons déjà dit que Dewas et Yakkhos ont un pouvoir surhumain, suivant les croyances çinghalaises ; quoique invisibles aux regards, ils habitent la terre : ceux qui suivent les préceptes du Bouddha sont chargés de la garde des lieux sacrés et punissent les sacriléges ; les autres cherchent à nuire aux hommes qu'une vertu pure et sans tache ne met pas à l'abri de leurs attaques malignes. Certains Çinghalais qui passent pour des gens possédés des Dewas prétendent avoir sur eux une influence ; d'autres sont des sorciers qui n'exercent leur pouvoir que sur les Yakkhos. Notons que chacun des Anomattias et Yakkhodoureas, comme on les appelle, n'ont de pouvoir que sur un Dewa ou Yakko déterminé et lorsqu'ils sont appelés au chevet du lit d'un malade, il ne leur faut pas beaucoup d'habileté pour voir que la conscience du malade n'est pas tranquille à l'égard de certains actes, de certaines offenses faites évidemment dans l'enceinte sacrée où leur Dewa exerce son pouvoir. J'avais, avant la mort du grand prêtre dont j'ai décrit les funérailles, assisté à la cérémonie des Anomattias. Leur mode de procéder diffère de celui des Yakkhosdoureas. La porte de la maison où gît le malade est décorée d'un arc de bambou ; des coquilles de noix de coco pleines d'huile servent à illuminer la façade. Quand c'est un Anomattia qui officie, on place devant lui un autel sur lequel sont déposés des lumières, de l'encens, du bétel et des noix d'arèque. Joignant les mains, il se met à prier, et, peu après, il commence à trembler : un assistant nommé le Kapouralé le soutient et lui met dans

Danseurs du diable. — Dessin de Émile Bayard d'après une photographie de l'album de M. Grandidier.

la main un paradi ou amulette de pierre ; dès lors, des mouvements convulsifs de nature épileptique se succèdent rapidement, le dieu est entré dans son corps, disent les Çinghalais, et y décèle sa présence par des mouvements extraordinaires. L'agitation et le désordre s'emparent effectivement de ces gens, qui semblent subjugués par une force irrésistible. Sa tête tourne avec vitesse, ses cheveux se dénouent, couvrent ses épaules et sa figure ; un air effaré, des mots incompréhensibles, échappés par saccades, annoncent que le dieu va s'expliquer par sa bouche. On lui adresse alors des questions sur la cause de la maladie, et il prescrit les remèdes à employer. Quand la consultation est terminée, il pousse des cris sourds, sa tête recommence à tourner de plus en plus vite, ses dents s'entrechoquent, ses yeux se ferment, il chancelle, il tombe dans les bras de son assistant. Le dieu est parti.

Les ordonnances ne consistent guère qu'en conseils de morale; souvent ces charlatans donnent au malade un fil enchanté ou une ola (feuille de latanier) couverte de caractères hiéroglyphiques qui doit être liée autour du bras. Le peuple, ignorant la cause et la nature de ces mouvements qui dénotent parfaitement une maladie convulsive, n'a pas manqué de reconnaître dans ces jongleries quelque chose de surnaturel. L'Yakkhodourea ou le danseur du diable, suivant l'expression des Anglo-Indiens, agit tout autrement; ployant sous le poids des chaînes et des bijoux, il emploie des exorcismes pour forcer les Yakkhos à sortir du corps du malade. Ses incantations consistent en danses bizarres et excentriques; le sacrifice d'un coq précède d'ordinaire la cérémonie. On dresse un autel autour duquel les Yakkhodoureas exécutent leurs danses; lorsque, au milieu de leurs évolutions rapides, ils s'écrient : « Tuez le coq, » l'animal est aussitôt mis à mort, et le sang, recueilli sur du riz grillé, est déposé sur l'autel, dans une feuille de jacquier. A la fin de la danse, on porte le coq

Dewata qui se trouve à l'entrée du Jayta-Wana-Rama. — Dessin de A. de Bar d'après l'album photographique de M. Grandidier.

et le riz dans la jongle, où on les expose sur un tréteau avec autant de lampes qu'il y a eu d'objets offerts.

Dans certaines maladies, l'offrande appelée Dehikopouné consiste simplement en citrons que le danseur du diable coupe en deux au moyen de ciseaux, et qu'il jette chaque fois que, dans ses évolutions compliquées, il passe devant le malade. Les morceaux de citrons sont ensuite ramassés et portés dans la jongle. Les Anomattias, ainsi que les Yakkhodoureas, ne pré-

tendent exercer aucune influence sur les maladies naturelles; leur intervention n'est utile que dans le cas où la maladie est produite par un Dewa ou par un Yakkho.

L'origine de la danse du diable date du règne de Sirisangha-Bodhi Ier (238 après J. C.). Il y eut, à cette époque, une grande famine suivie d'une peste terrible qu'on attribua à un certain Yakkho à œil rouge; ce fut pour l'apaiser qu'on inventa la danse aujourd'hui encore en faveur. Les doctrines bouddhistes sont opposées à toutes ces pratiques; cependant le Bouddha accordait aux dieux et aux esprits un pouvoir surhumain, et il avait lui-même établi une cérémonie pour exorciser et délivrer de leurs attaques les hommes de peu de vertu. Cette cérémonie ne dure pas moins de sept jours, durant lesquels deux prêtres lisent sans discontinuer le Pirit, ou rituel écrit dans cette intention. Une relique est placée sur l'estrade, en face de laquelle se tiennent les prêtres; à la fin de la première nuit, on entoure la chambre d'un fil sacré, dont une extrémité est attachée à la relique. Trois fois par jour, tous les prêtres convoqués se réunissent, et chacun d'eux, tout en récitant des versets du Pirit, tient le fil dans ses mains; tout le long du jour, deux prêtres se remplacent pour faire la lecture.

Le culte des Nagas ou serpents n'est plus aujourd'hui autant en honneur que celui des Yakkhos; il n'y a pas longtemps toutefois, d'après M. Emerson Tennent, que, dans une petite île, près Jaffera (Naïnativoë), il existait un temple consacré à la déesse Naga-Tambiran; on y élevait des serpents sacrés.

Alfred GRANDIDIER.

Groupe de cocotiers sur la route de Colombo à Pointe de Galle. — Dessin de A. de Bar d'après une photographie de l'album de M. Grandidier.

VOYAGE DANS LES PROVINCES MÉRIDIONALES DE L'INDE,

PAR M. ALFRED GRANDIDIER[1].

1862-1864. — TEXTE ET DESSINS INÉDITS.

X

Ceylan (suite). — Mœurs et coutumes autour d'Anouradhapoura. — Autres cités ruinées de l'île. — Les fièvres des jongles.
Retour à Colombo.

Voué aux ruines et aux débris du passé, le district d'Anouradhapoura est le seul de toute l'île où en 1862 fleurissaient encore en pleine vigueur les anciennes lois çinghalaises sur le mariage et les successions. Il est peu de pays où les mœurs soient, sous ce rapport, aussi curieuses. Les hommes, dès l'âge de seize ans, peuvent, sans le consentement paternel, former à leur convenance des engagements matrimoniaux. Quand les parents d'une jeune fille ont fait connaître au public par la célébration d'une fête spéciale de famille que leur enfant est mariable, tout prétendant à la main de la demoiselle peut, par l'intermédiaire d'un oncle ou d'un cousin, ouvrir des négociations avec ladite famille. Lorsque les plénipotentiaires ont été reçus favorablement, le père du jeune homme va lui-même prendre des informations et s'enquérir de la dot. Si l'union paraît sortable, la demande en règle a lieu, et les parents de la jeune personne doivent faire à leur tour leur visite, durant laquelle ils prennent aussi des renseignements sur la position du prétendant. Il reste ensuite à s'assurer que la future n'a ni maladie, ni vices constitutionnels; c'est un devoir qui incombe à la mère du jeune homme. Immédiatement après l'enquête, celui-ci envoie un présent de feuilles de bétel dont l'acceptation constitue un engagement obligatoire. Le jour et l'heure des noces sont alors déterminés par l'astrologue qui, avant les dernières démarches dont nous venons de parler, a dû comparer l'horoscope des deux futurs époux, et constater si les influences planétaires ne s'opposent point à leur union ; la réponse est généralement affirmative. La noce a lieu dans un *mandou* ou édifice temporaire de bambou, tapissé de nattes, qu'on élève près de la demeure de la fiancée. C'est là que se tiennent les hommes, tandis que les femmes mangent seules dans l'habitation. Le jour des noces, le fiancé, accompagné de tous les amis et serviteurs qu'il a pu réunir, se rend chez sa fiancée avec des cadeaux, tels que bijoux, étoffes, fruits et mets de toute sorte. Un esclave, qui l'attend à la porte, lui lave les pieds. Le chef de famille le prend alors par la main et le fait asseoir sous le mandou ; les femmes suivent la mère de la future dans l'intérieur de la maison, où, après le repas, a lieu la cérémonie nuptiale.

Au centre de la pièce principale, sur une estrade tendue de toile blanche, est placé un monceau de riz, en forme de cône ; de jeunes cocos, des régimes de bananes et des feuilles de bétel l'entourent ; des pièces d'or, d'argent et de cuivre forment son couronnement. Au moment propice soigneusement indiqué par l'astrologue, on sépare un des cocos en deux d'un seul coup et la jeune fille entre sous la conduite de sa mère et d'une proche parente, chargée elle-même d'une nombreuse lignée. Lorsqu'elle est montée sur l'estrade, la figure tournée vers le point du ciel où se trouve l'astre qui préside à l'union, elle reçoit des mains de son fiancé les bijoux de noce dont elle se pare aussitôt. La mère prend pour elle les étoffes ; les dons faits avant le mariage sont la propriété de la femme et ne peuvent être réclamés sous aucun prétexte. Dès que la toilette de la fiancée est achevée, elle distribue des feuilles de bétel à toutes les personnes présentes ; le fiancé s'avance ensuite, verse sur elle un peu d'huile de bois de sandal ou d'essence de cannelle et tire un fil de son comboye avec lequel le père d'un des conjoints lie leurs petits doigts. Le fiancé fait descendre la jeune fille de l'estrade et, après quelques pas, ils séparent leurs mains en brisant le fil. Le nouveau couple se rend aussitôt accompagné de ses plus proches parents dans une autre salle où ils trouvent un repas préparé ; comme preuve de l'égalité de leurs castes, ils prennent leur nourriture dans le même plat. Le festin terminé, le jeune époux jette dans ce plat quelques pièces de monnaie. La nappe et diverses offrandes deviennent la propriété du blanchisseur de la famille. Jusqu'au troisième et même souvent jusqu'au septième jour après le mariage, les nouveaux époux conservent jour et nuit leurs vêtements de noces : aux mêmes jours aussi les parents de la mariée apportent des présents de fruits, de riz, de carry, de fleurs ; l'estrade est dressée de nouveau et les conjoints s'y assoient. Il n'est pas rare de voir des familles dépenser en cette occasion leurs économies de plusieurs années. La polygamie n'a pas cours

parmi les çinghalais, mais une coutume bien plus extraordinaire, la polyandrie, permise par les lois et la religion, était pratiquée dans tout le pays jusqu'au décret promulgué à Kandy par les Anglais en 1859. Aujourd'hui ces sortes d'unions ne sont plus reconnues légales, mais dans le district d'Anouradhapoura l'ancienne coutume persiste sous la tolérance de l'administration. La polyandrie est la conséquence de la misère et de la paresse et le résultat des malheurs publics qui ont désolé Ceylan depuis le cinquième siècle. La vie en communauté est moins chère que la vie de ménages isolés et on n'avait pas à redouter dans ces unions de donner le jour à des enfants que la faim eût emportés. Du reste les filles étaient mises le plus souvent à mort ; on leur introduisait un épi de riz dans la gorge le jour de leur naissance.

D'Anouradhapoura, je m'enfonçai dans la jongle pour aller visiter le célèbre étang de Kalawévé, qui se trouve dans le sud-ouest. Créé en 459 après Jésus-Christ par Dhatou-Séna, il avait une circonférence de quinze lieues ; l'endiguement transversal ajouté au terrassement latéral du Balalouwévé a une longueur de près de cinq lieues. La base du talus mesure soixante mètres, le sommet huit mètres ; l'empierrement intérieur existe encore. La profondeur était de six mètres, près du talus. Il y avait sept décharges pour le trop-plein, je n'ai pu en retrouver que deux dans les décombres. Ce sont des puisards de quatre mètres de côté et de cinq mètres cinquante centimètres de profondeur construits avec d'énormes blocs de granit.

Je pourrais encore citer entre beaucoup d'autres, les restes du lac de Prakrama, situés à Elléhava près de Matella, où une digue de dix lieues de long retient les eaux de l'Ambanganga. Des canaux relient cette mer intérieure au lac de Minery, qui a huit lieues de tour et offre au voyageur un point de vue charmant.

Dans aucun pays, le régime des eaux n'avait atteint un tel developpement. Aucun pays, au reste, n'a plus besoin d'irrigation artificielle que les provinces du nord de Ceylan et le Deccan ; les pluies y sont rares et non périodiques. La culture du riz, qui est la base de l'alimentation des peuples asiatiques, exigeait la création de vastes réservoirs pour fertiliser des sables qui, sans arrosement, eussent été stériles.

Des profondeurs de ces jongles, je revins sur la route de Damboul pour aller à Nihintéla à trois lieues d'Anouradhapoura. On donne ce nom à deux collines hautes de trois cents mètres et isolées au milieu de la plaine sur lesquelles séjourna, suivant la tradition bouddhiste, le fameux missionnaire Mihindo, fils du roi Açoka. Trois thoupos couronnent ces collines ; un escalier de sept cents marches, en partie creusé dans le roc, conduit aux ruines d'un petit ermitage, à l'entrée duquel sont deux plaques de granit couvertes d'une inscription en ancien caractère çinghalais, relatant les règlements du monastère de l'Ettviharé dont dépendait l'ermitage. Le thoupo s'élève au centre d'une plate-forme circulaire ; il est en bon état de conservation ;

sa hauteur est d'environ onze mètres et son diamètre de neuf. Il est entouré de deux rangées circulaires de colonnes octogones qui jadis, suivant le Mahawanso, supportaient un toit; les chapiteaux sont gracieux et ont la forme d'une tulipe; les sculptures de l'abaque représentent des Yakkhos, des oies et des lions.

Après avoir gravi deux cent vingt-cinq marches de plus, soit neuf cent soixante-dix-sept en tout, j'arrivai enfin au sommet de la colline, que couronne un amas informe de briques; c'est là qu'était jadis le dagoba d'Ettviharé, construit sur les reliques de Mihindo vers l'an 220 avant Jésus-Christ. La hauteur actuelle du monument ruiné est de dix-huit mètres cinquante centimètres, le diamètre de la base de seize mètres; de là, on a une vue étendue et fort belle sur les plaines en-

vironnantes que couvrent de vertes forêts et quelques rizières. Sur le sommet de la deuxième colline, la plus élevée des deux, sont les ruines du Saïghiri auxquelles conduisait un escalier de dix-huit cents marches, suivant le Mahawanso, escalier aujourd'hui perdu dans les ronces. Ce thoupo fut bâti, en l'an 9 après Jésus-Christ, par Mahadatiko-Mahanago, qui le fit couvrir d'étoffes blanches ornées de pierres précieuses et qui y célébra des fêtes splendides. En cette occasion, depuis la rivière Kadambo qui coule près d'Anouradhapoura jusqu'au sommet de la colline, sur un espace de trois lieues, on étendit un tapis pour que les pèlerins pussent arriver au thoupo sans avoir les pieds souillés de poussière.

Des fièvres paludéennes très violentes que je con-

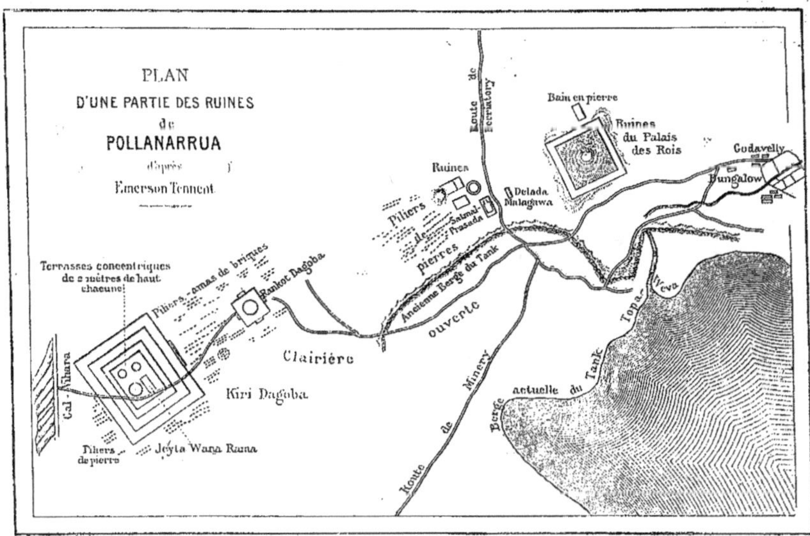

Gravé par Erhard.

tractai, en étudiant les ruines éparses dans les jongles malsaines d'Anouradhapoura, et qui ne me quittèrent pas pendant plus de trois ans, me forcèrent de retourner au plus vite à Colombo. Je regrettai vivement de ne pouvoir visiter les monuments de Pollanarroua, qui a été la capitale de l'île depuis Aggrabodhi IV en 769 jusqu'en 1218. Les édifices, qui attirent encore aujourd'hui l'attention des voyageurs, sont dus à Prakrama-Bahou Iᵉʳ (en 1153) et à Kirti-Missanga. Le nom de Pollanarroua vient, suivant les traditions, de *polon*, nom cinghalais d'un serpent venimeux, et de *na*, serpent à lunettes; ces animaux se seraient disputés en ce lieu la suprématie divine. Pollanarroua est au sud-ouest de Trincomalie, au milieu de la jongle, à trente kilomètres d'Habélbourenne, en passant par le lac

de Minery, ou à cent vingt-cinq kilomètres de Kandy. Cette ville date des premiers siècles de la monarchie cinghalaise, puisque dès 369 après Jésus-Christ les annales y mentionnent l'établissement d'un étang par Oupatissa, et qu'en 651 Sri-Sangabo y bâtit un palais, et y résida pendant le court espace de temps qu'un usurpateur occupa son trône. Les monuments, abandonnés depuis le quatorzième siècle à l'influence destructive du climat et du temps, sont, d'après l'opinion d'Emerson Tennent, les ruines les plus remarquables de Ceylan. Toutes ces colonnes de pierre, ces marches de granit, ces statues, ces bas-reliefs, épars au milieu d'une jongle inhabitée, dans un rayon de plusieurs milles de la capitale, rappellent au voyageur que, dans ces forêts, repaires d'éléphants et de panthères, il existait jadis une cité riche et florissante, à une époque où les contrées du nord de l'Europe sortaient à peine de la barbarie.

Voici la description succincte de ces ruines d'après le livre classique d'Emerson Tennent :

La plupart des monuments de Pollanarroua bordent une rue en terrasse ayant un mille de longueur. Le palais du roi n'est plus qu'un vaste éboulement envahi par les plantes parasites. Sous le règne de Prakrama, son fondateur, la ville et les faubourgs mesuraient, dit-on, neufs *gows*, ou dix lieues en longueur sur quatre en largeur.

La ruine la mieux conservée est le chaïtiya ou temple bouddhiste, connu sous le nom de Jayta-Wana-Rama, dont le style architectural et la disposition rappellent nos églises chrétiennes. Cet édifice a deux rangées de fausses fenêtres ogivales. Il contient deux salles. En face de la porte s'élève, appuyée au mur, une statue gigantesque du Bouddha, haute de douze mètres. La longueur actuelle de l'édifice est de quarante-cinq mètres et la hauteur de plus de quinze. Ces murs, fort épais et formés de briques et de mortier, étaient autrefois recouverts d'un stuc décoré d'ornementations diverses. Il est dans le style des constructions de l'Inde; les arabesques et les fausses fenêtres ogivales montrent qu'il a été érigé sous la direction de ces artistes tamouls que les princes du douzième siècle envoyèrent chercher dans l'Inde, à cause de la décadence dans laquelle les arts étaient tombés à Ceylan depuis plusieurs siècles. C'est un des rares exemples d'ancien édifice en matériaux rapportés que l'on possède aujourd'hui en Asie. La forme de la construction rappelle celle des temples souterrains ou chaïtiyas creusés dans le roc.

Ce temple n'était éclairé que par une seule ouverture, pratiquée au-dessus de la porte d'entrée, qui concentrait tous les rayons du soleil sur la tête de la

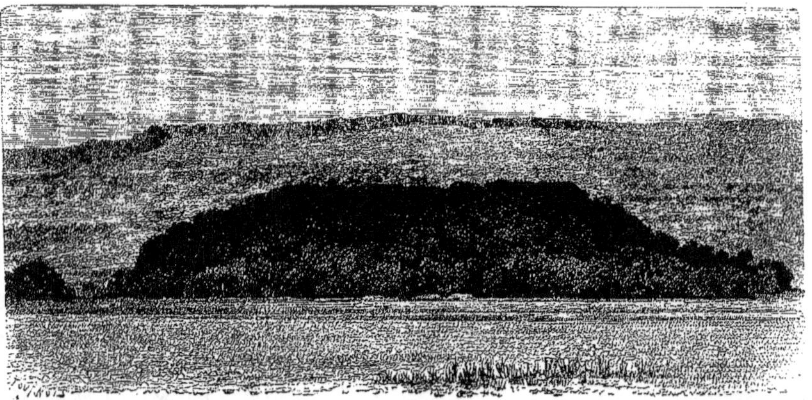

Figuier multipliant dans les jongles de Ceylan. — Dessin de E. Tournois d'après une photographie de l'album de M. Grandidier.

statue, laissant le reste dans une demi-obscurité. Le toit devait former une voûte ogivale.

Près de Jayta-Wana-Rama se dresse un énorme rocher devant lequel sont érigées trois statues, représentant le Bouddha dans les trois positions orthodoxes : méditant, prêchant et plongé dans le nirvana; la statue du Bouddha mort mesure onze mètres cinquante centimètres. Une grotte, soutenue par deux colonnes, a été creusée entre les autres figures; c'est le seul exemple en ce lieu d'un temple souterrain. Le Rankout est un dagoba, connu aujourd'hui sous le nom de Thoupa-rama; il fut bâti par la seconde femme de Prakvama-Bahou; il se terminait jadis par un parasol en or. Ce tope est maintenant caché par les ronces; il a environ cinquante mètres de hauteur et cinquante-huit mètres de diamètre et est entouré de huit cellules, qui ont dû être ajoutées par Nissanga. Au thoupo de Sanchi, dans l'Inde, on retrouve ces cellules, destinées aux moines chargés des offices, qui ont été construites lors de la corruption du bouddhisme.

Le Banaghi, édifice où se lisaient les livres sacrés du culte bouddhique, mérite de fixer l'attention par la balustrade toute particulière qui l'entoure; elle est formée de supports verticaux en pierre dans lesquels sont insérées deux rangées de barres en pierres horizontales : à Sanchi, une balustrade du même genre est placée autour du thoupo.

Les édifices de Pollanarroua ne sont pas du style cinghalais primitif; on y reconnaît l'imitation des monuments indo-musulmans, et l'ornementation, plus élégante, plus compliquée, n'a pas la grandeur simple des premiers temps; il n'existe aucun lien qui unisse l'ancien style et le nouveau.

Dans les forêts qui s'étendent entre ces ruines, et Batticola d'une part et la route de Trincomalie de l'autre, vivent les Veddahs, tribus sauvages qu'un voyageur ne doit pas négliger de visiter. Les Veddahs sont les aborigènes de Ceylan, les descendants authentiques des Rakchasas du Ramayana et des Yakkhos du Mahavanso ; rebelles à la domination venue du continent voisin, ils ont gardé jusqu'à ce jour leurs mœurs primitives. Vingt-quatre siècles ont passé développant autour d'eux la civilisation, sans les arracher de leur barbarie native ; ils errent au milieu des jongles, fuyant toute société, et cherchent un abri dans les trous des rochers ; de petite stature, ils sont forts et actifs ; ils

Gal-Vihara, à Pollanarroua. — Dessin de A. de Bar d'après une photographie de l'album de M. Grandidier.

vivent du produit de leur chasse, surtout de singes et de gros lézards, d'ignames et de miel sauvage. Au bétel, les Veddahs substituent certaines écorces qu'ils se plaisent à mâcher. Les fibres et les feuilles des arbres leur fournissent leurs vêtements. L'arc est la seule arme dont ils se servent ; de là le nom de Veddahs, qui signifie archers. S'ils ne sont plus cannibales, ils ont d'autres vices des sauvages, — la polygamie entre autres.

Construction circulaire, à Pollanarroua. — Dessin de A. de Bar d'après une photographie de l'album de M. Grandidier.

Après une année de cohabitation, le mari a le droit de renvoyer sa femme chez ses parents sans explication. Ils sont voleurs et ne reculent pas même devant l'assassinat. Le meurtrier n'est condamné qu'à une amende de trente francs, somme équivalente au prix d'un esclave.

Les Veddahs croient à l'existence d'un dieu tout-puissant ; mais ce dieu ne leur inspire aucune crainte : leurs prières s'adressent toujours aux génies des forêts et des eaux. Ils s'imaginent que les âmes de leurs parents décédés viennent sur la terre et ont le pouvoir de leur nuire ; aussi ont-ils souvent recours à des conjurations pour apaiser leurs mânes.

Depuis quelques années, le gouvernement anglais est sorti de son inaction et s'efforce d'introduire parmi ces Veddahs des éléments de civilisation. Mais de l'aveu des missionnaires anglicans, qui, après avoir visité ces peuplades, ont donné des détails sur leurs mœurs curieuses, on aura de la peine à lutter contre leurs habitudes invétérées d'indépendance et on éteindra difficilement en eux l'amour de la vie errante.

Nous venons de parler des Veddahs des forêts, il en est d'autres qu'on peut appeler Veddahs des villages et Veddahs des côtes ; ceux-ci, s'étant trouvés plus souvent en contact avec leurs frères civilisés, ont des mœurs moins sauvages, sont plus hospitaliers et habitent des villages autour desquels ils cultivent des petits champs. Ils échangent du gibier desséché, de la cire, des cornes de cerf, de l'ivoire, contre du riz et autres objets de première nécessité.

De Kandy, je m'empressai de revenir à Colombo, où, en proie à des accès de fièvre se renouvelant incessamment, je dus rester trois mois à me soigner, sans obtenir une guérison radicale. Lorsque mes forces me le permettaient, j'allais me promener dans les anciennes plantations de cannelle, situées près de mon bengalow.

Le monopole du commerce de cannelle, dont les Portugais et surtout les Hollandais s'étaient montrés si jaloux, est depuis longtemps aboli ; jadis les peines les plus sévères étaient édictées contre ceux qui endommageaient un arbre ou cherchaient à en exporter l'écorce. Le gouvernement anglais, qui maintint d'abord ce monopole jusqu'en 1832, remplaça la prohibition par des droits d'exportation qui, de trente-cinq francs soixante-quinze centimes, tombèrent, en peu de temps, à un franc vingt-cinq centimes, et furent totalement abandonnés en 1840 ; mais il était trop tard : la culture du cinnamomum cassia s'était étendue, et les marchés d'Europe l'avaient adopté. Cet arbuste, originaire de Chine, se cultive à Java, et son écorce est livrée au commerce à un prix inférieur à celui auquel on peut se procurer la vraie cannelle de Ceylan, le *coroundon* des Çinghalais ; aussi, quoiqu'elle n'en ait ni l'arome ni la finesse, elle est entrée dans la consommation. Les planteurs çinghalais ont dû dès lors restreindre les frais de culture. Au lieu de plantations dont les arbustes sont émondés avec soin, je n'ai trouvé que des cannelliers abandonnés à eux-mêmes et envahis par des plantes grimpantes et parasites. J'ai surtout remarqué dans ces champs le *Nepenthes distillatoria* ; ses feuilles, dont l'extrémité s'allonge en forme d'urne fermée par un couvercle, m'ont frappé par leur forme bizarre. Cette plante est originaire de la Polynésie ; les Malais, dans leurs migrations, l'ont introduite, à cause de ses vertus médicinales, dans tous les pays où ils se sont établis. A Madagascar même, j'ai retrouvé la même plante cultivée avec soin par les Ovas.

Le cannellier prospère dans la partie de la côte ouest de Ceylan, comprise entre Caltoura et Negombo, là où un sable quartzeux, provenant des détritus de roches granitiques et schisteuses, repose sur des couches argileuses ; un climat humide est favorable à son développement. Les environs de Colombo, qui sont bien abrités, et jouissent d'une température égale, chaude et humide, conviennent admirablement à sa culture ; l'écorce se récolte en mai et en juin. De temps immémorial, c'est toujours la même caste, les Chalyas, qui font cette opération. Ces Çinghalais, obligés, dès la plus haute antiquité, de payer annuellement au roi de Kandy un impôt en écorce de cannelle recueillie dans les forêts de l'île, ont toujours été employés, par les Hollandais et les Anglais, à ce travail. Tantôt on dégage la partie rugueuse de l'écorce avec des couteaux et on les sépare ensuite de la tige au moyen d'un instrument d'une forme particulière, tantôt on enlève les écorces entières et on les lie en masse, de manière à faciliter une fermentation sous l'action de laquelle la partie extérieure se détache ; l'écorce, mise alors à sécher, s'enroule sur elle-même et on en compose des faisceaux du poids de treize à quatorze kilogrammes. La plante se propage par boutures ou marcottes.

Il n'y a pas longtemps que quatre-vingts hectares plantés en cannelliers produisaient annuellement plus de deux cent quarante mille kilogrammes de cannelle, d'une valeur de trois millions cinq cent mille francs. Aujourd'hui, cinq cents hectares produisent à peine une moyenne de quatre cent mille kilogrammes, qui représentent un million de francs ; ces chiffres suffisent pour montrer quelle dépréciation a subi cette épice sur les marchés européens et combien peu de soin on donne aujourd'hui à cette industrie, puisqu'une surface six fois plus étendue ne produit pas le double des anciennes récoltes.

La malle-poste qui fait deux services, un de jour et un de nuit, me ramena en dix heures de Colombo à Pointe de Galle ; sur toute la route je ne pus me lasser d'admirer la forêt de cocotiers qui forme une ceinture de verdure à cette partie de l'île, et dont les troncs élevés me laissaient apercevoir, çà et là, l'azur de la mer. Il est peu de pays dont les côtes soient aussi pittoresques. Le cocotier est un arbre utile entre tous ; un Oriental se plaît à énumérer les usages auxquels on emploie ses diverses parties. Dans les annales çinghalaises, on trouve son nom cité dès cent soixante et un ans avant Jésus-Christ, mais il semble aussi avoir été inconnu jusqu'à la fin du onzième siècle (1153) comme fruit comestible. Dès lors chaque hutte fut abritée par ces élégants palmiers. Les plantations systématiques n'ont commencé qu'en 1841 sur la côte sud-ouest, à Jaffna et à Batticaloa. On élève aujourd'hui le cocotier en pépinière, et on le transplante ; durant les quatre premières années, il faut l'arroser journellement et il est souvent nécessaire de remplacer beaucoup de pieds. Les ouvriers chargés d'une jeune plantation reçoivent, lorsqu'elle est en plein rapport, cinq francs par arbre ou ont la jouissance de la moitié du produit ; un hectare est généralement planté de deux cent quarante cocotiers qui donnent un revenu annuel variant de soixante à cent quatre-vingts francs. Chaque arbre porte par an de vingt-cinq à soixante-quinze cocos. Si une plantation de cocotiers ne donne pas immédiatement de revenus, elle n'en est pas moins, après quelques années, une propriété de grande valeur qui ne nécessite ultérieurement aucun frais. On retire de la noix de coco l'amande sèche ou coprah et on en extrait une excellente huile à brûler; les fibres de la coque servent à fabriquer des cordes dont l'exportation est importante; les feuilles tressées, ou *cadjanes*, se vendent de deux francs à deux francs cinquante centimes pour couvrir les maisons, faire les enclos, les abris, etc. Ce sont là les principaux produits marchands, mais en outre le bois sert à la construction des huttes et à l'établissement des conduites d'eau; le fruit se mange vert ou mûr. Il est d'autres usages qu'il serait trop long de citer. On comptait en 1863 plus de treize mille cinq cents hectares plantés en cocotiers par les Européens et environ quarante-cinq mille plantés par les Çinghalais; les côtes sablonneuses conviennent à la culture de ce palmier, et de Colombo à Galle on peut en voir d'innombrables dont les racines sont baignées par les vagues.

A moitié chemin, je traversai la rivière qui descend du district gemmifère de Ratnapoura où dans des dépôts d'alluvion on trouve des rubis, des saphirs, des hyacinthes, etc.

La ville de Pointe-de-Galle (du mot çinghalais *grlla*, roche) est bâtie sur une presqu'île de la côte sud de Ceylan; elle doit sa prospérité et sa richesse à l'entrepôt de charbon qui y est établi pour les steamers anglais et français allant en Chine, en Australie ou dans l'Inde. Quant on vient des plages arides et sablonneuses de Suez et d'Aden, on est fortement impressionné du spectacle que présente la baie de Galle; rien de plus riant ni de plus pittoresque ne peut frapper les yeux. Les collines verdoyantes dont les flancs sont chargés d'arbres séculaires, les cocotiers qui penchent leurs cimes gracieuses vers la mer, les nombreux navires à l'ancre : steamers européens, daous arabes à proue relevée, pétamars et dhoneys du continent et des Maldives, à forme massive, entre lesquels circulent les légères pirogues à balancier, puis les murailles du fort noircies par des plantes parasites, qui s'élèvent à l'ouest de la rade, tout intéresse et charme dans ce grand paysage.

Le port de Galle n'offre point un ancrage sûr durant les moussons sud ouest.

Quelques historiens pensent qu'il a été fréquenté de temps immémorial par les navires de Tyr et de Judée; on ne peut du moins mettre en doute qu'il était, dès longtemps avant notre ère, le centre où les navires d'Arabie et de Perse venaient échanger leurs produits divers avec ceux de la Chine, de Java et de l'Inde.

La ville de Galle est enfermée dans des murailles bâties comme toutes les fortifications de l'île par les Hollandais. Elle est presque exclusivement formée d'hô-

tels et de maisons occupées par les employés du gouvernement. Ces maisons sont toutes basses avec des varangues sur la rue, que des nattes épaisses garantissent du soleil et des regards indiscrets des passants. On trouve partout des Maures et même des fils d'Israël qui viennent vendre des bijoux, des pierres précieuses, de petits ouvrages en bois d'ébène, en ivoire, en écaille, le tout à des prix exorbitants. Il faut en outre se défier des pierres fausses qu'ils mêlent communément et dans de grandes proportions aux pierres fines véritables.

Les pauvres voyageurs payent le plus souvent sans hésiter la somme demandée; de ce que Ceylan possède des mines de pierres précieuses et est peuplée de troupes d'éléphants, ils croient que les gemmes et l'ivoire doivent y être à meilleur marché que partout ailleurs. C'est une grave erreur.

Les Maures sont à Ceylan depuis le commencement du huitième siècle. Ce sont les descendants de tribus dissidentes, qui, chassées d'Arabie par la tyrannie du calife Abdul-Melek-Ben-Merwen, formèrent divers établissements dans l'Inde et à Malacca; leur vie plus active, leur nourriture plus substantielle, leur religion plus conforme que le bouddhisme à l'esprit humain, leur morale plus élevée que celle des Civaïtes, sont autant de causes qui ont eu une influence marquée sur leur constitution physique et sur leurs mœurs. Ils sont robustes et braves; leurs traits mâles et expressifs leur donnent un air réfléchi et exempt de servilité.

De tous les habitants de l'île, ce sont certainement les plus industrieux; ils se sont toujours livrés au commerce. Fidèles en principe à l'islamisme, ils ont mêlé à leurs pratiques religieuses beaucoup des superstitions empruntées aux cultes de l'Inde.

C'est dans l'est de Galle, surtout à Hambanglotte, que se pêchent les carets (*chelonia imbricata*). La carapace de ces tortues marines fournit l'écaille, qui est pour Ceylan une branche de commerce importante. On les prend lorsqu'ils déposent leurs œufs sur le rivage, ainsi que l'a constaté M. Tennent. Les Çinghalais croient que l'écaille n'a de valeur qu'autant qu'on l'enlève à la tortue encore vivante; aussi suspendent-ils la malheureuse bête au-dessus du feu jusqu'à ce que les écailles se détachent, puis ils la relâchent dans la mer; le même animal, oubliant le supplice passé, revient, disent-ils, s'exposer de nouveau à la torture.

Dans les îles de la Polynésie, comme à Madagascar, on tue l'animal, et l'écaille s'obtient en plongeant la carapace dans l'eau bouillante; par ce procédé, elle est plus belle.

En suivant la côte sud de Ceylan, on rencontre, à cinq milles dans l'est de Matoura, le cap le plus méridional de l'île (Dondera Head), où s'élevait, dès l'an 2387 avant Jésus-Christ suivant les chroniques çinghalaises, ou en 1800 selon certains historiens, un temple dédié à Rama en commémoration de sa victoire sur Ravana et de la conquête de Lanka. Il n'en reste qu'une colonne dont le fût est alternativement carré et poly gone. Plus tard, on bâtit à la même place un temple en l'honneur de Vichnou, temple magnifique qui fut détruit en 1587 par les Portugais, et dont les ruines n'offrent plus aucun intérêt.

Départ pour Bombay. — Le cap Comorin. — La côte de Malabar. — La ville de Bombay.

Malgré la salubrité reconnue de la côte sud-ouest de Ceylan, je ne pouvais dompter la maladie; les ac-cès de fièvre se succédaient sans interruption, et j'avais perdu toute force. On me conseillait un voyage à Nioura Ellia, village situé dans la région des monta-gnes à une altitude de dix-neuf cent quarante mètres; la fraîcheur et la pureté de l'air y attirent les ma-lades des terres basses qui ne peuvent, à raison de leur position, aller chercher la santé en Europe. Je préfé-rai quitter le pays et me rendre à Bombay.

Je m'embarquai sur un des steamers de la compa-

Juives de Cochin. — Dessin de A. de Neuville d'après une photographie de l'album de M. Grandidier.

gnie anglaise *Birmah* qui font chaque mois le service entre Singapore (péninsule malaye) et Bassorah (golfe Persique), en relâchant sur les côtes de Birmanie, de Coromandel, de Malabar, d'Arabie et de Perse. Ces moyens de communication prompts et faciles sont d'une grande utilité pour le développement du com-merce et de l'industrie de ces divers pays; ils exercent même une influence notable sur le caractère moral et les préjugés des peuples qu'ils mettent en rapport; le contact journalier d'hommes de race et de religion dif-férentes, mais de mœurs à peu près identiques, aura assurément un effet puissant sur la civilisation de l'O-rient et opérera des changements que le temps n'a pu amener jusqu'ici.

Nous doublons d'abord le cap Comorin, cap célèbre dans les voyages maritimes de l'antiquité. Les flottes qui partaient annuellement de la mer Rouge ou du golfe Persique profitaient des moussons favorables pour visiter les côtes de la péninsule indienne, et c'était de ce cap qu'elles se dirigeaient vers Ceylan qui, par sa position géographique, était, dès les temps les plus reculés, l'entrepôt naturel du commerce de l'Orient avec les peuples de l'Occident. L'auteur du livre de l'Exode cite la cannelle comme un des parfums qui entraient dans la composition des huiles saintes ; on retrouve mentionnée, dans les Proverbes et les Cantiques, la précieuse écorce qui était probablement exportée de Ceylan. C'est l'Inde qui fournissait également l'ivoire, les singes, les plumes de paon dont parle la Bible et qui sont dénommés au livre des Rois, x, 22, *ibha*, *kapi*, *tuléhim*, mots empruntés au sanscrit. Lorsque Ézéchiel parle du bois d'ébène comme d'une marchandise rapportée de la même région que l'ivoire, ne veut-il pas parler aussi d'une des importa-

Juifs de Ceylan. — Dessin de A. de Neuville d'après une photographie de l'album de M. Grandidier.

tions faites par les navires qui se rendaient dans l'Inde en doublant le cap Comorin?

Nous côtoyons les États du rajah de Travancore qui est tributaire des Anglais, et nous mouillons pendant quelques heures à Cochin, ville habitée par des Juifs émigrés de Jérusalem. Les maladies cutanées, la lèpre, l'éléphantiasis sont communes dans ce petit pays; on les attribue à la mauvaise qualité de l'eau, mais il me semble qu'elles proviennent plutôt des habitudes dissolues et de la malpropreté extrême des habitants.

Rien de plus agréable qu'un voyage en steamer, lorsqu'on ne perd pas la terre de vue. Je ne me lassais pas d'admirer les belles montagnes couvertes de forêts séculaires qui se déroulaient en une longue chaîne le long de la côte, les terres basses chargées de riches moissons, dont la verdure contrastait avec l'azur des flots, les petites villes qui se succédaient sans interruption et dont les maisons blanchies à la chaux se détachaient vivement sur le fond pittoresque des pentes boisées.

La côte du Malabar a un aspect différent de la côte de Coromandel. Ce ne sont plus des déserts de sable semés, çà et là, de quelques bouquets de lataniers ou fertilisés à grand'peine par l'industrie de l'homme. Les ghauts occidentales sont exposées à toute la violence des moussons du sud-ouest qui soufflent pendant six mois consécutifs et sont fécondées par les pluies torrentielles qui arrosent le sol à cette époque de l'année; aussi contiennent-elles, avec certaines régions des monts Himalayas les sites les plus pittoresques de l'Inde. Les moussons nord-est dont la côte orientale ressent principalement l'influence, y sont au contraire chaudes et sèches; elles calcinent la terre, et la patience indoue a pu seule transformer en campagnes fertiles les sables arides du Coromandel.

Jetons, en passant, un coup d'œil sur Honawar, village auprès duquel on admire les belles cataractes de Gerseppa, et, continuant notre route vers le nord, arrêtons-nous à Panjim; c'est le nom que porte aujourd'hui Goa. Les Portugais ne possèdent plus, des vastes colonies qu'ils avaient fondées dans l'Inde, que le petit coin de terre où est bâtie cette ville; car Daman et Diu ne méritent pas d'être mentionnées. Toute leur ancienne puissance s'est évanouie dans l'Inde comme ailleurs.

Goa est une petite ville sans importance où quelques églises attirent à peine l'attention. Je crois qu'on y trouverait dans les bibliothèques des couvents des manuscrits et de vieux livres précieux pour l'histoire des colonies portugaises ainsi que pour les recherches sur l'origine de la religion chrétienne dans l'Inde; je ne pouvais pas malheureusement consacrer quelques semaines à ces études spéciales, et j'étais pressé d'arriver à Bombay, où m'appelait impérieusement le soin de ma santé.

Sur toute la côte sud-ouest de l'Inde, il existe une caste dont les mœurs matrimoniales méritent d'être mentionnées comme une de ces aberrations de l'esprit humain qui déshonorent tant d'institutions de l'Inde. On comprend que je veux parler des Naïrs et de la polyandrie, aussi vivace parmi eux qu'elle a pu l'être autrefois à Ceylan et qu'elle l'est encore dans certaines vallées de l'Himalaya. Il résulte de cet usage extraordinaire que chez ces Indiens le droit d'héritage ne passe pas du chef de la famille aux enfants de sa femme, mais à ceux de ses sœurs.

Bombay (des mots portugais *buon bahia*, bonne baie) est bâti à l'extrémité sud-est de la petite île de même nom qui est située sur la côte du Concan par 16° 56' lat. N. et 70° 37' long. E. Sa rade, une des plus belles et des plus sûres de l'Inde, est fermée par les îles Salsette, Colaba, Carandja, Éléphanta, Butcher, Woody et Cross; l'aspect en est fort pittoresque, et il est peu de ports qu'on puisse lui comparer. A l'arrière-plan, les montagnes du continent avec leurs sommets découpés se détachent sur l'azur du ciel, tandis qu'à leurs pieds les collines et les îles, chargées durant les moussons d'une verdure luxuriante, forment un tableau des plus ravissants.

L'île de Bombay est resserrée, basse et marécageuse; des chaussées la relient aux îles de Salsette et de Colabba. Elle n'est malheureusement pas salubre, malgré les travaux de drainage et d'endiguement qui ont été faits dans un but fort louable d'assainissement.

La ville se compose de deux parties, la ville vieille ou le fort et la ville neuve. Le fort s'élève à la pointe extrême de l'île sur une langue de terre qui s'avance dans la rade; les murailles construites par les Portugais sont encore debout. Il y a dans son enceinte quelques beaux édifices, mais les rues sont étroites et sales, et la plupart des maisons bâties en bois, sont de pauvre apparence; les étages supérieurs sont établis en encorbellement au-dessus du rez-de-chaussée, de sorte que les pièces du premier étage sont plus grandes que celles du rez-de-chaussée et que les piétons peuvent en beaucoup d'endroits circuler pour ainsi dire à couvert. L'édilité anglo-indienne s'occupe peu de l'entretien des rues : on y est fort incommodé dans la saison sèche par une poussière nauséabonde et durant les pluies par la boue.

Le Town-Hall (hôtel de ville) est le seul édifice qui mérite d'être signalé. C'est un vaste bâtiment, précédé d'un péristyle auquel conduit un escalier immense. Les salles en sont fort belles. Il renferme une bibliothèque riche en ouvrages sur l'Inde; beaucoup de parsis ont fait à cet établissement des donations importantes, non qu'ils soient des littérateurs ou des savants, ce sont de bons, honnêtes et intelligents négociants, rien de plus; mais ils sont pleins de cette vanité que donne la richesse, et si on flatte leur défaut, si on leur promet de consigner leur nom dans les annales de la science ou de leur faire dédicace d'un livre, ils s'empressent de fournir avec une générosité princière aux dépenses de travaux scientifiques, aux frais d'impression de livres spéciaux qui autrement ne fussent jamais sortis du portefeuille des auteurs, faute de moyens pécuniaires. Un musée intéressant est aussi installé dans l'hôtel de ville : il contient une collection de toutes les plantes médicinales indigènes dont se servent les Indous; on y voit aussi les modèles des divers métiers en usage dans le pays.

On peut encore visiter, dans le fort, l'hôtel de la Monnaie, les beaux docks où se construisent et se réparent les navires, et le marché au coton (bâtiments du Grant).

Si la ville de Bombay n'a ni l'aspect de Calcutta ni celui de Madras, elle est certainement plus curieuse à cause de la diversité des races qui se croisent à chaque instant dans les rues, et dont les costumes variés sont un attrait pour le voyageur. A côté des Indous, les fils du sol, et des Anglais, les conquérants, on y remarque enveloppé dans son burnous l'Arabe aux cheveux rougis par la chaux, le Persan aux vêtements noirs et au bonnet d'astrakan, les Djaïnes et les Banyans avec des turbans de forme élevée, les Bhoras et les Khodjas, les Abyssiniens aux traits nubiens, les Arméniens dans leur longue robe, les Juifs, les métis portugais, les Parsis avec leur mitre noire, les Scindes avec leurs bonnets carrés, les Naïrs, etc.

Nous ne dirons rien des Arabes, des Persans et des Abyssiniens qui viennent momentanément à Bombay pour les nécessités du commerce; les mœurs de ces peuples ne pourraient être décrites ici sans nous détourner de notre sujet. Nous nous contenterons de parler des habitants de l'Inde.

Les Parsis ou Guèbres sont originaires du Khorasan; ils se sont expatriés à la suite des persécutions dirigées contre eux par les musulmans conquérants de la Perse. L'histoire de leur émigration a été écrite vers 1599 dans le poëme Kissan-i-Sanjan, dont on doit la traduction à M. Eastwick. Sanjan est le nom de la ville où s'établirent les Parsis à leur arrivée dans l'Inde; elle est située à vingt-quatre milles au sud de la petite colonie portugaise de Daman.

On trouve des Parsis dans toute l'Asie, depuis Aden jusqu'en Chine, mais c'est la présidence de Bombay qu'ils considèrent comme leur nouvelle patrie; c'est là en effet qu'ils sont en plus grand nombre, là qu'ils ont leurs temples, là qu'est leur dernière demeure. Ils vont au loin chercher fortune, car ils sont industrieux et laborieux, mais ils nourrissent toujours l'espoir de retourner dans leur pays adoptif.

Personne n'ignore que l'ancienne religion des Perses a été réformée à une époque que l'histoire ne peut fixer par Zerdusht ou Zardasht, plus généralement connu sous le nom de Zoroastre. Les anciens Perses, selon Hérodote, n'érigeaient ni temples ni statues à leurs dieux, et ils leur offraient des sacrifices sur le sommet des montagnes. Des récits légendaires font naître Zoroastre à Réhé, ville située dans le nord de la Perse. Ses sectateurs aiment à raconter sur son enfance et sa vie des fables qu'il nous semble inutile de rapporter ici; ce qu'il importe de savoir et de constater, c'est que les principes de morale qu'il a prêchés et fait adopter en Perse ont beaucoup contribué à la civilisation de ses concitoyens.

Le Zend-Avesta ou livre sacré des Parsis qu'Anquetil du Perron a traduit en 1771, est attribué à Zoroastre. M. Erskine, dans une lettre écrite à sir John Malcolm sur la religion des Guèbres, exprime l'opinion qu'il est l'œuvre relativement moderne d'un compilateur. Il semble, en effet, probable d'après certains passages où des invocations sont adressées à Zoroastre et à ses descendants, que ses œuvres, s'il en a laissé toutefois, ne nous sont pas parvenues.

Les Parsis reconnaissent l'existence d'un être suprême, éternel, omnipotent, créateur de toutes choses; ils l'adorent et lui adressent leurs prières. Deux principes contraires se disputent la suprématie en ce monde, Ormuzd, le génie du bien, et Ahriman, l'ange du mal; lequel des deux est appelé à triompher dans la lutte qu'ils ont entreprise contre l'humanité? Les livres sacrés laissent ce point indécis et sans réponse péremptoire.

Les Parsis croient au péché originel, à l'immortalité de l'âme, à la récompense de la vertu et à la punition du vice dans un autre monde. L'adoration de Dieu sous la forme du soleil ou du feu a été recommandée par l'illustre Zoroastre à ses sectateurs : « C'est par le soleil que tout vit; la terre lui doit sa fécondité, l'être animé son existence, la plante sa végétation; et non-seulement il donne à tous le mouvement, mais il leur permet encore de se mettre en rapport les uns avec les autres; son influence n'est pas moins ancienne que le monde. »

Un des traits caractéristiques de la grande famille Parsi, c'est son attachement sans bornes pour ses usages primitifs. On peut dire que depuis plus de vingt siècles les Parsis ont repoussé toutes les innovations qui auraient porté atteinte à leur foi ou à leurs anciennes mœurs. On ne devrait donc pas s'attendre à trouver des sectes chez un peuple aussi scrupuleux; il y en a cependant deux : les Shahanshahis ou Rasmis et les Kadimis. Un prêtre d'une haute sagesse et d'une grande érudition, Jamasp, venu de Perse au commencement du dix-septième siècle, trouva à son arrivée une différence d'un mois entre l'année des Parsis de l'Inde et celle des Parsis de la Perse. La question fut très-controversée, et M. Eastwick reçut l'offre d'une somme considérable pour traduire certains passages du livre de Hyde (de Religione Persarum) qui avaient trait au débat. Quelques-uns des Parsis conservèrent l'ancienne supputation et la liturgie suivie depuis leur arrivée dans l'Inde; ce sont les Shahanshahis ou Rasmis. Les Kadimis, au contraire, ont adopté la réforme de Jamasp.

L'ère parsie actuelle date de l'époque où monta sur le trône Yazdijird, le dernier des rois de la dynastie Sassanide, détrôné en 640 par le khalife Omar; l'année 1862-63 pendant laquelle j'étais à Bombay était pour eux l'année 1230. Leur année comprend douze mois de trente jours chacun, à la fin desquels ils ajoutent cinq jours; tous les cent vingt ans ils intercalent un mois supplémentaire.

Dans toutes les villes où habitent des Parsis, on les voit dès l'aube du jour se diriger vers la campagne, et s'agenouiller au lever du soleil pour adorer et prier le dieu créateur de l'astre de vie. C'est un bel et émouvant spectacle que celui offert par des milliers de Guèbres se rassemblant, matin et soir, sur l'esplanade attenante au fort de Bombay, et leur front courbé vers la terre, unissant d'un commun accord leurs vœux et leurs actions de grâces. Les hommes seuls font leurs dévotions en plein air.

Il y a sur la côte nord du Concan beaucoup de temples Parsis; les feux qu'on y entretient nuit et jour sont de deux sortes : l'un, le Behram, qui a été allumé aux feux bitumineux naturels des bords de la mer Caspienne, n'a, dit-on, jamais été éteint. Précieusement déposé sur une grille d'argent, il est alimenté avec du bois de sandal. L'autre, l'Adaran, est en moins grande vénération. On ne compte, d'après M. Erskine, que trois temples du feu Behram, l'un à Udipour, petite ville située près de Daman, l'autre à Nausary, le troisième à Bombay; les temples de l'Adaran sont nombreux sur toute la côte.

Selon le comput des Kadimis, les fêtes des Parsis sont les suivantes : 1° le Nauroz ou jour de la nouvelle année qui tombe le premier du mois de Farouardine; cette journée est consacrée à honorer la mémoire du roi sassanide Yazdijird, à prier dans les temples et

Hôtel de ville de Bombay. — Dessin de E. Thérond d'après une photographie de l'album de M. Grandidier.

à rendre des visites à ses parents et à ses amis; 2° la fête de l'ange tutélaire du même mois de Farouardine qui a lieu le 19; 3° l'Ardibihisht ou fête de l'ange chargé des clefs du paradis (le 3 du second mois de l'année; cette époque est réputée propice pour faire la guerre); 4° le Khourdad-Sal ou jour anniversaire de la naissance de Zoroastre (le 1er du mois de Khourdad, le troisième de l'année); 5° le Nauroz-i-Jamshid ou carna-

Les bâtiments du Grant, à Bombay. — Dessin de E. Thérond d'après une photographie de l'album de M. Grandidier

val Parsi qui est accompagné de toutes sortes de divertissements; on le célèbre dans le mois de Mihr (février-mars), à l'époque de l'équinoxe; 6° la fête des morts à la fin de chaque année; à cette occasion, c'est devant une pile de vases de métal remplis d'eau que les Guèbres font leurs prières; l'eau est pour eux le symbole des âmes pures qui sont au ciel. Il est du reste fort difficile de persuader aux Parsis de donner des renseignements sur leur religion et leurs mœurs; tout ce qu'on en sait est encore fort incomplet.

Le costume des Parsis ne diffère guère de celui des Indous que par leur coiffure en forme de mitre: ils portent la robe et le pantalon blancs, auxquels ils joignent souvent dans les cérémonies un châle de prix,

Persans résidant à Bombay. — Dessin de Émile Bayard d'après une photographie de l'album de M. Grandidier.

mais leur coiffure pyramidale en toile cirée noire, semée de petits dessins jaunâtres, les distingue à première vue de toutes les autres sectes; dans l'intérieur de leurs demeures, ils remplacent cet appendice incommode par une calotte en soie à dessins rouges et jaunes également caractéristiques. Les prêtres ont une mitre blanche. Il n'est pas besoin, du reste, d'avoir vu beaucoup de Parsis pour reconnaître leur type, lors même qu'ils n'auraient aucun vêtement particulier. Leur teint plus clair que celui des Indous et autres peuples tropicaux, leur front fuyant qui donne à leur figure quelque ressemblance avec la tête d'un oiseau, leurs yeux vifs et intelligents, leur démarche calme, leurs favoris rasés au milieu même de la joue, bien d'autres détails encore indiquent leur origine et empêchent de les confondre avec les autres nations. De l'habitude de se marier entre eux, est résulté cet air de famille qu'on ne retrouverait nulle part à un semblable degré : ceci prouve d'une manière irréfutable que l'hérédité est une des lois de la nature qui est le moins soumise aux exceptions; si en Europe la ressemblance d'enfant à parents est rare et n'est du reste jamais complète, il faut l'attribuer au mélange de sang qui existe dans toutes les familles.

Les femmes parsies portent le petit corsage et le sari des femmes indoues avec les pantalons des musulmanes. Elles se drapent gracieusement avec le sari dont elles se couvrent la tête. Leurs cheveux sont soigneusement relevés sous une coiffe de toile blanche : ce qui donne à leur physionomie déjà fort douce l'air placide et résigné des nonnes européennes.

Dès l'âge de sept ans, les enfants des deux sexes revêtissent le Sadra ou surplis sacré, qui représente la cotte de mailles que les Guèbres portaient avant leur arrivée dans l'Inde pour se préserver des attaques d'Ahriman, l'esprit du mal.

Rien de plus patriarcal qu'une famille de Parsis; le père à la figure grave, la mère au regard placide, les enfants à l'air mutin et éveillé offrent un de ces tableaux dont le regard ne peut se lasser. J'aimais à voir prendre leurs ébats joyeux aux jeunes garçons, revêtus de leurs beaux habits d'étoffe de soie brochée d'or ou d'argent.

J'avais lu dans Hérodote que les anciens Perses exposaient les corps de leurs parents décédés à la voracité des oiseaux de proie. Ce ne fut pas sans une surprise extrême que j'appris que cette antique coutume s'était conservée à travers les âges et qu'elle existait encore au dix-neuvième siècle parmi les Parsis. Il y a en effet à Malabar-Hill, près de l'un des faubourgs de Bombay, deux dakhmas ou tours du silence entourées d'une enceinte de pierre; c'est là que sont abandonnés aux vautours les cadavres des Parsis. Ces tours sont rondes et à ciel ouvert[1]. Comme les Guèbres seuls peuvent pénétrer dans la demeure des morts, lady Falkland, femme d'un ancien gouverneur de la province

de Bombay, se fit apporter un modèle de ces dakhmas; elle raconte, dans le livre curieux où elle a publié ses impressions[1], que ces tours ont trois étages dallés qui sont tous inclinés vers une ouverture centrale où on jette les ossements des squelettes. Au premier étage, on expose le corps des hommes, au second celui des femmes, et au troisième celui des enfants. Il paraît que dans les villes où la population parsie est peu nombreuse, il n'y a qu'une simple plate-forme séparée en trois compartiments par des murs. Bienheureux, disent les Parsis, celui dont les vautours attaquent d'abord l'œil! son âme est au ciel. Aussi est-il d'usage que les parents du défunt assistent au début du repas funèbre de ces hideux oiseaux. Auprès des dakhmas on voit toujours des nuées de percnoptères à la tête chauve, au bec long et grêle, aux narines toujours souillées d'une liqueur fétide; ils attendent l'arrivée des convois parsis. Ces oiseaux, si communs dans toutes les parties chaudes de l'ancien continent, sont respectés avec raison à cause des services qu'ils rendent en purifiant le pays des cadavres et des immondices.

Pourquoi les Parsis abandonnent-ils leurs morts en pâture aux oiseaux de proie? Les enterrer, c'est à leur avis souiller la terre, notre *alma parens;* les brûler, c'est souiller le feu, l'élément le plus pur, le symbole de Dieu éternel et miséricordieux.

Les Parsis introduisent toujours un chien dans la chambre des agonisants; cet animal écarte les esprits malins qui cherchent à s'emparer de l'âme des mourants. Quand un Guèbre est mort, on le revêt d'une robe blanche et on le porte dans une bière de fer à la tour du silence. Des vivres sont déposés auprès du corps pour les quelques jours que l'âme rôde autour de son enveloppe charnelle dans l'espérance d'y rentrer. Les Parsis ne vont jamais à leurs cimetières si ce n'est pour accompagner les dépouilles mortelles de leurs parents ou amis.

De tous les habitants de l'Inde, les Parsis sont les plus industrieux et les plus recommandables par leurs mœurs. Il n'est pas un seul d'entre eux qui se livre à la mendicité, il n'est pas une seule de leurs femmes ou de leurs filles qui demande le moyen de vivre au déshonneur; tous travaillent et gagnent leur vie à la sueur de leur front. Un de leurs coreligionnaires tombe-t-il dans l'indigence, aussitôt il reçoit des secours qui lui permettent d'entreprendre un petit commerce dont le gain le fait vivre; les uns tiennent boutique ou sont courtiers, d'autres sont domestiques ou employés de bureau, beaucoup dirigent des hôtels, et il n'est pas de petit village, de station de chemin de fer où l'on ne trouve un Parsi vendant des comestibles et des spiritueux. Les plus riches négociants de la présidence de Bombay et même de l'Inde entière appartiennent à la communauté parsie; en 1863, j'ai connu plusieurs d'entre eux qui, dans l'année précédente, avaient chacun amassé des millions en spéculant sur les cotons. Aussi

1. Voy. *Tour du Monde*, t. VII, 1866, p. 229.

1. *Chow-Chow*, par lady Falkland. Londres, 1858.

beaucoup déploient un luxe européen; ils aiment à se promener le soir sur l'Esplanade dans de belles voitures toute surchargées d'ornements de métal. Il en est même un qui sort tous les jours dans une calèche attelée de quatre beaux pur-sang conduits par un cocher anglais; c'est sir Jamsetjee Jejeebhoy, le fils du seul natif de l'Inde auquel le gouvernement anglais ait décerné le titre nobiliaire de baronnet; il a employé sa fortune colossale à des œuvres de bienfaisance qui ont rendu sa mémoire chère à ses compatriotes et aux Européens. Entre les fondations utiles dues à sa munificence princière, il faut citer celle d'un hôpital auquel par reconnaissance on a donné son nom.

J'ai suivi avec le plus vif intérêt les visites des médecins et chirurgiens anglais attachés à cet établissement philanthropique, et sans les faces noires des ma-

Marché au coton : Ouvriers. — Dessin de A. de Neuville d'après une photographie de l'album de M. Grandidier.

lades qui ressortaient sur la blancheur des draps, j'eusse pu me croire en Europe. Les salles des hommes et les salles des femmes sont séparées; tout est tenu avec une grande propreté, et la ventilation est excellente. On assiste souvent dans cet hôpital à des opérations intéressantes pour la science que nos chirurgiens d'Europe n'étudieraient pas sans fruit. Un fait mérite d'être signalé. C'est la résignation et la patience que les Indous opposent aux souffrances les plus aiguës. On ne peut dire qu'ils soient insensibles à la douleur, mais il est certain qu'ils la ressentent moins que les peuples d'Europe. La sensibilité de l'homme dépend de son système nerveux; si l'endurcissement du corps à la souffrance provient un peu de l'habitude, il est impossible de nier qu'il ne soit principalement dû au peu de développement des fibres nerveuses impressionnables. Le mode de vie et l'éducation sédentaire des peuples civilisés du Nord ont une influence incontestable sur les nerfs comme sur les muscles, et cette impressionnabilité que nos pères nous transmettent par hérédité s'augmente encore pour chaque individu par son mode particulier d'existence. J'ai toujours remarqué que les petites souffrances nous paraissaient plus intolérables que les grandes aux peuples orientaux doués d'une sensibilité nerveuse relativement faible.

A l'hôpital Jamsetjee est annexée une école de médecine qui porte le nom de sir Robert Grant, un des anciens gouverneurs de Bombay. Un musée d'anatomie commençait à se former lors de ma visite à ce bel établissement, et contenait déjà des pièces curieuses.

Il me faut encore citer le collège Elphinstone, dont le nom consacre la mémoire d'un gouverneur qui fit beaucoup pour élever le niveau de l'instruction parmi les indigènes; plusieurs centaines d'entre eux y reçoivent une éducation européenne, sous la direction d'excellents professeurs anglais, et l'on peut y voir de jeunes Brahmanes et de jeunes Parsis discuter sur Sha-

Marché au coton ; Marchands. — Dessin de Emile Bayard d'après une photographie de l'album de M. Grandidier.

kespeare et Milton, ou traiter de questions scientifiques toutes modernes.

Bref, l'éducation a fait dans la présidence de Bombay les progrès les plus remarquables depuis une quarantaine d'années.

Outre l'école de médecine, le collège dont nous venons de parler, et un autre situé à Pounah, où les élèves reçoivent une éducation supérieure, il y a plusieurs milliers d'écoles, les unes sous la direction de l'évêque anglican, comme l'orphelinat de Byculla qui est établi sur le modèle de ceux d'Europe, d'autres en grand nombre aux frais de la *Society of native Education*, d'autres enfin spécialement destinées à certaines castes et subventionnées par de riches indigènes.

Entre tous ces établissements, les écoles parsies méritent une mention particulière.

Alfred GRANDIDIER.

Groupe d'enfants parsis. — Dessin de Émile Bayard d'après une photographie de l'album de M. Grandidier.

VOYAGE DANS LES PROVINCES MÉRIDIONALES DE L'INDE,

PAR M. ALFRED GRANDIDIER[1].

1862-1864. — TEXTE ET DESSINS INÉDITS.

XI

Bombay (suite). — Elephanta. — Les Bazars. — Les Banyans. — Les Djaïnes. — L'île de Salcette et les caves de Kanhéri.

Chose inouïe en Orient, Bombay possède des écoles de filles. Jusqu'à ces derniers temps, il n'y avait point eu d'institutions semblables dans le reste de l'Inde, et c'est, il me semble, une des meilleures preuves de l'avancement moral des habitants de la présidence de Bombay. Il ne faudrait pas croire cependant que les Indous encouragent de tous leurs efforts l'éducation des femmes; ils sont même d'avis qu'une épouse n'en vaut pas moins pour n'avoir aucune notion de lecture ou d'écriture. Toutefois ils diffèrent beaucoup sous ce rapport des habitants des autres régions de l'Inde où, naguère encore, les bayadères pouvaient seules,

comme les hétaïres dans l'ancienne Grèce, recevoir une instruction littéraire et artistique.

Il n'est pas jusqu'aux mœurs intimes des familles qui ne se ressentent de cette progression générale. Les Indous ont de tout temps traité leurs femmes avec dureté et en maîtres impérieux; ils leur prodiguent à chaque instant les noms d'esclave, de servante et autres aussi gracieux et aussi tendres. A Bombay, elles sont aujourd'hui moins maltraitées et plus estimées que dans les autres parties de l'Inde. Pendant mon séjour dans cette ville, il y eut un meeting pour l'amélioration du sort des veuves, meeting à la tête duquel se trouvaient plusieurs Indous influents par leur position et leur fortune. Personne n'ignore en effet que jadis les veuves devaient suivre leur mari, aussitôt après sa mort, dans un monde meilleur; elles se jetaient ou plutôt on les jetait dans les flammes d'un bûcher, car c'était rarement de bonne volonté qu'elles offraient à leur maître et seigneur le sacrifice de leur vie. On appelle *sutti* ce sacrifice. J'ai entendu raconter qu'il y a peu d'années, une veuve demanda au gouverneur de Bombay la permission d'élever un bûcher et de s'y brûler en grande cérémonie aux yeux de la foule; l'autorisation ayant été refusée, elle alla mettre son vœu à exécution chez un rajah indépendant. Ces exemples sont rares. Il faut attribuer la plupart des suttis bien plus à la crainte du traitement barbare réservé aux veuves, et à l'amour-propre, surexcité par des doses de narcotique qui paralysent en elles toute force morale et physique, qu'au fanatisme religieux et à un violent amour conjugal. Il est interdit à une

veuve de se remarier et de porter les bijoux, anneaux de nez, bagues d'orteil, boucles d'oreilles, bracelets et autres parures pour lesquelles toute femme indienne est si passionnée; elle ne peut plus mettre le petit corsage qui soutient le buste, et elle est traitée dans sa propre famille en paria indigne de vivre; un animal immonde ne serait pas plus méprisé; c'est à peine si on daigne lui jeter de temps en temps quelques poignées de riz. Le jour où est brûlé le corps du mari, on suspend la veuve réfractaire, la tête en bas, dans la maison mortuaire, et on lui rase les cheveux dans cette position douloureuse; la souffrance qu'éprouvent les pauvres femmes en subissant cette opération, les épouvante plus que tout le reste. Le meeting, dont j'ai parlé plus haut, témoignait d'un désir sincère d'abolir ces stupides usages et de permettre aux veuves de se remarier. Les anciennes coutumes sont si tyranniques en Orient

Pagode indoue, à Malabar-Hill près Bombay. — Dessin de E. Thérond d'après une photographie de l'album de M. Grandidier.

que l'espace d'un siècle sera peut-être nécessaire à leur complète extinction; quoi qu'il en soit, ces tentatives philanthropiques honorent les Indous qui osent protester hautement contre un si odieux préjugé.

La ville de Bombay est le siége d'un évêque anglican qui est placé sous l'autorité de celui de Calcutta. On y compte plusieurs temples. Au sujet de ces édifices religieux, je laisserai la parole à un témoin qui doit à sa position sociale et à ses croyances religieuses une incontestable autorité; c'est lady Falkland, femme d'un des derniers gouverneurs de la présidence. « Le premier dimanche qui suivit mon arrivée à Bombay, je me rendis au temple de Bycullah; il ne ressemble guère à ceux d'Angleterre. De grandes fenêtres, fermées par des persiennes, permettent à l'air de circuler librement. Quelques indigènes se tenaient en dehors, appuyés contre le mur. Pourquoi étaient-ils là? Était-ce la curiosité de voir le gouverneur assister à l'office? Je m'expliquai bientôt

leur présence; ils étaient chargés de mettre en mouvement les punkas qui pendaient au plafond de l'église. Les cordes attachées à ces immenses éventails passent à travers un trou pratiqué dans le mur, et dès que l'assemblée commence à se réunir, les *boys* les mettent en mouvement. Il y a un punka pour le ministre officiant, il y en a un pour le prédicateur. Cette installation est indispensable dans l'Inde pour rafraîchir l'air et chasser les mouches et moustiques qui incommoderaient les assistants durant le saint office. Les bancs sont remplacés par des fauteuils, ce que je trouvai bizarre, tout en ne doutant pas que je finirais par m'habituer aux choses étranges qui ne cessaient à chaque instant de frapper mes yeux dans ma nouvelle résidence.

« Après l'offertoire, un homme parcourut le temple, comme il est d'usage en Angleterre, pour recevoir les offrandes de l'assemblée; mais à ceux qui ne donnaient pas d'argent, il présentait un carré de papier et un crayon pour qu'ils y écrivissent leur nom, leur adresse et le montant de leur don. Coutume étrange qui ne laissa pas de m'étonner ! Elle a cependant l'avantage qu'aucun des *gentlemen* ou *ladies* occupant une certaine position dans la société, ne peut éviter de faire son offrande. »

Bombay est aussi la résidence d'un des quatre vicaires apostoliques de l'Inde; il relève directement du pape. Il y a plusieurs églises qui reçoivent des subsides du gouvernement anglais. Tous les descendants des Portugais, qui sont en assez grand nombre, professent le culte catholique.

Aucune pagode ne mérite l'attention de l'archéologue à Bombay ou dans ses faubourgs. Celle de Malabar-Hill cependant est assez pittoresque; elle est précédée de deux tours polygones où sont pratiquées de petites niches destinées à recevoir des lampes à huile les jours de fête. Il faut aussi citer le temple de Walkeshour. A la pointe Malabar, près du jardin où s'élève le palais du gouverneur, se trouve un petit village bâti sur le versant de la colline. Il est entouré de toute part d'un mur, sauf du côté de la mer; on y entre par une porte près de laquelle est toujours assis, dans l'immobilité d'une statue de plâtre, un vieux brahmane dont la nudité n'est couverte que d'une simple couche de chaux. Ce village, dont les maisons semblent échelonnées les unes au-dessus des autres, se nomme Walkeshwour, littéralement le « maître du sable. » Le demi-dieu Rama était en voyage, disent les Indiens; il marchait depuis l'aube du jour sans avoir rencontré une seule source; la soif le faisait cruellement souffrir. Prenant une flèche dans son carquois, il la lança dans le sable du rivage; et aussitôt l'eau jaillit à l'endroit même où se trouve aujourd'hui un étang. A mi-chemin de l'escalier qui descend à la mer, on voit un petit temple formant un délicieux point de vue.

La ville de Bombay, outre les églises portugaises, les prêches protestants, les pagodes indoues, les temples du feu, contient encore des synagogues, des sanctuaires djaïnes, des églises arméniennes, et des mosquées. Il ne vient à l'idée de personne de désap-

Pagode de Walkeshwour. — Dessin de E. Thérond d'après une photographie de l'album de M. Grandidier.

prouver ou de tourner en ridicule les pratiques religieuses des autres cultes; il n'existe pas assurément en Europe, où l'esprit de tolérance a tant de peine à s'enraciner, une semblable liberté morale.

Nous avons déjà eu occasion de parler de l'île d'Éléphanta qui gît dans l'angle sud-est de la rade de Bombay. Ce nom lui a été donné par les Portugais, à cause d'un éléphant colossal en pierre qui se dresse près du lieu de débarquement habituel; cet animal était représenté luttant avec un tigre; aujourd'hui ce n'est plus qu'une masse informe où l'œil reconnaît à peine la main de l'homme. Les Indigènes donnent à cet îlot le nom de Garapouri ou la ville des Grottes. Sa circonférence est environ de six milles; il est formé par deux collines que sépare un étroit vallon; au mois de juillet, collines et vallon étaient entièrement revêtus d'un tapis de verdure et leur aspect était vraiment très-pittoresque.

Le *Tour du Monde* a déjà publié sur ces temples souterrains une monographie et des illustrations qui nous dispensent d'y ramener aujourd'hui nos lecteurs [1]. Une discussion après tant d'autres sur l'âge si controversé de ces monuments aurait très-vraisemblablement moins d'intérêt qu'une description des bazars de Bombay, où je me suis promené bien souvent avec curiosité et profit.

Là sont étalés les chefs-d'œuvre de patience que nous avons tous admirés à l'Exposition universelle dans les salles affectées particulièrement à l'Inde. Chaque province a son industrie particulière pour laquelle elle est renommée : Ceylan produit des sculptures en bois d'ébène et des bijoux, Cuttah de l'orfévrerie et du filigrane, Vizagapatam des objets en corne de cerf et de buffle, Trichinopoly des chaînes de métal, Pondichéry des fauteuils en rotin et des statuettes en bois, Aurungabad des incrustations d'argent sur métal. Les habitants de Bombay ont aussi leur spécialité : ce sont d'abord de ces meubles en blackwood (bois noir) si bien fouillés à jour et ressemblant à une dentelle; il est regrettable que les formes n'en soient pas plus

1. Voyage à la côte de Malabar par l'amiral Fleuriot de Langle, tome VII du *Tour du Monde*, p. 77.

gracieuses et plus légères. J'ai remarqué également des coffrets, des pupitres, des boîtes de toutes formes et de toutes grandeurs, en bois de sandal et couverts d'arabesques ou de bas-reliefs. Les travaux sur ivoire sont surtout curieux : réunissant en faisceaux qui forment des dessins réguliers de petites baguettes d'ivoire et de métal, les ouvriers indiens les scient en petites rondelles brillantes avec lesquelles ils font les charmantes mosaïques dont nous ornons nos salons.

Ce sont principalement des Parsis et des Banyans qui tiennent ces magasins de curiosités.

Nous avons déjà parlé en détail des mœurs des Parsis, il nous reste maintenant à décrire celles des Banyans qui forment une portion riche et industrieuse de la population de Bombay.

Les Banyans, dont une des sectes, les bhatiyas, porte un turban de haute forme avec une petite corne sur le front, appartiennent à la religion djaïne.

Dame parsie et sa fille. — Dessin de A. de Neuville d'après une photographie de l'album de M. Grandidier.

Parmi les érudits, les uns considèrent le djaïnisme comme une religion distincte, les autres comme une secte dissidente du bouddhisme. On ne connaît ni l'époque précise ni le lieu où il prit naissance. C'est dans la province de Goujerat et dans le Maïsour qu'il a de tout temps été et qu'il est encore aujourd'hui le plus répandu ; il a cependant beaucoup de sectateurs à Bombay et même dans le reste de l'Inde.

Nous avons vu précédemment que les bouddhistes ne cherchent pas à remonter à la source des choses et qu'ils prennent les faits dans leur succession actuelle ; en effet il ne faut pas confondre leurs dieux avec l'Être suprême, le créateur que les autres cultes reconnaissent comme le pôle autour duquel tourne le monde. Les Djaïnes admettent l'existence de ce Dieu créateur, mais ils croient (et en cela l'influence des doctrines bouddhistes se fait sentir d'une manière manifeste) qu'il est absurde à un homme de chercher à le comprendre ou à le connaître ; suivant leur croyance, on n'y parvient qu'en cessant d'être soi et lorsqu'on est absorbé dans la splendeur divine. Chez eux, comme chez les bouddhistes, un homme, par une vertu parfaite et une conduite sans tache, peut acquérir l'omniscience et l'infaillibilité. De même aussi que, selon les bouddhistes, il y a eu, depuis l'origine des siècles, un nombre incalculable de Bouddhas dont les vingt-quatre derniers seulement sont connus, de même les djaïnes croient à l'existence de vingt-quatre Tir-thankars, réformateurs de l'humanité; les deux derniers sont Parasnath et Mahavira. A l'exemple encore des bouddhistes, ils ne donnent jamais la mort à aucun être quel qu'il soit, et leurs prêtres s'abstiennent de toute nourriture animale. Aussi, avant d'adresser leurs prières aux saints prophètes dont ils suivent les préceptes, ont-ils toujours soin de balayer la place où ils doivent s'asseoir de peur d'écraser quelque insecte; leur bouche est aussi, dans la même occasion, couverte d'un

Femmes de la présidence de Bombay converties au christianisme. — Dessin de Emile Bayard d'après une photographie de l'album de M. Grandidier.

voile pour empêcher les moustiques ou autres créatures semblables d'y pénétrer avec l'air respirable.

Les banyans poussent même si loin cette charité envers les animaux qu'il existe à Bombay, comme sur toute la côte du Concan, des hôpitaux dotés par de riches négociants, où les vieux zébus, les chiens infirmes, les tortues malades, les perroquets centenaires sont soignés avec respect. J'ai visité un de ces établissements philozoïques qui couvrait plus d'un hectare. Des hangars, disposés le long des murs, donnent asile, pendant la nuit et lors des pluies, à toute la gent animale; au centre de vastes cours poudreuses, on distribue tous les jours, aux frais de pieux djaïnes, le fourrage et l'eau nécessaires à l'alimentation des bêtes malades. Comme les puces, les poux et autres insectes malfaisants ont autant de droit à la compassion des banyans que les plus gros animaux et qu'on ne peut les détruire sans commettre un crime de lèse-nature, je laisse à penser à mes lecteurs si j'étais à mon aise au milieu de ce monde vivant. Les animaux les plus dangereux trouvent même grâce aux yeux de ces zoophiles; il n'est pas jusqu'au serpent à lunettes, le mortel cobra-capella, qu'ils ne protégent dans la crainte de désobéir aux ordres des Tirthankars; quelques novateurs audacieux se permettent cependant de tourner la difficulté, en renfermant précieusement le terrible reptile dans une corbeille d'osier qu'ils abandonnent sur un fleuve, au courant des eaux.

Qu'on me permette de raconter une anecdote dont je ne saurais affirmer l'authenticité, mais qui prouve l'esprit minutieux des Indous. Un officier anglais qui aimait à consacrer ses loisirs à l'étude des sciences, avait apporté d'Angleterre un microscope solaire; désirant convaincre un prêtre djaïne de l'absurdité des dogmes de sa religion, il lui fit voir tous les animalcules contenus dans une goutte d'eau qui, imperceptibles à l'œil nu, devenaient d'une taille effrayante grâce au pouvoir grossissant de l'instrument d'optique. A cette vue, le pauvre saint homme se prit à pleurer : « Pourquoi avez-vous empoisonné mon existence? dit-il à son interlocuteur tout surpris d'une semblable émotion; me voilà dès aujourd'hui condamné à ne plus boire une seule goutte d'eau, et je mourrai dans le remords d'avoir toute ma vie désobéi aux plus saints préceptes de notre religion. Malheur à vous! Notre ignorance est plus précieuse que toute votre science. » Peu de jours après, le djaïne, consciencieux et logique, était mort de soif, n'ayant pas voulu détruire les animalcules qu'il savait exister dans l'eau la plus pure.

M. Forbes rapporte une histoire à peu près semblable, dont le dénoûment est moins tragique. L'Indou, mis à l'épreuve du microscope, se contenta de demander l'instrument avec tant d'insistance qu'on finit par le lui donner. Dès qu'il eut entre ses mains l'objet convoité, il s'empressa de dévisser l'objectif, et, courant vers une pierre, il le brisa en mille pièces.

« Je ne veux pas, disait-il, que cet instrument rende malheureux pour leur vie d'autres êtres que moi. »

Les prêtres djaïnes, nommés yotis ou mendiants, portent la robe des moines bouddhistes, et mènent comme eux une vie d'ascétisme et de recueillement.

A Ellora, il existe une statue colossale du Bouddha que les djaïnes adorent sous le nom de Parasnath, le vingt-troisième Tirthankar; de nombreux pèlerins viennent tous les ans lui adresser leurs prières. Au reste, le groupe des temples souterrains d'Ellora connu sous le nom d'Indra Soubhra, et qui est antérieur aux Kaïlas, appartient, suivant plusieurs érudits, à la religion des djaïnes; il est probable que ce sont les plus anciens monuments qui nous restent aujourd'hui de cette religion, et qu'ils datent du commencement du schisme qui sépara les djaïnes des bouddhistes.

Dans les temples djaïnes, comme dans les chaitiyas bouddhiques, il y a une vaste niche opposée à la porte d'entrée où est placée la statue assise du dernier Tirthankar. Ces temples sont précédés d'un portique surmonté d'un dôme qui repose sur huit colonnes; sous la colonnade qui les entoure sont pratiquées des niches pour les statues des saints.

Les dômes et coupoles de ces temples, comme le fait remarquer avec raison M. Fergusson, sont élevés par assises horizontales, et non au moyen de pierres taillées en voussoirs; dans ce genre de constructions il n'y a pas à craindre de poussée; aussi a-t-on pu substituer aux pilastres lourds et massifs de nos édifices des colonnes légères qui donnent au monument une grande élégance.

Les funérailles des djaïnes ressemblent à celles des bouddhistes et des Indous. On brûle les corps, et on leur offre du riz, des fleurs et de l'eau pour permettre à l'âme d'attendre le moment de la transmigration; cette cérémonie est connue sous le nom de shradh. Mais ils ne font pas d'offrandes ultérieures comme les Indous qui croient de la sorte racheter l'âme de leur parent du purgatoire où passe tout être au sortir de cette vie avant d'entrer dans le ciel des Pitris ou grands-pères du genre humain.

L'île de Shahsti ou de Salsette est située au nord de celle de Bombay, à laquelle elle est réunie par une chaussée étroite. Sa longueur est de dix-huit milles et sa largeur moyenne de treize milles. La population est d'environ 50 000 habitants. La ville principale, Thannah, est dans une jolie situation; mais Ghora Bandhar est encore plus pittoresque; on y voit les ruines de l'ancienne église portugaise, bâtie vers 1605; elles couronnent une petite colline couverte de jongle.

Il existe plusieurs groupes de grottes dans l'île de Salsette; le plus important est celui de Kanhéri, sur le revers occidental des collines dont Tannah occupe la pente opposée. Le chemin de fer me transporta en une heure et demie à la station de Bhandoup, distante de sept milles de ces souterrains. Contrairement aux renseignements qui m'avaient été donnés à Bombay, je ne trouvai ni voiture ni poney pour faire le trajet, et je dus me rendre à Kanhéri en me promenant.

Il y a de nombreuses excavations sur les deux versants de la colline de Kanha. La plupart des temples et des monastères datent de l'origine de notre ère; il en est qui m'ont rappelé les grottes primitives de Cuttack et d'Udaya-Ghiri; ce sont de simples cellules carrées, creusées dans le roc, que précède une galerie ou varangue avec ou sans colonnes. D'après les recherches de quelques orientalistes qui ont essayé de déchiffrer les fragments d'inscriptions inintelligibles sculptées sur les murs de ces monastères, l'un des plus anciens aurait été établi par un architecte grec du nom de Xénocrate, en l'an 65 avant J. C., pour recevoir le précieux dépôt d'une dent du Bouddha : cette dent fut placée, deux siècles et demi plus tard, dans un dagoba par un monarque de la dynastie Andhra.

Deux chaitiyas, sorte de cathédrales bouddhistes, attirent surtout l'attention. L'un d'eux n'a pas été achevé, et sa façade seule est à peu près terminée; les deux colonnes du portique sont semblables à celles d'Ellora et d'Elephanta et ont dû servir de modèle à toutes celles du même style; elles n'ont que seize pans cannelés (au lieu de trente-deux) et sont surmontées d'un chapiteau-turban orné de godrons. Pour creuser ces chaïtiyas, on travaillait en même temps à la voûte et à la nef, jusqu'à ce qu'il ne restât entre les deux excavations qu'un plancher de roc qu'on faisait ensuite tomber. C'est ce dont on peut s'assurer, en visitant ce temple, l'un des plus récents du groupe.

Le grand chaitiya de Kanhéri est antérieur au précédent; il date des premiers siècles de l'ère chrétienne, époque à laquelle le bouddhisme commençait à se corrompre. Un petit mur de clôture ferme la cour d'entrée; de chaque côté de la porte est placé un dorotouparé ou gardien du temple avec une fleur de lotus à la main et le serpent sacré sur la tête. Un petit sanctuaire carré à toit plat est situé à gauche de l'entrée et renferme un dagoba.

Dans la cour, deux piliers se détachent du roc; celui de droite est surmonté de quatre yakkhos accroupis, celui de gauche de quatre lions; ces sculptures ne sont qu'ébauchées sur le cube de pierre qui termine la colonne. A droite, se trouvent encore sculptées, en bas-relief, dans le roc deux dagobas, sur lesquelles on peut lire des inscriptions en anciens caractères sanscrits; le tie est surmonté de trois parasols superposés.

Le mur de façade est percé d'une porte carrée et de deux fenêtres de même forme, et plus haut de cinq autres ouvertures également carrées. Un portique très-élevé précède le temple. De chaque côté est adossée au mur une statue colossale représentant un disciple du Bouddha dont la paume de la main droite est tournée vers le spectateur et qui tient dans la main gauche les plis de sa robe. Les parois latérales de la porte qui donne entrée dans le chaitiya sont décorées d'un bas-relief figurant deux esclaves, homme et femme, armés du chahouari honorifique. Ces diverses sculptures nous montrent les Indous portant les vêtements qu'ils ont encore aujourd'hui dans la présidence de Bombay; c'est le même *langouti* passé entre les jambes et dessinant toutes les formes du corps; les ornements d'o-

reille ressemblent à ceux des tribus sauvages de l'Inde; ce sont des cubes ou des parallélipipèdes surmontés de sculptures d'animaux ou bien de larges disques. Les cheveux des femmes, relevés sur le front au moyen d'un diadème de métal, retombent en masse touffue sur la nuque; les hommes ont la tête couverte d'un turban de forme extraordinaire.

Au-dessus et en face des porteurs de chahouari on remarque une série de bas-reliefs qui représentent le Bouddha et ses disciples, les uns assis sur des siéges suivant l'usage çinghalais, les autres les jambes croisées à la mode orientale; il en est un plus grand que les autres où le Bouddha est figuré debout. Une inscription gravée au bas de la statue, nous apprend, si nous en croyons toutefois la traduction qui me semble la plus vraisemblable, qu'elle est due à la munificence de Bouddhagosha, un moine de Ceylan qui a traduit en cinghalais le Pittakathaya de Mihindo.

Au-dessus de la porte d'entrée est pratiquée une large ouverture éclairant ce chaitiya; la forme de l'arc est remarquable; c'est un segment de cercle plus grand que le demi-cercle, assez semblable au *cintre outrepassé* ou à l'arc en *fer à cheval* des Maures de la péninsule ibérique. La voûte elle-même du temple est du même dessin. Il est facile de voir qu'à l'exception des bas-reliefs du portique et des colonnes intérieures, ce chaitiya a subi peu de modifications depuis l'origine.

La voûte est supportée par trente colonnes dont onze de gauche et six de droite sont ornées de sculptures; les treize autres sont octogones sans base ni chapiteau. Il me semble probable que ces dernières seules ont été terminées au début; lorsque plus tard l'œuvre laissée inachevée fut reprise, les dix-sept qui étaient simplement dégrossies furent sculptées telles qu'on les voit aujourd'hui. La plinthe se compose de trois plaques de pierre dont la dimension diminue graduellement; elles sont entourées d'un cordon de perles; la base a la forme d'un chattie, vase en cuivre sphéroïdal à large ouverture dont les Indous se servent de temps immémorial pour aller puiser l'eau; le fût octogone qui s'élance de ce vase de pierre est pareil à celui des treize dernières colonnes : on dirait la tige

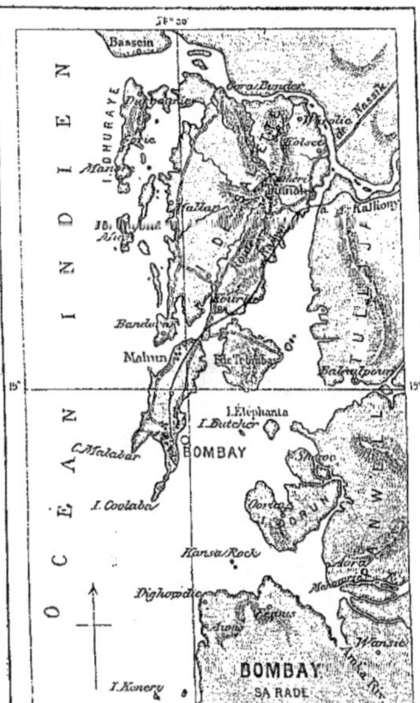

Gravé par Erhard

d'un palmier sortant d'un pot de terre; le chapiteau est entièrement semblable à la base renversée; sur sa partie supérieure ou tailloir, figurent des groupes d'éléphants ou de lions ; quelques-uns de ces animaux portent sur le dos de petits êtres humains; d'autres, tenant dans leur trompe des chatties, semblent verser de l'eau sur un dagoba auquel des yakkhos font des offrandes de fleurs.

La voûte présente au-dessus de la frise les entailles où s'emboîtaient de chaque côté les poutres qui en

Principale grotte de Kanhéri. — Dessin de E. Thérond d'après une photographie de l'album de M. Grandidier.

suivaient les contours; dans l'abside, on voit encore marquées sur la pierre les traces des côtes de bois qui convergeaient vers le même point. Le plafond des bas-côtés, au contraire, était tout uni sans aucun cintre. Lorsque nous décrirons le chaitiya de Karli, nous tâcherons d'expliquer d'une manière satisfaisante la forme curieuse d'arc en fer à cheval que les architectes bouddhistes ont donnée aux portes et aux voûtes de leurs temples, ainsi que la présence de côtes en bois appliquées sur les voûtes creusées dans le roc.

Le dagoba central est de la plus grande simplicité; le tie est brisé. Quand on passe du portique dans le

haitiya, on remarque au-dessus de la porte une sorte
.e tribune en pierre qui ne permet pas au visiteur
l'apercevoir l'ouverture qui donne le jour dans le tem-
le et éclaire le dagoba seul, laissant la partie infé-
ieure du temple dans une demi-obscurité; c'était un
moyen de concentrer l'attention des fidèles sur l'idole
à laquelle ils adressaient leurs prières.

Ghora-Bandhaz n'est pas éloigné de la montagne de
Kanha ; un touriste ne doit pas manquer de visiter ce petit village pour jouir de l'aspect pittores-

Façade d'une grotte à Kanhéri. — Dessin de E. Thérond d'après une photographie de l'album de M. Grandidier.

que du paysage dont il fait partie. De l'autre côté du
petit bras de mer on aperçoit l'ancien fort de Bassein
qui est célèbre dans l'histoire de l'Inde. Cette place,
cédée par les rois du Goujerat aux Portugais en 1534,
est tombée au pouvoir des Mahrattes en 1739. Les
ruines envahies aujourd'hui par la jongle sont un témoignage de l'importance qu'avait cette ville dans les
temps anciens; les rues, les églises, les palais se des-
sinent encore au milieu des ronces qui les couvrent de
leurs rameaux épineux; les murs de la cathédrale et
les restes d'un collége de jésuites attirent surtout l'attention.

Lorsque les Mahrattes assiégèrent le fort de Bassein, la garnison était peu nombreuse et ne résista qu'à force d'héroïsme. Le chef mahratte, Chimnajee Appa, ne voulait accepter d'autre proposition que la reddition pleine et entière de la ville et de tous ses habitants. Sur le point de succomber, le commandant portugais envoya à plusieurs reprises des messagers chargés d'implorer le secours des autorités anglaises de Bombay. Disons à la honte de la Compagnie des Indes que la requête fut repoussée; on refusa brutalement de tendre la main à des malheureux en danger de mort. L'égoïsme le plus grossier a souvent présidé aux actes de cette Compagnie. On finit toutefois par céder aux supplications réitérées des Portugais, dans la crainte de soulever l'indignation de l'Angleterre et des autres pays d'Europe, et on prêta aux assiégés trente-sept mille cinq cents francs, non toutefois sans exiger en garantie l'orfévrerie des églises et quelques-uns des canons de cuivre qui défendaient les bastions du fort. « Ce n'est pas à ces armes que je me fie le plus, disait le commandant de Bassein en envoyant le gage demandé aux autorités de Bombay, mais à la valeur de mes soldats. »

Les Portugais ne purent cependant prolonger beaucoup leur héroïque résistance; il fallut capituler. Par respect pour le courage des assiégés, les Mahrattes leur accordèrent des conditions honorables; il fut stipulé qu'aucun des habitants du district, Européen ou indigène, ne serait inquiété par les conquérants et que la liberté des cultes leur serait garantie.

Chaîne occidentale des Ghauts. — Excursion à Pounah, — à Sattara. — Les tribus primitives des Ghauts. — Les éléphants sauvages.

De retour à Bombay, je m'empressai de faire mes préparatifs pour un petit voyage que je projetais à l'intérieur de la présidence; je craignais, en tardant trop, d'être arrêté par les pluies. Je pris à la gare du *Great Indian peninsula railway* un ticket pour la station de Panwell. Les voyageurs qui se rendent à Pounah, sont, ou du moins étaient, en 1863, obligés de louer un palanquin ou un poney pour passer les Ghauts et reprendre de l'autre côté des montagnes, à Kandalla, le train de correspondance.

Par plusieurs motifs, je laissai partir mes compagnons de voyage avec toute la précipitation de gens affairés qui craignaient de manquer le train de Pounah; et après m'être confortablement restauré chez un Parsi qui tient à Panwell une petite taverne, j'enfourchai un poney que son propriétaire se mit aussitôt à faire avancer à grands coups de bâtons.

Les ghauts que j'eus à traverser sont formées de roches meubles et conglomérées qui appartiennent à la formation basaltique; on y trouve beaucoup de géodes d'agate et de calcédoine ainsi que des noyaux plus ou moins irréguliers de calcaire, d'aragonite et surtout de zéolithe en beaux cristaux blancs et roses qui m'ont frappé par leur dimension insolite.

La ville de Pounah est dans une situation pittoresque, au milieu de vergers plantés d'arbres fruitiers divers, surtout de manguiers. La présidence de Bombay est réputée parmi les Anglo-Indiens pour les fruits délicats qu'on y récolte, et personne n'ignore que les mangues méritent entre toutes les productions des tropiques la prédilection des gourmets les plus difficiles. L'arbre donne un ombrage inestimable dans ces pays brûlés du soleil, et la verdure perpétuelle de ses feuilles repose agréablement la vue.

Il y a à Pounah des casernes pour les troupes anglaises qui y sont cantonnées, un temple protestant, un *kirk* écossais et une église catholique; ce sont, comme dans toutes les villes anglo-indiennes, de grands bâtiments blanchis à la chaux qui n'ont aucun style. Un vaste champ de Mars, sur les côtés duquel s'élèvent des bungalows au milieu de palmiers et de fleurs, sert à la fois aux revues, aux courses annuelles de chevaux que les officiers anglais ont introduites dans tous leurs cantonnements et au jeu de cricket qui est pour les sportsmen un motif de joyeuse réunion. Les Anglais, même dans les contrées chaudes de l'Inde, se conforment à leur hygiène nationale; les exercices les plus violents auxquels ils se livrent en Europe ne sont pas abandonnés. C'est à leur vie énergique et active qu'il faut attribuer la santé excellente dont la plupart jouissent sous le ciel des tropiques, pourvu toutefois que le sort ne les jette pas au milieu des jongles humides d'où émanent les miasmes pestilentiels; les fièvres paludéennes contractées sous les tropiques, quelque salubre que soit du reste le pays, sont toujours fort dangereuses.

Sir Jamsetjee Jejeebhoy a doté Pounah d'un magnifique étang qui rend de grands services à la population pauvre de la ville; ce travail a coûté au philanthrope parsi une somme considérable dont le chiffre est soigneusement gravé sur une plaque de marbre.

Du sommet de la colline de Parbuti (un des nombreux noms sous lequel la terrible déesse Kali est connue dans l'Inde), on jouit d'une vue étendue sur une riante campagne plantée de beaux arbres. On remarque sur cette colline plusieurs petits temples qui datent du siècle dernier ainsi que les ruines du palais des peichwahs. On me montra au loin le lieu où se faisaient jadis les exécutions; les criminels étaient foulés aux pieds par un éléphant. La pagode qui couronne la colline était autrefois entretenue aux frais du peichwah; aujourd'hui le gouvernement anglais ne donne ni les vivres, ni les étoffes, ni les soldats de garde, mais il alloue une somme annuelle de quarante-cinq mille francs qui sert à payer les prêtres, les sacrificateurs, les bayadères, etc. Il était d'usage que le peichwah fît, un certain jour de chaque année, une distribution d'aumônes aux pauvres qui venaient dans ce temple; More parle de quinze cent mille francs donnés en 1797, lorsqu'il assista à cette curieuse cérémonie, nommée le datchma.

La route de Pounah à Waï et Mahabaleshour est

pénible, mais très-pittoresque; dès qu'on arrive aux montagnes élevées de quinze cents mètres au-dessus du niveau de la mer, on trouve une température agréable et on sent renaître en soi la gaieté et la vigueur en respirant un air d'une pureté et d'une fraîcheur inconnues dans les plaines et les terres basses de l'Inde. Les Anglais de Bombay aiment à venir en villégiature à Mahabaleshour, comme ceux de Madras vont aux Nilgheiries, à Outakamand. Tous ces endroits sont du reste remarquables par la beauté des sites, et je ne connais dans toute l'Inde que certaines régions de l'Himalaya qui puissent leur être comparées.

La vallée de Waï est arrosée par le fleuve Krishna qui va se jeter sur la côte de Coromandel au sud de Masulipatam; sur ses rives sont construits de petits temples d'un style original dont les sculptures se détachent sur la verdure des arbres environnants. C'est un des plus jolis sites des Ghauts occidentales. A huit milles environ de Waï, on admire l'un des plus gros multipliants connus; il couvre de son feuillage un hectare et demi de terrain, et est soutenu par un nombre considérable de tiges adventives. On ne peut rien voir de plus majestueux que cette colonnade naturelle surmontée d'un dôme de verdure où les rayons du soleil ne pénètrent jamais.

Le village de Mahabaleshour (littéralement le Seigneur tout-puissant) est dans l'ouest de Waï; c'est un assemblage de huttes grossières au milieu desquelles s'élèvent de petits temples d'une forme curieuse (voy. p. 152). Cinq rivières, entre autres le Krishna, prennent leur source dans la vallée qui jouit parmi les Indous d'une réputation toute particulière de sainteté.

Le fort de Pratabghar mérite aussi d'être visité; situé dans l'ouest de Mahabaleshour, il domine tout le pays environnant. Ce n'est pas sans peine qu'on parvient au sommet qu'il couronne. Il a été construit en 1656 par Sivadji, le fondateur de l'empire mahratte.

Plus au sud, à soixante-six milles de Pounah, j'allai visiter la ville de Satara, longtemps résidence des chefs mahrattes. Le site où elle est assise, entouré de trois côtés par de hautes montagnes, rappelle la forme d'un siphon dont la courbe méridionale serait la moins étendue.

Le dernier Peichwah, ou chef suprême de la confédération mahratte, vaincu et détrôné en 1818, fut interné au delà du Gange, où il vécut plus de trente ans encore dans le beau fief de Bithour, non loin de la ville de Cawnpour, localités peu connues de l'Europe jusqu'à l'époque récente où les fureurs du fils adoptif de l'ancien peichwah les ont associées dans la mémoire des hommes au nom sanglant de Nana-Saheb.

Lorsque le dernier peichwah eut été vaincu et détrôné, c'est encore à Sattara que les Anglais établirent sous leur protection deux jeunes princes qui, tout en ayant le titre de rois, étaient tenus en prison. L'aîné ayant cherché, disent les historiens anglais, à conspirer contre l'autorité de la Compagnie des Indes, fut déposé et remplacé par son frère : à la mort de ce dernier, le gouvernement de Bombay s'est adjugé son héritage.

Le fort de Sattara est bâti dans une situation pittoresque sur une colline qui domine de deux cent soixante-cinq yards la plaine où s'étend la ville. Il contient seize temples dont quatre sont dédiés à Çiva et cinq à Bhawani, la nuit primordiale des cultes primitifs des Kouchites, descendue aujourd'hui au rôle de déesse de la peste et du choléra.

Les habitants racontent qu'avant de construire ce fort, Sivadji offrit en sacrifice à sa déesse favorite le fils et la fille du chef des Mhars[1] de sa province qui furent ensevelis vivants sous la porte d'entrée. D'autres victimes humaines reposent, dit-on, sous les fondations de chaque tour. On ne doit donc pas s'étonner que les indigènes croient ce fort peuplé d'esprits et de revenants; à la fête de la Dousserah, on célèbre des cérémonies pour se les rendre propices. Voici ce que rapporte lady Falkland à ce sujet : « On conduit un jeune buffle devant le temple de Bhawani, la déesse tutélaire du fort et la patronne de Sivadji; après quelques prières, le chef des mhars frappe l'animal sur la nuque d'un coup d'épée, et aussitôt on le lâche. Tous les assistants se mettent à sa poursuite, le frappant de leurs armes ou de leurs mains pour le charger de leurs péchés. La pauvre bête, effrayée du bruit et des coups, fuit le tour des murailles et revient devant le temple où elle est aussitôt saisie et décapitée lestement par un des principaux assistants; car abattre d'un seul coup la tête d'un buffle ou d'un bouc est un acte indispensable à l'accomplissement de tout bon sacrifice. L'habileté de main nécessaire pour cela au sacrificateur est facilitée par l'emploi du coultry, ou arme des montagnards népaulais, dont la lame épaisse et lourde, plus large à l'extrémité qu'à la poignée, tient tout à la fois du sabre et de la serpe.

« Les mhars se jettent ensuite sur le corps de la victime, et, marchant processionnellement autour des fortifications, ils invoquent les esprits et les démons et les prient d'accepter leurs offrandes de viande et de sang. Les entrailles de la victime sont enroulées autour du cou des principaux de la caste des mhars.

« Voici quelques-uns des cantiques qu'ils entonnent lorsque, dans leur course échevelée, ils poursuivent le buffle expiatoire, chargé à leurs yeux de toutes les iniquités du peuple; leur chef s'écrie :

> Frappez, Mhars, frappez.

et le chœur répond :

> Frappons, frappons.

LE CHEF.

> Frappez fort, frappez fort,

LE CHŒUR.

> Frère, qui faut-il frapper?

1. Tribus de la côte de Malabar qui représentent les parias du Coromandel.

LE CHEF.

Frappez, frappez l'ennemi.

LE CHŒUR.

Nous le frapperons, frère.

« Après le sacrifice, ils s'adressent aux démons :

LE CHEF.

Goutte par goutte, buvez ce sang.

LE CHŒUR.

Buvez, buvez le sang.

LE CHEF.

Morceau par morceau, mangez cette chair.

LE CHŒUR.

Mangez, mangez la chair.

LE CHEF.

Voici du foie, voici du pain, voici du tabac,
Prenez, prenez, et soyez-nous propices.

LE CHŒUR.

Soyez-nous propices.

« Et ainsi de suite. A chaque article spécifié, l'un des assistants en prend un morceau dans un plat et le lance par-dessus son épaule de l'autre côté des murailles. Les mhars sont persuadés que les esprits acceptent tout ce qui leur est ainsi offert; il paraîtrait même qu'autrefois ils étaient plus familiers et venaient chercher les offrandes dans la main même de leurs adorateurs; ils sont aujourd'hui devenus plus sauvages; aucun morceau de viande ni aucun autre don, dit-on, ne tombe à terre, ils saisissent tout au vol. »

On voit à Sattara la fameuse épée de Sivadji, qui est

Paysage près de Pounah. — Dessin de E. Thérond d'après une photographie de l'album de M. Grandidier.

adorée comme le fétiche tutélaire de la famille; c'est une belle lame de Gênes.

Toutes les montagnes qui longent la côte ouest de l'Inde sont habitées par des peuplades à demi sauvages qui n'ont ni le type ni le teint des autres Indiens; les hommes ont de longues barbes, et les cheveux des deux sexes tombent en boucles sur leurs épaules; ils ont des habitudes pastorales et nomades. Quelques auteurs pensent que ce sont des descendants de Scythes; on prétend reconnaître les traces du passage de cette race depuis les Nilgheiries jusqu'en Europe.

Quelle que soit la valeur de cette hypothèse, toujours est-il que Pouliahs, ou forestiers sauvages du Concan, Naïrs de la côte, Gourkas de la vallée de Mercara, et Todas des Nilgheiries, semblent tous les débris d'une ou plusieurs couches de populations antérieures à la conquête de l'Inde par les Aryans; on

dirait les épaves dispersées d'un ordre social qui précéda l'âge de l'agriculture et de cité.

Tout le long de la côte occidentale du Deccan, on trouve au pied des montagnes une zone boisée qui s'étend jusqu'au sommet des Ghauts et revêt leurs deux versants. En toute saison, même à l'époque de la plus grande sécheresse, c'est une entreprise difficile et dangereuse que d'y pénétrer. « Le défaut d'air, l'accumulation des détritus végétaux et la stagnation des eaux au fond d'étroites ravines, font de ces sombres régions un foyer d'odeurs nauséabondes et de miasmes méphitiques[1]. »

Plusieurs tribus, encore à l'état sauvage, mènent pourtant une existence errante dans ce milieu pestilentiel, et se contentent d'y changer de demeure avec les saisons. « Quand ils ont choisi un endroit pour leur

1. *Inde contemporaine*, 2e édit., p. 464.

Prédication Djaïne, à Bombay. — Dessin de A. de Neuville d'après une photographie de l'album de M. Grandidier.

séjour passager, ces pauvres gens l'entourent d'une espèce de haie, et chaque famille choisit dans l'enceinte un petit terrain que ses membres labourent à l'aide d'un morceau de bois pointu, durci par le feu. De chétives industries, le charbonnage et la vannerie, leur fournissent quelques autres ressources; mais, moins avancés que les nègres d'Afrique, ils ignorent l'usage de l'arc et des flèches. Ce sont les vrais Vanaras de Valmiki et les frères des Pouliahs du Concan.

« A peine nés, leurs enfants sont habitués à la dure vie qu'ils doivent mener. Dès le lendemain de leurs couches, obligées de se mettre à la recherche de leur nourriture, les femmes, avant de s'éloigner de leurs nouveau-nés, commencent par les allaiter : elles creusent ensuite en terre un trou qu'elles garnissent de feuilles de teck, feuilles si rudes, si revêtues d'aspérités, qu'elles enlèvent l'épiderme et font couler le sang pour peu qu'on les manie sans précaution. Or, c'est sur cette couche que, jusqu'au retour de la mère, qui n'a lieu que le soir, est déposé le petit être humain qui vient de naître à la vie et à la douleur.

« Dès le cinquième ou le sixième jour de sa naissance, on l'habitue à prendre des aliments solides, à se laisser laver tous les matins dans la rosée glacée qui baigne les plantes. Il est ainsi abandonné tous les jours, seul et nu, exposé au soleil, au vent et à la pluie, jusqu'à ce qu'il soit en état de marcher.

« La religion de ces sauvages consiste dans le culte de certains fétiches. Leur principale occupation est d'extraire le jus du palmier, dont ils vendent une partie et boivent le reste. Hommes et femmes montent sur les arbres avec l'agilité des singes, qu'ils imitent encore par leur nudité; les femmes seules portent à la ceinture un petit morceau d'étoffe. On raconte que Tippoo-Saheb, au retour d'une expédition militaire, rencontra une tribu de ces sauvages. En sa qualité de bon mu-

Village de Mahabaleshwour. — Dessin de E. Thérond d'après une photographie de l'album de M. Grandidier.

sulman, il fut choqué de leur état de nudité. Il fit appeler leurs chefs et leur demanda pourquoi ils ne se couvraient pas plus décemment; ils alléguèrent leur pauvreté et surtout la coutume. Tippoo répliqua qu'il entendait qu'ils portassent à l'avenir des vêtements comme ses autres sujets, et leur promit de leur envoyer tous les ans la toile nécessaire; en attendant, il leur fit distribuer toute celle dont il put disposer pour le moment. Ainsi pressés, les sauvages tombèrent dans une grande perplexité : on les vit s'assembler en petits groupes et délibérer. Des vêtements! quel embarras! c'était une violation de leurs lois, de leurs usages héréditaires; l'émigration, la mort même, valaient mieux. Après avoir patiemment et longuement écouté leurs doléances, Tippoo, peu convaincu, allait se remettre en route, lorsqu'un des anciens de la tribu, se jetant au-devant de lui et déposant à ses pieds la pièce de toile qui lui était échue en partage : « Sultan, lui « dit-il, tu vis comme tes pères, laisse-nous vivre comme « ont vécu les nôtres. » Le sultan n'insista plus[1]. »

Les repaires boisés où gîtent ces représentants attardés de l'humanité leur sont disputés par les grands pachydermes et les puissants carnassiers qui abondent sur les deux versants des Ghauts.

A Sattara, me laissant entraîner par l'espoir d'être plus heureux qu'à Ceylan où je n'avais pu chasser l'éléphant, je me joignis à une compagnie de sportmen qui se dirigeait vers les jongles du sud de la province, avec l'intention d'y organiser une grande battue. Plusieurs jours de marche à travers d'impénétrables forêts nous firent bien apercevoir un ou deux troupeaux d'éléphants; mais ce fut tout; la nature du terrain ne permit à aucun de nous de les approcher de manière à tirer un de ces animaux.

1. Barchou de Penhoën, *Histoire de la fondation de l'empire anglais dans l'Inde*, t. III, chap. XI.

Par l'empreinte des pieds de devant on peut se rendre compte de la taille des éléphants qu'on poursuit; elle est à peu près égale à deux fois leur circonférence; en employant ce procédé, nous vîmes que nous étions sur la piste de bêtes d'environ neuf à dix pieds de taille. Pour tirer un éléphant, il faut, comme dans toute chasse aux bêtes féroces, s'approcher de dix à quinze pas de l'animal, puis on vise soit à la racine de la trompe, soit dans la trompe ou dans le creux placé au-dessus de l'œil.

Les troupeaux d'éléphants sauvages ne sont pas dangereux; la panique se met facilement parmi eux, et ils fuient à l'aspect de l'homme. Les chasseurs intrépides, comme le major Rogers de Ceylan qui en a tué plus d'un millier, disent que le troupeau ne charge jamais en masse. Lorsqu'ils sont blessés, ils deviennent quelquefois furieux et poursuivent le chasseur qui ne pourrait fuir en rase campagne ou dans des taillis, mais qui réussit souvent à se dérober dans une forêt en faisant des détours; d'ailleurs quand un éléphant tient son ennemi en son pouvoir, il est si maladroit qu'il parvient rarement à en tirer vengeance et qu'il le laisse souvent échapper sans blessures graves. A l'époque de mon voyage, on parlait d'un docteur anglais qui avait été tenu prisonnier pendant quelques minutes dans la trompe d'un de ces animaux; l'éléphant cherchait bien à l'écraser du poids d'un de ses pieds, mais il ne pouvait y parvenir. Le sportman fut heureux de sortir de cette position originale, mais certes peu commode, avec de simples contusions qui le mirent au lit pour une semaine. Les défenses même de ces animaux, vu leur courbure particulière, ne leur sont pas d'un grand usage contre leurs ennemis.

La chair de l'éléphant est dure; les seules parties qu'on puisse manger avec plaisir sont la langue, qui est un mets assez délicat, et les pieds qui servent à faire un bon potage.

Les éléphants solitaires sont bien plus à craindre que leurs congénères vivant en troupeau, surtout dans certaines circonstances. Ils viennent souvent attaquer les hommes, et il n'est pas rare qu'il en résulte des malheurs; les chasseurs redoutent d'ordinaire de semblables rencontres. Ce sont des animaux échappés à la captivité ou chassés de leur troupeau, et dont la solitude a aigri le caractère.

Nous avons plusieurs fois parlé des éléphants domestiqués dont les Indiens utilisent la force au bénéfice de l'homme. Comme ces animaux se reproduisent rarement en captivité, on est obligé de les prendre dans les forêts pour les dresser aux usages divers auxquels on doit les employer.

Quand on veut s'emparer d'un troupeau d'éléphants sauvages, dans l'Inde comme dans l'Indo-Chine, on fait, avec un grand nombre de rabatteurs et d'éléphants apprivoisés, une battue lente et silencieuse afin de pousser les animaux sauvages dans la direction d'un kedda ou korral, enclos dans lequel on cherche à les enfermer, puis à les dompter au moyen de la faim et des leçons de leurs congénères domestiqués.

Les éléphants sont devenus rares dans l'Inde, relativement du moins au temps passé. Comme partout, l'emploi des armes européennes a éclairci dans cette contrée le gros et petit gibier, et il arrive souvent que les battues sont infructueuses; on se servira du reste de moins en moins de ces animaux, à mesure que les moyens de communication seront plus faciles dans les pays asiatiques. Ceux de l'Inde dépassent rarement trois mètres de hauteur, et on en trouve peu qui aient de belles défenses; ces derniers sont, en effet, en butte aux attaques des indigènes qui, vendant l'ivoire

Un Parsi de Bombay. — Dessin de Émile Bayard d'après une photographie de l'album de M. Grandidier.

fort cher, leur font une guerre acharnée. D'ailleurs il est utile de détruire ces colosses dans le voisinage des cantons cultivés, où ils commettent de grands ravages.

Recueillons à ce sujet le témoignage du prince A. de Soltikoff, qui parcourait, il y a peu d'années, cette même région des Ghauts :

« Après une marche difficile de douze à quinze lieues et un bivac en pleine forêt vierge, je vins heurter le deuxième soir à la porte d'un Anglais, ou plutôt d'un Écossais, qui a bâti dans ces solitudes une maison en bois où il demeure avec sa femme, ses enfants et plusieurs domestiques indigènes des deux sexes. Il s'oc-cupe à cultiver du café, de la cannelle, de la noix muscade, des clous de girofle, du cardamone, du poivre rouge, etc., trouvant que le terrain et l'ombre qui règne dans ces bois sont favorables à tous ces produits, qu'il envoie vendre en Europe et qui l'enrichissent. Il était sur son perron, se promenant autour d'une table dont la nappe était mise ; car il avait appris que je devais passer et il m'attendait. Il m'offrit des boissons gazeuses, un bain tiède, un bon déjeuner et du vin de l'Ermitage, que son premier propriétaire eût été bien surpris de retrouver là. Ce planteur remplissait tous ces devoirs d'hospitalité d'un air tout à fait morne, et

Colline de Kanhéri. — Dessin de H. Clerget d'après une photographie de l'album de M. Grandidier.

son regard, comme toute sa personne, était complète-ment triste, splénétique et soucieux. A mes questions sympathiques il répondit par des plaintes sur le voisi-nage des bêtes fauves, des éléphants qui dévastaient ses vergers et désenchantaient son Éden. La veille, pen-dant la nuit, il avait été réveillé en sursaut par un vio-lent fracas. S'étant élancé à la fenêtre avec son fusil, il avait vu un éléphant qui s'amusait à démolir la mai-son. La trompe entortillée autour d'une des colonnes de cette même varangue, du haut de laquelle cette fa-mille isolée épie constamment les voyageurs pour leur offrir l'hospitalité, le terrible animal secouait le pilier de toute sa force pour le déraciner, comme il aurait fait d'un arbre. Il était sur le point d'y réussir, lors-que le propriétaire vint le déranger. Il fallut néan-moins plusieurs coups de fusil pour lui faire lâcher prise. »

Alfred GRANDIDIER.

Indous du Deccan méridional. — Dessin de Émile Bayard d'après une photographie de l'album de M. Grandidier.

VOYAGE DANS LES PROVINCES MÉRIDIONALES DE L'INDE,

PAR M. ALFRED GRANDIDIER[1].

1862-1864. — TEXTE ET DESSINS INÉDITS.

XII (suite).

Retour vers le nord. — Les temples souterrains en général et les caves de Karli en particulier. — Daoulatabad, la cité des dieux.
Aurungabad, la ville d'Aurungzeb. — Les thugs. — Adjountah. — Coup d'œil rétrospectif sur les destinées de l'Inde.

Des préoccupations plus importantes que celles de la chasse m'appelaient dans le nord de la présidence de Bombay : le soin de ma santé et une visite indispensable aux temples souterrains de cette région, pour compléter, sur l'art religieux bouddhique, mes études commencées à l'autre extrémité du Deccan, dans les temples de l'Orissa.

Je commençai par les caves de Karli. La montagne de ce nom est à deux milles au nord de la route de Bombay à Pounah. Les temples sont creusés à mi-côte ; un sentier taillé en zigzag et en escalier conduit à l'entrée des chaitiyas. Si l'ascension de cette espèce d'échelle n'est pas longue, elle ne laisse pas que d'être fatigante.

L'excavation la plus remarquable est le chaitiya ou cathédrale bouddhique, qui compte parmi les plus anciens monuments de ce genre dans l'Inde. Les dimensions données par lord Valentia dans la relation de ses voyages sont exactes : le temple mesure trente-huit mètres cinquante centimètres de longueur, et la nef a vingt-quatre mètres soixante-quinze centimètres. La largeur d'un mur à l'autre est de quatorze mètres et celle de la nef de sept mètres quatre-vingts centimètres.

A gauche du porche s'élève un pilier prismatique à seize pans surmonté de huit lions soutenant le chapiteau en forme de calice renversé. L'inscription qui est gravée sur cette colonne a été traduite en partie par le célèbre orientaliste Prinsep. M. Stevenson, qui a revisé cette première traduction, pense que le temple fut excavé soixante-dix ans avant Jésus-Christ sous la direction d'un architecte grec (Yavan) du nom de Xénocrate (Dhenakakola).

La façade du chaitiya est très-dégradée, mais le portique est intérieurement décoré de sculptures encore en bon état de conservation. La grande élévation de ce portique n'a pas permis de placer au-dessus de la porte d'entrée, comme dans la plupart des chaitiyas bouddhiques, une galerie qui ne laissât arriver de jour que sur l'autel ou dagoba, objet de l'adoration des fidèles. Aussi le temple de Karli est-il plus éclairé que ne le sont d'ordinaire les autres du même style. Je suis porté à croire que dans l'origine le chaitiya avait un vestibule moins élevé, sans sculptures, et que la galerie ordinaire existait; plus tard, vers le commencement du quatrième siècle après Jésus-Christ, le temple subit de grandes modifications. D'aussi vastes excavations ne pouvaient en effet s'achever en quelques années, et il ne faut pas s'attendre à trouver un chaitiya d'un style uniforme dans toutes ses parties.

La façade est percée d'une porte carrée que surmonte l'ouverture hémi-elliptique par laquelle le temple est éclairé; cette vaste fenêtre est enfermée dans un cintre en forme de fer à cheval qui fait saillie sur la façade et s'appuie sur une série de consoles cubiques figurant l'extrémité de poutres sur lesquelles il reposerait. La partie supérieure de la façade est couverte de petits cintres en fer à cheval d'un dessin semblable, reliés entre eux par un treillage en pierre qui est une imitation des treillages en bois qui se trouvaient autrefois dans les maisons indiennes. Toute cette ornementation extérieure prouve que lors de l'ex-

Femme et enfant todas (montagnards des Nilgheiries). Dessin de A. de Neuville d'après une photographie de l'album de M. Grandidier.

cavation du chaitiya on était encore dans l'enfance de l'art. L'architecte s'inspirait, pour décorer son œuvre, des objets qui l'entouraient; reconnaissant l'effet élégant produit par les fenêtres et les balcons des palais, il s'appliqua à les copier sur la pierre.

De chaque côté de la porte d'entrée sont représentés des danseurs. Aux parois latérales du portique sont adossés trois éléphants qui paraissent soutenir le rocher dans lequel ils sont sculptés. Tous ces bas-reliefs, d'après les inscriptions gravées au-dessus et traduites par M. Stevenson, se rapporteraient à l'an 336 de notre ère.

Nous ne chercherons pas à rendre l'impression que le magnifique chaitiya de Karli produit sur le voyageur; on ne peut qu'admirer ce temple, digne, comme nos cathédrales gothiques, de la grandeur et de la majesté de Dieu. Il n'en est pas un seul dans l'Inde qu'on puisse lui comparer sous le rapport de la simplicité et de la beauté des proportions. La voûte, très-élevée, est du meilleur effet. Elle est cintrée en côtes de tèke (bois très-dur de la contrée) qui datent probablement de l'origine du temple. Je ne partage pas l'opinion de certains auteurs qui pensent qu'elles ne sont qu'une pure imitation des édifices en bois; aucun bâtiment de l'Inde, dans les premiers siècles de notre ère, n'était voûté; il est plus probable, à mon avis, qu'elles servaient à tendre le chaitiya d'étoffes blanches, comme c'était la coutume dans l'origine avant qu'on employât le chounam ou stuc comme enduit.

Ces poutres de bois sont distantes les unes des autres d'un mètre environ, précisément la largeur des bandes d'étoffe qu'on attachait ou qu'on clouait à la voûte.

Au fond se trouve le dagoba, véritable autel sur lequel les fidèles déposaient leurs offrandes, tout en

Todas (montagnards des Nilghiries). — Dessin de A. de Neuville d'après une photographie de l'album de M. Grandidier.

adressant leurs prières au Bouddha; sur une base cylindrique, s'élève en retrait l'hémisphère qu'entoure une sorte de grille en pierre; le tie ou parallélipipède à surface treillagée, imitation d'un reliquaire, couronne cet autel et supporte quatre plaques de pierre superposées, de grandeur croissante, où est placé le parasol royal de bois que recouvrait jadis une étoffe blanche, comme il est facile de le présumer d'après sa forme.

Les colonnes qui séparent les bas côtés de la nef sont au nombre de trente; les huit de l'abside sont octogones, sans piédestal ni chapiteau. L'abside est semi-circulaire ainsi que le dagoba qu'elle renferme. Les autres piliers ont une plinthe composée de quatre plaques de pierre en retrait les unes sur les autres; leur base est un vase sphéroïdal de pierre ou chattie d'où s'élance le fût octogone, comme à Kanhéri; la partie supérieure du fût est formée par un autre chattie renversé qui supporte quatre plaques en saillie les unes sur les autres. Sur cette sorte de gorgerin, est placée l'abaque dont les faces sont sculptées en ronde-bosse; d'un côté on voit deux éléphants et de l'autre deux chevaux, portant sur le dos des êtres humains; l'un des animaux est représenté de profil, l'autre de face. Je crois que les sculptures des chapiteaux et des bases ont été faites à la même époque que les bas-reliefs de la façade, c'est-à-dire vers la fin du troisième siècle ou au commencement du quatrième après Jésus-Christ; il me semble probable, d'après un examen minutieux, qu'avant cette époque les colonnes qu'on recouvrait d'étoffes aux jours de fête avaient une base et un chapiteau carrés et un fût octogone. Les côtes de tèke qui ne reposent aujourd'hui sur aucun appui prouvent qu'on a postérieurement à leur mise

Bas-relief à gauche sous le porche de Karli. — Dessin de Catenacci d'après une photographie de l'album de M. Grandidier.

en place enlevé la corniche afin d'exhausser les colonnes et de sculpter les chapiteaux actuels. L'origine des bas-côtés est due à la division par castes qui existaient dans les pays bouddhiques au point de vue civil.

En revenant de Karli, j'allai à Callyan, où est l'embranchement nord-est du *Great Indian Peninsula Railway*. C'est près de cette petite ville que se trouvent les ruines remarquables de la pagode d'Ambernauth, qui par sa forme rappelle un peu les temples si curieux de Bhuvaneshouara. A la station de Deolalie, je louai une petite voiture traînée par des zébus qui me conduisit à la colline connue des Indiens sous le nom de Pandou Lena (grottes de Pandou); la distance est de sept milles. Les monastères et temples creusés dans les flancs de cette colline sont appelés par les Anglais

Nassick caves; la ville de Nassick est cependant à 5 milles au moins dans le sud-sud-ouest.

La colline de Pandou Lena se distingue au loin par la façade à pic taillée de main d'homme à mi-côte, vraie ceinture de pierre dans laquelle sont pratiquées les excavations. Elle renferme trois wihârés ou monastères principaux : celui du centre est le plus simple et le plus ancien ; celui de droite est de quelques siècles postérieur et renferme un chaitiya ou sanctuaire ; celui de gauche, le plus moderne de tous, est déjà plus ornementé.

De Pandou Lena je regagnai la station de Deolalie, d'où le chemin de fer m'emmena à toute vapeur à celle de Nandgaum, trajet de seize heures au moins. La ligne ferrée est ici distante de quarante milles de la montagne de Rosah, qui renferme les temples d'El-

Entrée du chaitiya de Karli. — Dessin de H. Catenacci d'après une photographie de l'album de M. Grandidier.

lora, célèbres entre tous par leur étendue, leur beauté et les discussions qui se sont élevées parmi les érudits au sujet de leur origine et de leur antiquité.

Je franchis ces quarante milles sur un char à zébus que me loua un Parsi à la station de Nandgaum ; puis, les merveilles d'Ellora explorées, je me dirigeai au trot de mes zébus vers la ville d'Aurungabad, qui est éloignée de vingt milles de la montagne de Rosah. A mi-chemin, je traversai d'abord Daoulatabad, dont le fort est dans un site très-pittoresque. C'est l'ancienne Devaghiri, citée par Ptolémée sous le nom de Tiagura, qui a été célèbre à toutes les époques de l'histoire de l'Inde. Une colline isolée de la chaîne nord de montagnes domine la vaste plaine où est bâti le village. Sur la base, ceinture de rochers, s'élève un cône de verdure d'où se détachent les murailles noires de plusieurs enceintes concentriques. Un minaret qui apparaît à travers les arbres forme un joli point de vue. Un mur entoure la colline, le village et la campagne environnante.

La ville d'Aurungabad est située douze milles plus loin; c'est le chef-lieu d'une des provinces détachées aujourd'hui du royaume du Nizam. Le seul édifice digne d'attirer l'attention du voyageur est la tombe de la femme favorite (d'autres disent de la fille) d'Aurungzeb qui est construite sur le plan du Taj Mahal d'Agra, le célèbre mausolée de l'empereur Shah-Jehan.

Vu d'une certaine distance, ce tombeau reproduit assez bien l'effet du modèle que l'on a voulu imiter, c'est une véritable merveille, mais si l'on pénètre dans l'intérieur, l'impression première est détruite : aux arabesques fouillées dans le marbre blanc, aux mosaïques formées de pierres précieuses, sont substituées de simples broderies en stuc.

Ce monument est au milieu d'un vaste jardin de forme quadrangulaire qu'entoure un mur crénelé dont les merlons affectent la forme ogivale si commune dans tous les édifices mogols de l'Inde; aux angles sont placés des pavillons octogones; à chaque façade, percée d'une porte carrée fort élevée, aboutit une chaussée en briques bordée d'une balustrade en pierre sculptée à jour.

Le mausolée s'élève au centre d'une grande plate-forme dont les coins sont ornés de minarets octogones surmontés d'une boule; cette plate-forme est entourée d'un treillis de pierre remarquable par la variété des dessins. Quatre grandes portes de style ogival dont le sommet atteint la corniche donnent entrée dans le monument; de chaque côté sont placées des tourelles rondes terminées par une petite salle carrée. Le grand dôme a la forme d'une pomme de pin ; il est flanqué de quatre dômes pareils, mais de moindre dimension, tous, dit-on, de marbre blanc; un fer de lance occupe le sommet et a probablement servi de modèle aux merlons en ogive des murs.

Les portes sont fermées par un treillage de marbre d'une grande beauté, et qui peut être comparé à la dentelle pour la finesse de l'exécution. La tombe placée au-dessous du niveau du sol environnant est entourée d'une balustrade du même travail. A l'exception de ces grilles de marbre et des coupoles, tout le mausolée est recouvert de stuc sur lequel on a brodé des arabesques qui ne présentent aucun intérêt.

Les troupes anglaises sont cantonnées à un mille d'Aurungabad; la cité a le même aspect que toutes les villes anglo-indiennes, et nous ne nous y arrêterons que pour visiter la geôle, où se trouvaient encore lors de mon passage quelques thugs ou étrangleurs arrêtés depuis plus de trente ans.

Il n'est personne aujourd'hui qui ne connaisse l'effroyable et mystérieuse association d'assassins mystiques voués au culte de Kali, la déesse de la mort, qui se donnaient pour mission d'offrir en sacrifice à leur horrible idole hommes, femmes ou enfants; qui ne

versaient jamais le sang, mais étranglaient au moyen d'un lacet ou d'une écharpe qu'ils jetaient autour du cou de la victime. Un de ceux dont j'ai pu obtenir les portraits photographiés avait avoué plusieurs centaines de meurtres accomplis de ses mains.

Ces faits monstrueux ayant eu en Europe les honneurs de la publicité que donnent les romans et le théâtre, je crois devoir me borner ici à détacher un fragment des *Promenades et souvenirs* du colonel Sleeman, celui qui le premier a dévoilé l'horrible vérité, et dont le livre a été la source unique où ont puisé tour à tour romanciers et dramaturges.

« Lorsqu'en 1822, 23 et 24 j'étais chargé de l'administration civile et judiciaire du district de Mersingpour dans la vallée de la Nerbudda, aucun meurtre, aucun vol commis par un criminel ordinaire n'échappait à ma connaissance; il n'existait pas d'outlaw redoutable ou de pickpocket médiocre dont je ne susse immédiatement la retraite, le caractère, les antécédents, et dont je ne pusse suivre à volonté tous les mouvements. Si à cette époque on était venu me dire qu'une bande d'assassins, faisant du meurtre sa profession héréditaire, résidait dans un village situé à moins de quatre cents mètres de mon tribunal, que les admirables bosquets du bourg de Mundlesour, à une journée de marche de mon bungalow, étaient le théâtre où s'accomplissait un nombre d'assassinats plus grand que sur aucun autre point de l'Inde ; — que des bandes de meurtriers venant de l'Aoude et du Deccan se donnaient annuellement rendez-vous sous ces ombrages et y passaient des semaines entières pour exercer leur atroce vocation sur les routes qui se croisent en cette localité ; — que les zémindars dont les ancêtres avaient planté ces massifs donnaient leur concours à ces hordes d'assassins, — j'aurais pris le dénonciateur pour un fou ou un imbécile qu'auraient effrayé des contes d'enfants….. Et cependant rien n'était plus vrai. Des centaines de passants étaient enterrés chaque année sous les bosquets de Mundlesour ! Toute une tribu d'assassins vivait à ma porte, pendant que j'étais magistrat suprême de la province, et ils commettaient leurs crimes jusqu'aux environs de Pounah et d'Haïderabad !

« Le jour où Feringhea, l'un des principaux thugs, me fit ses premières révélations, ma raison révoltée refusait d'ajouter foi à ses paroles, lorsque tout à coup il fit exhumer, du sol même que couvrait le tapis de ma tente, treize cadavres à divers degrés de décomposition et m'offrit d'en faire déterrer tout autour de moi un nombre illimité. Je fus frappé comme d'un coup de foudre, et mon esprit resta consterné; il fallut cependant me rendre à l'évidence et croire aux épouvantables drames dont les preuves se dressaient devant moi comme le spectre de Banco!... Grâce aux aveux de Feringhea, je parvins à m'emparer des bandes nombreuses de thugs qui s'étaient déjà réunies dans le Rajpoutana pour commencer leur campagne de l'année. »

Le gouvernement anglais, une fois en possession dece terrible secret, a proportionné ses efforts à l'étendue du mal; la croisade entreprise contre les thugs a, sinon supprimé l'association, mis du moins un terme à la fréquence de ses crimes.

En quittant Aurungabad, je me mis en route pour Adjountah, où se trouvent les monuments bouddhiques les plus célèbres dans l'histoire de l'Inde. La route est déserte comme toutes celles des États du Nizam dont ce district a fait partie longtemps, et le pays généralement aride. Quelquefois cependant on traverse de petits villages qui ressemblent à tous ceux de la présidence de Bombay et où l'on remarque, entre les maisons, de petits autels domestiques sur lesquels les

raïotes ou paysans soignent dévotement un tulsi planté dans un vase de terre. Le tulsi, *occyneum sanctum*, est une pétite plante de maigre apparence dont la sainteté est universellement reconnue dans toute l'Inde. « Tulsi, dit Ward, était une femme d'une piété exemplaire; après s'être soumise aux austérités les plus pénibles, elle demanda à Vichnou de l'épouser en récompense de ses vertus. Lakshmi, l'épouse du dieu, ayant eu connaissance de cette prière téméraire, la maudit et la changea en une humble plante. Vichnou promit à l'infortunée de ne pas l'abandonner dans son malheur et de prendre la forme d'un shalgrame pour toujours demeurer avec elle. »

Sculptures sous le porche du Chaitiya de Karli. — Dessin de Catenacci d'après une photographie de l'album de M. Grandidier.

Il ne sera pas inutile, je crois, d'indiquer ici ce que c'est qu'un shalgrame :

C'est une petite variété de ces coquilles fossiles connues sous le nom d'ammonites. More, dans son *Panthéon Indou*, dit que l'heureux possesseur d'un caillou aussi précieux le conserve pieusement dans une enveloppe de prix, d'où on ne le tire que pour le baigner et le parfumer; l'eau qui l'a touché a la vertu de laver l'âme de ses péchés.

Le mode d'adoration du tulsi consiste d'ordinaire à faire un certain nombre de fois le tour du petit autel, en marmottant je ne sais quelles prières cabalistiques.

Le cirque d'Adjountah, vaste enceinte qui renferme vingt-six temples souterrains creusés dans le roc, est un des sites les plus sauvages et les plus grandioses tout à la fois que j'aie jamais rencontrés. Il est situé à trois milles du bungalow des voyageurs de Futterpore.

Les temples souterrains d'Adjountah sont les derniers monuments bouddhiques que j'aie visités dans l'Inde. Après avoir conduit mes lecteurs à travers le dédale de cryptes qui abondent dans la présidence de Bombay, qu'il me soit permis de présenter quelques considérations générales sur ce sujet. Il a déjà été dit que les premiers monastères furent de simples grottes naturelles où les Bouddhistes se retiraient pour vivre dans la solitude conformément aux ordres du maître; plus tard, on les agrandit et on creusa des cellules autour de la salle centrale où se réunissait le Sangha ou chapitre. Quand la religion du Bouddha se fut corrompue et que le peuple, incapable d'en comprendre les dogmes métaphysiques, y mêla ses propres superstitions, elle prit une forme différente dans les divers pays où elle avait été prêchée; acceptée partout dans l'Inde à cause des grands principes humanitaires qu'elle proclamait, mais n'offrant pas à l'adoration des peuples ce Dieu dont tous reconnaissent instinctive-

ment l'existence, elle ne put vivre par elle-même et il fallut qu'on greffât sur elle la religion préexistante.

Suivons-en les transformations dans les temples souterrains de l'Inde occidentale que nous venons de parcourir à la hâte. Qu'avons-nous vu dans notre voyage? D'abord des grottes naturelles, puis des cellules creusées dans le roc et précédées d'une galerie soutenue par des piliers octogones, enfin un viharé, salle carrée avec ou sans colonnes, plus ou moins ornementée, entourée de petites chambres.

Les viharés sans piliers intérieurs et sans sculptures

Petits temples de Mahableshwar (voy. p. 139). — Dessin de H. Catenacci d'après une photographie de l'album de M. Grandidier.

sont tous d'ancienne date et ne contiennent jamais de sanctuaire; les monastères hypostyles seuls renferment des statues du Bouddha.

Les chaitiyas de Karli, de Kanhéri, d'Adjountah sont tous voûtés, et leur façade est le plus souvent décorée de cintres outrepassés; la forme de la voûte et des arcs reproduit celle des dagobas dont elle représente la coupe verticale. Ces cathédrales bouddhiques offrent des transitions comme les monastères : chaitiyas avec côtes de têke servant à attacher les tentures blanches dont il était d'usage d'orner les temples aux jours de fête; chaitiyas sans côtes qui étaient enduites de chounam ou stuc blanc (à Nassick et à Adjountah); chaitiyas avec

côtes de pierre ou même quelquefois de bois qui, recouvertes de stuc, formaient des caissons où les dessins ressortaient mieux dans un encadrement rehaussé d'arabesques. Il n'est pas difficile de se rendre compte des changements successifs qui ont été ainsi introduits dans ces monuments; à la toile blanche dont on recouvrait, dans les premiers temps, le sol des temples souterrains, on a substitué le stuc également blanc, puis le chounam rehaussé de fresques de toutes sortes; les fresques elles-mêmes ont promptement été remplacées par les bas-reliefs ornementaux et symboliques dont abondent les édifices les plus modernes.

Les dagobas eux-mêmes sont différents les uns des

Femmes du peuple de la côte du Concau. — Dessin de A. de Neuville d'après une photographie de l'album de M. Grandidier.

autres suivant l'époque de leur construction; il en est de même des statues du Bouddha qui, d'abord toutes simples et sans ornement, ont été dans la suite entourées d'attributs divers.

Nous rappellerons que les premiers dagobas ont été élevés sur des reliques plus ou moins authentiques de Gotama en témoignage de respect et de reconnaissance ; ces monuments funèbres et commémoratifs n'ont pas tardé à devenir des objets d'adoration pour la foule ignorante et superstitieuse. Les grands dagobas du Magadha et de Ceylan ont été, peu de temps après l'adoption du bouddhisme dans l'Inde occidentale, imités dans les monastères de cette région, où ils furent considérés comme des autels ou plutôt comme des idoles auxquelles le peuple apportait ses offrandes et adressait ses prières. Les bouddhistes eurent ensuite l'idée bien naturelle d'élever autour de l'objet de leur culte un temple somptueux dont l'abside prenait la forme du dagoba qu'elle contenait. L'adoration des images et des statues ne se propagea que plus tard.

Les dagobas simples des premiers siècles du bouddhisme, comme ceux de Karli et de Kanhéri, se transformèrent en une sorte de tabernacle où était exposée une statue du Bouddha. On ne peut nulle part mieux qu'à Adjountah suivre tous les changements dont nous venons de parler. Je ne crois pas que les monuments bouddhiques aient été décorés de bas-reliefs avant le deuxième siècle de notre ère ; les dagobas qui portent une image de Gotama datent au plus du cinquième ou sixième siècle, au moment où cette religion commença à décliner sur le continent indien. Les temples et monastères bouddhiques ont été couverts de sculptures postérieurement à leur excavation, leurs colonnes ont été retouchées, des sanctuaires y ont été ajoutés. Il était naturel que les moines, habitants des viharés, cherchassent à orner graduellement leur demeure, dès que la simplicité primordiale du bouddhisme fut tombée en désuétude.

A Karli, à Salsette, à Nassick, les sculptures extérieures ont été exécutées longtemps après le chaitiya lui-même, et j'ai la conviction que les bas-reliefs des tailloirs du chaitiya de Karli sont relativement récents.

La religion bouddhique s'est mêlée partout, avons-nous dit, avec les cultes préexistants et qui ont fini par triompher d'elle. Si à Ceylan on adorait d'une manière spéciale les démons et les esprits, si sur la côte de Coromandel les Khonds et autres tribus aborigènes ont adressé de tout temps leurs prières au dieu de la mort et du malheur à qui seul on offrait des sacrifices humains, les habitants de l'Inde occidentale professaient le culte des animaux. Ce sont ces superstitions indigènes, ces grossières religions qui, en se greffant sur le bouddhisme, l'ont peu à peu absorbé jusqu'à en faire disparaître les traces. De nos jours encore ne trouve-t-on pas chez les Djaïnes, chez les Banyans, un respect pour les animaux inconnu partout ailleurs, respect qui semble avoir existé dès les âges les plus reculés

dans cette contrée ; une des nombreuses inscriptions gravées sur les rochers de Nassick, et remontant à l'année 337 après Jésus-Christ, ne compte-t-elle pas au nombre des œuvres de charité les plus méritoires l'établissement d'hôpitaux pour les animaux? Tout porte à croire que ce culte, en se confondant avec la religion bouddhique, a inspiré l'exécution des bas-reliefs d'animaux fabuleux, d'antilopes, de lions, etc., qui entourent les images du Bouddha dans beaucoup de sanctuaires de l'Inde occidentale.

Pour faire honneur au Bouddha, on a sculpté des personnages aux portes des sanctuaires ou à ses côtés; on a aussi représenté les Yakkos ou esprits doués de pouvoirs surhumains, tenant à la main des guirlandes de fleurs afin de montrer que tous, dieux et hommes, rendent hommage au grand sage.

Le lotus par sa beauté et sa blancheur immaculée, emblème de la pureté, a toujours été considéré dans l'Inde comme la plus précieuse et la plus sainte des fleurs ; je crois que le parasol blanc que les rois seuls avaient le droit de porter, est une imitation du lotus : c'est du moins ce que me donne à supposer la forme de ceux placés sur les dagobas, ou étendus sur la tête du Bouddha dans les cryptes où siégent ses images.

Il n'est pas moins curieux de retrouver dans les anciens chaitiyas le chakra ou roue symbolique du pouvoir universel, qui est aujourd'hui l'attribut de Vichnou, et que j'avais remarqué sur les temples de l'Orissa où on adore le lingam. On voit là une autre preuve de la connexion des croyances çivaïte et bouddhique au début, comme nous l'avons dit quand nous avons décrit les pagodes de Bhuvaneshouara et émis l'opinion qu'elles sont, ainsi que la plupart des autres temples indous, une dérivation des dagobas.

C'est sous les auspices du major Gill que j'ai visité les temples souterrains d'Adjountah. Cet officier anglais a été préposé par le gouvernement de l'Inde à la conservation de ces monuments, et il s'est occupé activement depuis plusieurs années de reproduire sur toile les fresques qui se détériorent chaque année. J'ai visité avec plaisir l'atelier de cet artiste, où plusieurs tableaux étaient en voie d'exécution.

Le major Gill était un des sportsmen les plus connus de l'Inde ; chasseur intrépide et audacieux, il ne comptait pas moins d'une centaine de tigres ou panthères et d'une vingtaine d'éléphants et rhinocéros parmi les victimes sacrifiées à sa passion dominante. Je lui promis de venir le prendre au mois de mars de l'année suivante pour aller nous joindre aux officiers de Mhaou qui chaque année entreprennent une croisade contre les bêtes féroces. La maladie et la pente de mes études qui m'entraînèrent vers la côte orientale d'Afrique peu de temps après ma visite aux grottes d'Adjountah, m'ont malheureusement fait manquer à cet engagement.

C'est un spectacle émouvant et grandiose qu'une battue au tigre où des centaines de cipahis poussent la bête féroce vers les chasseurs qui, montés sur des éléants de chasse ou grimpés sur une branche d'arbre, attendent paisiblement et presque sans danger le passage de l'animal. Mais ce qui n'est pas à dédaigner, c'est, après une journée de fatigue et d'émotion, de trouver le soir un camp formé de tentes où chaque gentleman est sûr de dormir sur un lit confortable et d'être servi, comme *chez soi*, par une armée de domestiques. Un salon de lecture garni des romans les plus récents et des revues et journaux arrivés par la dernière malle, offre un délassement intellectuel à quiconque désire se reposer. Une table servie avec tout le luxe qu'on pourrait à peine exiger dans une ville riche et populeuse d'Europe, et couverte de cristaux magnifiques, d'argenterie étincelante, réunit trois fois par jour les sportsmen que leur passion pour les plaisirs de la chasse n'entraîne jamais jusqu'à leur faire négliger ceux de la bonne chère; les vins les plus exquis, les liqueurs les plus rares coulent à flots, et je n'ose dire le nombre de flacons que vide une société d'officiers en partie de plaisir.

D'Adjountah, je revins rapidement à Bombay; on était à la fin de juillet, et les pluies commençaient à tomber. Sous l'influence persistante des fièvres paludéennes qui avaient fortement ébranlé ma santé, j'avais des précautions à prendre. Je ne pus toutefois éviter de violentes rechutes, et je dus quitter, momentanément au moins, le territoire de l'Inde et me rendre à Zanzibar, dans l'espoir qu'un voyage en mer raffermirait mes forces épuisées mieux que toutes les drogues de la faculté.

Avant de quitter ce pays où j'ai promené mes lecteurs si longtemps, il me reste à jeter en arrière un coup d'œil d'ensemble.

L'Inde, avons-nous dit au début de ces études, comprend tout le vaste triangle qui s'étend au sud du Thibet, depuis la chaîne de l'Himalaya jusqu'au cap Comorin. Cette dénomination vient du persan et signifie « terre des noirs. » Les anciens habitants n'avaient pas de nom pour désigner le pays tout entier; de nos jours encore, l'Indoustan n'est pour eux que la partie du territoire comprise entre l'Himalaya et la Nerbudda; la région méridionale s'appelle Deccan, — en sanscrit, le Sud.

La superficie de l'Inde est d'environ un million quatre cent mille milles carrés, et la population doit atteindre, si elle ne le dépasse pas, le chiffre de cent quatre-vingts millions. Au nord, s'étend la plus haute chaîne du monde, l'Himalaya, qui est principalement formée de roches primitives, gneiss, granit, micaschiste, etc., et quelquefois de grès dans les parties basses. Le long de la plaine d'alluvion où coule le Gange, et laissant dans l'est le bassin carbonifère fructueusement exploité sur les bords de la Dammoudah, on trouve vers le 23e degré de latitude sud les monts Vindhyas, qui traversent à peu près l'Inde de l'est à l'ouest. Cette chaîne forme avec les Ghauts occidentales et les Ghauts orientales qui se coupent près de Coïmbatore le vaste plateau triangulaire du centre de l'Inde; les Ghauts occidentales sont de formation primitive, recouvertes, çà et là, de trapp et de basalte; elles atteignent souvent à une grande élévation et sont très-boisées; les autres sont syénitiques; basses et arides, elles se divisent en de nombreuses ramifications.

Une jeune Indoue. — Dessin de Émile Bayard d'après une photographie de l'album de M. Lafferanderie.

S'il y a peu de lacs dans l'Inde, elle est du moins fertilisée par de grandes et belles rivières. Les côtes sont peu découpées, et les rades sont rares; le long de la côte occidentale, au sud du golfe de Cambaye, on les compte en petit nombre; du cap Comorin aux bouches du Gange, il n'en existe pas une seule. Les navires sont obligés de jeter l'ancre dans des espaces découverts, à deux ou trois milles de terre, et les vagues leur impriment un roulis et un tangage plus désagréables que s'ils étaient en pleine mer ; il est des saisons pendant lesquelles on ne peut séjourner sur ces rades foraines, sans danger de perdre en cas de naufrage tout droit aux assurances.

Le climat de l'Inde n'est pas des plus salubres, partout du moins où s'étendent de vastes jongles marécageuses, et il est beaucoup de districts où les fièvres paludéennes sont endémiques. La température varie beaucoup suivant les diverses localités, comme on peut s'y attendre dans un pays aussi vaste. Tandis que dans les plaines basses les chaleurs sont très-fortes, surtout en été, il y a, dans la chaîne de l'Himalaya et dans les Ghauts occidentales, de nombreux *sanatarium*

où les Anglais vont chercher un climat comparable à celui de nos contrées méridionales.

L'Inde est relativement à son étendue beaucoup plus peuplée que l'Europe ; mais cette immense population est répartie d'une manière très-inégale. Les plaines d'alluvion qu'arrosent de grands fleuves, sont couvertes d'habitants, et les régions montagneuses ou les plateaux stériles du centre sont presque déserts.

Outre les étrangers qui se sont établis dans l'Inde à diverses époques, les uns comme simples colons, les autres comme conquérants, on y compte beaucoup de races aborigènes, distinctes par leur langage, leurs mœurs et leurs superstitions religieuses. Il n'y a pas

Nef principale et dagoba de Karli. — Dessin de E. Thérond d'après une photographie de l'album de M. Grandidier.

en effet moins de cinquante langues différentes en usage dans l'Hindoustan, en comptant les tribus plus ou moins barbares qui vivent dans les montagnes. Il y a huit races principales, qui par leur population, leur littérature, leur industrie, et la vaste superficie qu'elles occupent méritent d'être citées : ce sont les Hindis, les Bingalis, les Oriyas, les Telougous, les Tamouls, les Mahrattes, les Goudjeratis, les Karnates. On ne peut douter que la famille hindoue ne renferme beaucoup de variétés distinctes différant entre elles en stature, en force et en intelligence ; la société, par suite des superstitions de caste, y est restée composée, contrairement à ce qui est arrivé dans les autres contrées,

d'une foule d'éléments hétérogènes, ce qui a de tout temps facilité la conquête de l'Inde.

Il est aujourd'hui prouvé que les Indous n'ont point d'histoire. Les inscriptions les plus anciennes de leurs monuments sont de cinq siècles postérieures au commencement de l'histoire authentique de l'Europe. Il n'est pas possible cependant d'étudier leur pays sans y reconnaître les traces évidentes d'une antique civilisation. Quoique l'expédition d'Alexandre ait fait connaître l'Inde en Europe 325 avant Jésus-Christ, son influence fut nulle sur le pays lui-même ; la longue lutte entre le bouddhisme et le brahmanisme n'a enfanté qu'un chaos de légendes mythologiques, et l'his-

Thugs (les étrangleurs) dans a geôle d'Aurungabad (voy. p. 150). — Dessin de A. de Neuville d'après une photographie de l'album de M. Grandidier.

toire réelle ne commence qu'avec les invasions des Musulmans en l'an 1000. Mahmoud, roi de Ghizni en Afghanistan, ne fit pas moins de treize incursions en poussant jusqu'à Canodje et à Goudjerat, mais il ne fonda aucun empire et se contenta de piller les vaincus. Le pays était divisé, comme il l'a toujours été, entre une foule de rajahs qui n'avaient chacun qu'un petit État sous leur domination.

C'est en 1193 qu'eut lieu la première conquête sérieuse de l'Inde par les Afghans. L'empire de Ghizni venait d'être démembré entre les Turcomans et un chef du district de Gaur qui s'était déclaré indépendant; le second prince de cette nouvelle dynastie, Mahommed Gauri, envahit l'Indoustan et poussa ses conquêtes jusqu'à Goudjerat; la mort l'enleva au milieu de ses succès. Son général favori, Koutub, ancien esclave turc, donna des lois à tous les pays indous que son maître avait soumis et fixa en 1193 le siége de son gouvernement à Delhi.

De 1193 à 1525, il y eut vingt-six rois afghans qui gouvernèrent le nord de l'Inde; le reste du pays était soumis à des princes mahométans indépendants ou à des rajahs. En 1398, les nomades de l'Asie centrale, sous la conduite de Tamerlan, avaient envahi l'empire indo-afghan, mais ils s'étaient retirés après l'avoir pillé. En 1525, un des descendants du célèbre conquérant, Baber, souverain de la principauté de Ferghana située à l'est de Samarkand, après s'être emparé de Kandahar et de Caboul, pénétra dans l'Indoustan, vainquit et tua le dernier roi afghan et s'assit sur le trône de Delhi. Avec ce prince commença la dynastie d'empereurs auxquels un vieux souvenir des apparitions désastreuses de Tchengkis et de Timour fit donner la qualification erronée de Mogols par les Européens et par les indigènes. Le persan, langue plus cultivée que l'afghan et le turc, idiomes des races conquérantes, a de tout temps été adopté à la cour des souverains musulmans de l'Inde.

L'empire mogol s'agrandit sous les successeurs de Baber, surtout sous Akbar, Shah-Jehan et Aurungzèb; c'est sous ce dernier monarque que la puissance musulmane atteignit dans l'Inde à son plus haut degré de splendeur. A partir de la mort de son fils (1712), elle déclina rapidement jusqu'à ce que le dernier roi Shah-Allum II devint prisonnier de la Compagnie anglaise des Indes (1788-1806).

Vasco de Gama, en doublant le cap de Bonne-Espérance, avait ouvert la route de l'Inde à une race de conquérants plus redoutables que les Afghans et les Turcs. Les Portugais n'ont jamais possédé que des colonies peu étendues sur la côte occidentale. Les Hollandais se sont contentés de fonder quelques comptoirs.

On sait comment les Français, vers le milieu du dix-huitième siècle, furent sur le point d'établir leur suprématie sur toute l'Inde, et comment ils échouèrent; nous ne reviendrons pas sur ce triste et glorieux épisode de notre histoire, — glorieux pour nos agents dans l'Inde, honteux pour notre gouvernement d'alors.

Le premier terrain acquis par les Anglais dans l'Inde a été l'emplacement sur lequel s'élève aujourd'hui la ville de Madras et qui mesurait de quatre à cinq milles carrés. La fondation de leur empire ne date que de 1756 à 1765, lorsque les intrigues plus encore que les armes de lord Clive soumirent à la compagnie des Indes toute la *Nawabie* du Bengale, la plus riche des provinces de l'empire mogol.

« Sur ces débuts du plus grand empire colonial qui ait jamais existé, nous trouvons les détails suivants dans un livre dont les Anglais eux-mêmes ont reconnu le caractère impartial. Ces détails sont ceux mêmes qu'exposa froidement lord Clive, en 1772, devant un comité d'enquête de la chambre des communes.

« Nous avions, dit Robert Clive, traité avec Meer-« Jaffier, général du nawab Surajah-Dowla; il devait « à un moment donné se tourner contre celui-ci, le « détrôner et se proclamer à sa place. Il n'y avait « plus qu'à fixer le jour et l'heure de cette révolution, « lorsque notre agent à la cour du nawab nous in-« forma qu'un Indou, d'un rang élevé, nommé Omi-« chund, ayant eu connaissance du complot, menaçait « de le révéler à Surajah-Dowla, à moins que nous « n'achetassions son silence par un écrit qui lui ga-« rantirait trois pour cent sur tous les trésors de son « maître, et une somme de trente lacs de roupies en « argent. Vu l'urgence de la situation, le comité des « directeurs pensa qu'il était permis d'opposer la ruse « aux prétentions d'un pareil scélérat, et approuva un « projet d'*écrit fictif* que je lui présentai, et que nous « fîmes revêtir de la signature d'un de nos employés « subalternes. Je pense que la chose était parfaite-« ment justifiable; car il fallait, avant tout, faire « avorter les pernicieux desseins d'un traître rapace « et cupide. »

« Ainsi Lord Clive et ses complices n'éprouvaient pas le moindre scrupule de fomenter la trahison autour d'un allié, de conspirer la perte du nawab du Bengale et de s'approprier la totalité de ses trésors; mais leur conscience se révoltait contre les prétentions d'un tiers réclamant une part de leur immense proie!

« Voici, du reste, les suites qu'eut le complot dont nous venons de parler : certain de la défection de Meer-Jaffier, Clive marcha contre le nawab, en se faisant précéder d'un manifeste énumérant tous les griefs dont on ne manque jamais en pareille occasion. Les armées se rencontrèrent dans les plaines de l'Hougly; celle des Bengalais comptait cinquante mille hommes et cent canons. Les Anglais n'étaient guère plus de trois mille, dont le tiers d'Européens; mais ils eurent bon marché d'adversaires dont une moitié se rangea de leur côté au moment du combat, et dont le reste, travaillé par l'esprit de rébellion, décampa presque sans coup férir, comme le prouve la perte de l'armée victorieuse : quarante-cinq morts ou blessés!

« Telle fut la fameuse bataille de Plassaye, dont Clive prit plus tard le nom avec le titre de baron.

« Meer-Jaffier entra quelques jours après dans la

capitale de son ancien maître, non en conquérant, mais à la suite de Clive. Le malheureux Sourajah-Dowla, environné d'embûches, fut arrêté dans sa fuite par un des conspirateurs. Le lendemain, il avait cessé de vivre. Clive proclama son compétiteur, et, feignant de lui rendre l'hommage qui lui était dû, consacra néanmoins par cette usurpation le droit désormais acquis à la Compagnie de disposer de la suzeraineté de cette riche province.

« Inutile de dire que la promesse faite à Omichund ne fut pas exécutée. On argua de faux contre la signature. Les serments solennels prodigués à Meer-Jaffier eurent le même sort. On le laissa déposer à son tour par une conspiration nouvelle, et on tira de son successeur des sommes énormes. Ce dernier ne tarda pas à être renversé lui-même, et Meer-Jaffier, rétabli sur le trône, paya encore largement aux Anglais sa restauration.

« Poursuivant le système d'astuce et de violence qui leur réussissait si bien, Clive et le conseil de Calcutta surent bientôt arracher à la faiblesse des princes indigènes des avantages commerciaux, des lois de douanes, qui les immiscèrent dans l'administration intérieure du pays et leur donnèrent prise pour le recouvrement des impôts, jusqu'au moment où, épuisés d'extorsions, à bout de ressources et de tout ressort moral, ces mêmes princes vendirent un à un leurs territoires et leurs sujets à la Compagnie, en échange de pensions annuelles. Ainsi, en 1765, le nawab du Bengale *ne percevant plus une seule roupie que pour la voir passer aux mains des Anglais*, renonça pour jamais en leur faveur à la souveraineté et aux revenus de ses États, moyennant une rente de douze millions, qui, dès 1772, fut réduite à quatre. Enfin, pour une rente de sept millions, qui devait aussi être réduite plus tard, *l'empereur lui-même consentit à ce que la souveraineté des trois provinces du Bengale, du Béhar et d'Orissa fût cédée en toute propriété à la Compagnie.*

« C'est ainsi que celle-ci changea sa situation de simple association mercantile en celle de puissance territoriale, comptant dès lors quarante millions de sujets et un revenu de soixante-dix millions de francs[1]. »

Le gouvernement de l'Inde anglaise appartint ainsi à une compagnie commerciale. Chaque année, les actionnaires élisaient vingt-quatre directeurs auxquels était confié le pouvoir exécutif; ils s'étaient réservé le pouvoir législatif. Dès 1707, les trois présidences qui forment aujourd'hui l'empire anglo-indien, celles de Calcutta, de Madras et de Bombay, existaient déjà, chacune sous les ordres d'un gouverneur et d'un conseil nommés par lettres patentes de la Compagnie; toutes les décisions se prenaient à la majorité des votes. Par charte accordée en 1726, la Compagnie établit dans chacune des présidences une cour de justice, composée d'un *mayor* et de neuf *aldermen*, qui connaissait de toute cause civile. Le gouverneur en conseil, à qui on pouvait appeler de la *mayor's court*, était investi du droit de juger tous les cas criminels, sauf ceux de haute trahison, et de former une *court of requests* pour les condamnations pécuniaires d'un chiffre élevé. Les employés de la colonie étaient donc tout à la fois juges et parties dans les diverses affaires, et comme il arrivait souvent qu'un membre du conseil remplissait des fonctions subordonnées, il en résulta de graves abus auxquels on peut attribuer les difficultés et les embarras qui ont entravé dans la suite les affaires de la Compagnie.

Durant toute cette période il régna une anarchie générale, accompagnée de guerres incessantes, dont le but n'était rien moins qu'honnête. Le gouvernement anglais marchait sur les traces de ses prédécesseurs asiatiques, levait les impôts avec une rapacité toute tartare, et administrait la justice avec moins de loyauté et moins d'intelligence que les musulmans. La conquête ne fut jusque-là un bienfait ni pour les indigènes ni même pour l'Angleterre.

En 1773, l'étendue des possessions territoriales acquises par la compagnie éveilla l'attention du gouvernement anglais; le ministère, prétextant les embarras financiers de cette compagnie et les abus qui s'étaient glissés dans son administration, présenta au parlement deux bills qui furent favorablement accueillis et qui, tout en constatant les droits qu'avait la couronne d'Angleterre sur tous les pays conquis dans l'Inde, enlevait aux *cours*, ou conseils des directeurs et des propriétaires d'actions, une partie de leurs anciens pouvoirs.

Quelques années plus tard, le fameux bill sur l'Inde proposé par Pitt établit un bureau de contrôle (*board of control*) composé de six membres du conseil privé. Ces membres, au nombre desquels devaient toujours se trouver deux ministres, étaient à la nomination du roi.

Le président de ce bureau était, de fait, ministre de l'Inde et responsable de l'administration de cette vaste colonie; car le conseil de surveillance avait la haute direction sur toutes les affaires civiles et militaires, il revisait ou approuvait toutes les dépêches, lettres, instructions que la *cour* des directeurs se proposait d'envoyer au gouvernement colonial, il avait le droit de faire rédiger et envoyer telles dépêches qu'il lui plaisait, il pouvait même transmettre directement des ordres aux gouverneurs sans avis préalable des directeurs. On peut donc dire que depuis 1784 la souveraineté réelle de l'Inde anglaise fut enlevée à la compagnie et replacée dans les mains des ministres.

Au commencement de ce siècle, les affaires de la Compagnie étaient en très-mauvais état, et le gouvernement métropolitain dut l'exonérer d'un long arriéré qui montait à plusieurs millions de livres sterling.

La charte de 1833 renouvela les priviléges de la compagnie sous la surveillance du *board of control*, moins toutefois le droit de monopole; les Européens purent posséder des terres.

Le choix du gouverneur général fut bien encore laissé à la cour des directeurs, mais dut être approuvé

1. *Inde contemporaine*, Introduction.

par le roi. Ce fonctionnaire en conseil pouvait édicter des lois applicables à toute l'Inde anglaise; mais le Parlement avait le droit de casser ses actes, et le *court of directors* pouvait les désavouer.

Cette dernière période, qui s'est prolongée jusqu'à la grande insurrection des Cipahis, a donné de meilleurs résultats que les précédentes au peuple indou et surtout à la nation anglaise.

La suppression de la compagnie et la substitution du gouvernement direct de la couronne à celui de la cour des directeurs ont élargi la voie déjà ouverte.

Le commerce et l'industrie ont pris un grand essor;

Mendiant religieux. — Dessin de Émile Bayard d'après une photographie de l'album de M. Grandidier.

les travaux d'utilité publique, routes, canaux, chemins de fer, écoles, entrepris sur une échelle, jusque-là sans antécédents dans l'Orient, promettent à l'Inde une nouvelle ère.

Quoi qu'il en soit, les Anglais ont été heureux d'a-voir rencontré dans ce grand et magnifique pays un peuple doux, industrieux, civilisé et de longue date façonné à tous les jougs.

Alfred GRANDIDIER.

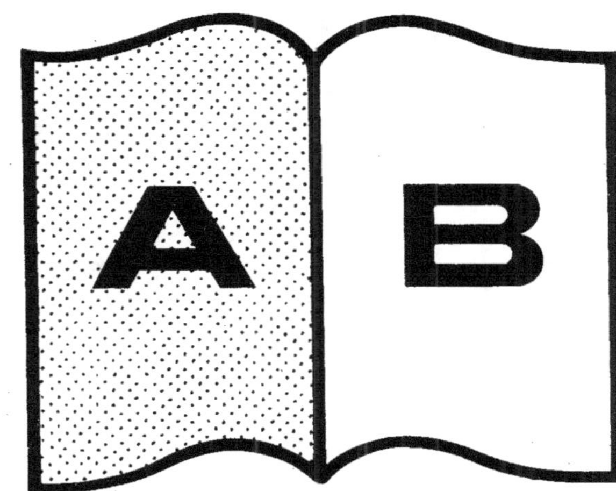

Contraste insuffisant

NF Z 43-120-14

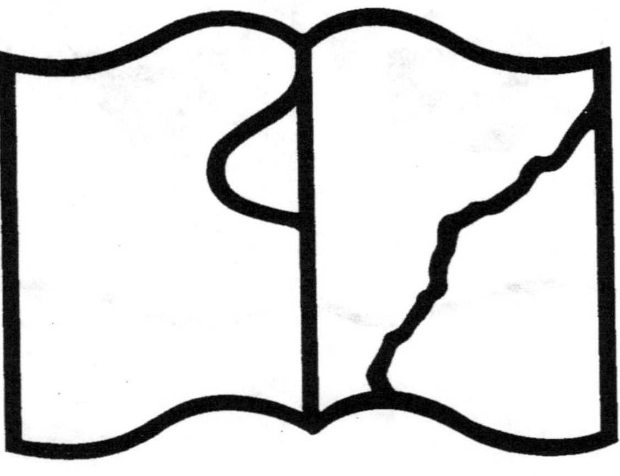

Texte détérioré — reliure défectueuse

NF Z 43-120-11